高职高专计算机系列教材

实用计算机基础

王亚美 张翠玲 李 艳 主编
高 晗 宋 斌 主审

东北大学出版社
·沈 阳·

图书在版编目（CIP）数据

实用计算机基础 / 王亚美，张翠玲，李艳主编. — 沈阳：东北大学出版社，2008. 8
ISBN 978-7-81102-600-9

Ⅰ. 实… Ⅱ. ①王…②张…③李… Ⅲ. 电子计算机—高等学校：技术学校—教材 Ⅳ. TP3

中国版本图书馆 CIP 数据核字（2008）第 131576 号

出 版 者：东北大学出版社
地址：沈阳市和平区文化路 3 号巷 11 号
邮编：110004
电话：024-83687331（市场部） 83680267（社务室）
传真：024-83680180（市场部） 83680265（社务室）
E-mail: neuph @ neupress.com
http://www.neupress.com
印刷者：沈阳市第六印刷厂书画彩印中心
发行者：东北大学出版社
幅面尺寸：184mm×260mm
印 张：13. 125
字 数：314 千字
出版时间：2008 年 8 月第 1 版
印刷时间：2008 年 8 月第 1 次印刷
责任编辑：潘佳宁 刘宗玉 责任校对：张 艳
封面设计：唐敏智 责任出版：杨华宁

ISBN 978-7-81102-600-9 定价：28.00 元

序　言

随着我校高职示范校建设的深入进行，计算机公共基础课的教学改革工作已经进入到了新的发展阶段，取得了一些重要的成果，其中之一便是教材建设。我们本着从高职高专院校实际教学需要出发，以创新的理念和创新的运行模式，从教材入手，突破传统的片面追求理论体系限制，努力凸现高职教育职业能力培养的本质特征。本教材正是在这一大背景下，在校领导的倡导、支持下，经全体教师共同努力完成的，是部门集体智慧的结晶。

该教材融知识点于大量样品、实例、实训中，这些样品都是编者投入大量精力精心制作的。实例、实训的安排也都体现了编者的良苦用心，相信会提升学生的学习兴趣，进而提高学生的动手能力。同时很多素材来源于学生生活，来源于校园，让学生在学习的同时了解学校，热爱生活。

本教材共分 5 章，由辽宁省交通高等专科学校现代教育技术中心教师合作完成。卢珊编写第 1 章；刘薇、曹伟编写第 2 章；王亚美、张翠玲编写第 3 章；姚灵、常明迪编写第 4 章；李艳、宋斌编写第 5 章。由高晗、宋斌主审。在编写过程中还得到白夏清等老师的帮助，在此表示真诚的感谢。

高职教育的发展，需要参与者，更需要改革、探索者。我们会不断总结高职高专教学成果，探索高职高专教材建设规律。由于时间及水平有限，书中难免有不妥之处，请广大师生批评指正。

如果在学习过程中发现问题，或者有新的想法，请及时与我们联系。

E-mail: wym@lncc.edu.cn

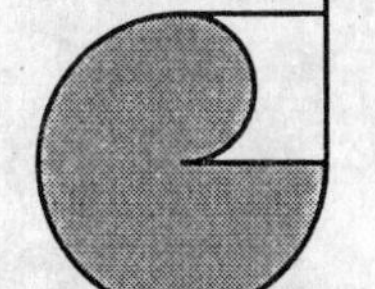

编　者

2008 年 6 月

目　录

第 1 章 认识计算机与 Windows XP 使用

1.1 计算机操作基础

1.1.1 计算机硬件基础

一个完整的计算机系统由硬件系统和软件系统两大部分组成。硬件（Hardware）指组成计算机的物理器件，是计算机系统的物质基础。软件（Software）指运行在硬件系统之上的并且是管理、控制和维护计算机机外部设备的各种程序、数据以及相关文档的总称。如图 1-1-1 所示。

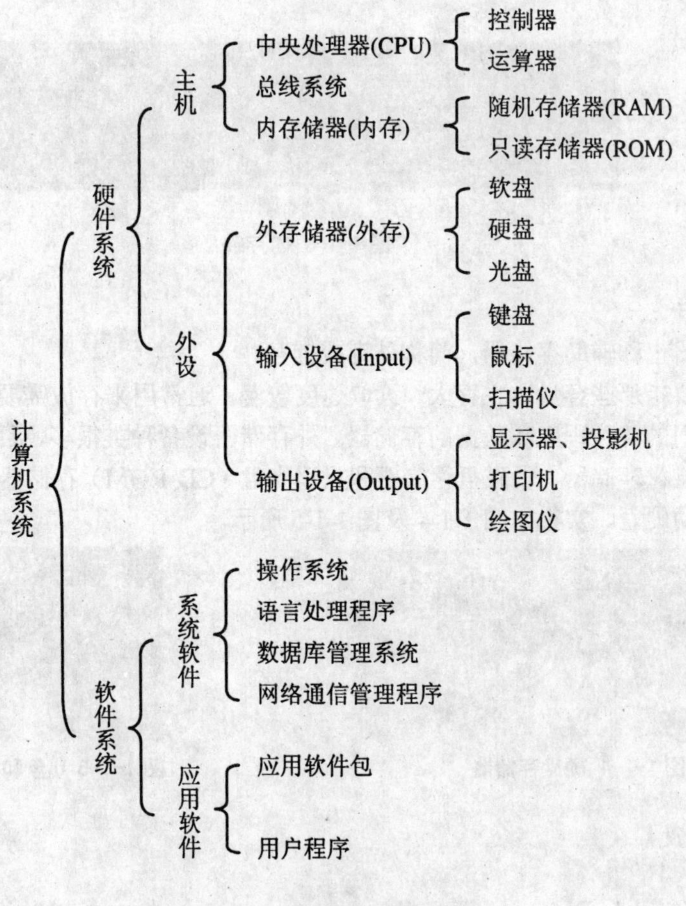

图 1-1-1 计算机系统结构图

1. CPU

CPU 是 Central Processing Unit 的缩写，即中央处理器，是计算机中最关键的部件，它由控制器、运算器、寄存器组和辅助部件组成。实物如图 1-1-2 所示。

图 1-1-2 几种类型的 CPU（奔腾Ⅳ、赛扬、AMD）

2. 内 存

存储器是计算机的记忆部件，负责存储程序和数据。实物如图 1-1-3 所示。

CPU 能直接访问内存。

ROM 存放固定不变的程序、数据和系统软件；其中的信息只能读出不能写入；断电后信息不会丢失。

RAM 是一种读写存储器，其内容可以随时根据需要读出或写入；断电后信息丢失。

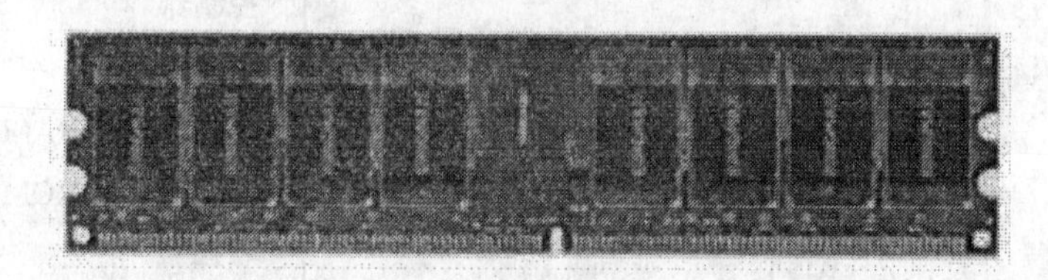

图 1-1-3 内存条

3. 外 存

外存储器也称辅助存储器，简称外存或辅存。

外存主要指那些容量比主存大、读取速度较慢、通常用来存放需要永久保存的或相对来说暂时不用的各种程序和数据的存储器。外存储器设备种类很多，目前计算机常用的外存储器是软磁盘存储器、硬磁盘存储器和只读光盘（CD-ROM）存储器，USB 接口存储器—U 盘和移动硬盘。实物如图 1-1-4 及图 1-1-5 所示。

图 1-1-4 硬盘存储器

图 1-1-5 U 盘和移动硬盘

4. 输入设备

⑴ 键盘。

给计算机输入指令和操作计算机的主要设备之一，中文汉字、英文字母、数字符号以及标点符号就是通过键盘输入计算机的。实物如图 1-1-6 所示。

⑵ 鼠标。

Windows 的基本控制输入设备，比键盘更易用。这是由于 Windows 具有的图形特性需要用鼠标指定并在屏幕上移动点击决定的。

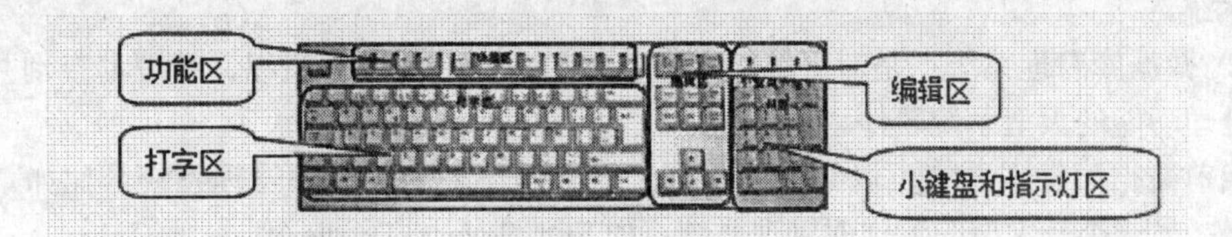

图 1-1-6 键盘

5. 输出设备

⑴ 显示器。

实物如图 1-1-7 所示。

图 1-1-7 显示器

⑵ 打印机。

日常工作中往往需要把在电脑里做好的文档和图片打印出来，这就需要使用打印机来完成。常用打印机的种类如图 1-1-8 所示。

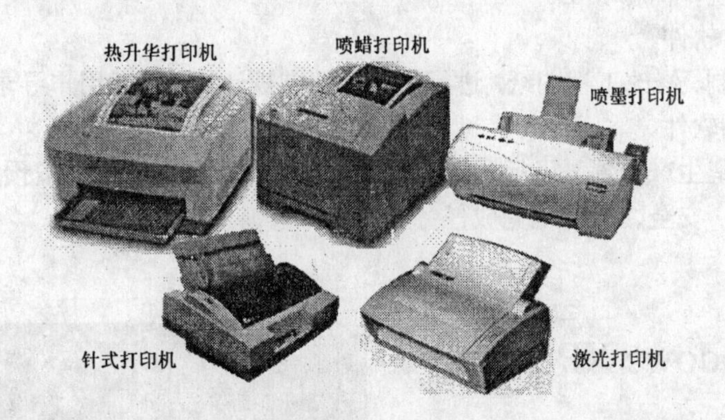

图 1-1-8 打印机

1.1.2 计算机软件基础

计算机软件是计算机系统中与硬件相互依存的另一部分，是包括程序、数据及相关文档的完整集合。

1. 系统软件

系统软件是管理、控制和维护计算机，使其高效运行的软件，它包括操作系统、数据库管理系统、编译系统和系统工具软件。

⑴ 操作系统：计算机软件中最重要的程序，是用来管理和控制计算机系统中的硬件和软件资源的大型程序。比如 Microsoft 公司的 Windows、IBM 公司的 OS/2 等都是优秀的

操作系统。

⑵ 数据库管理系统：是对计算机中所存放的大量数据进行组织、管理、查询并提供一定处理功能的大型系统软件。

当前数据库管理系统可以划分为两类：一类是小型的数据库管理系统，比如 Visual FoxPro；另一类是大型的数据库管理系统，如 SQL Sever、Oracle 等。

⑶ 编译系统：必须和计算机语言及计算机程序设计结合起来，将各种高级语言编写的源程序翻译成机器语言表示的目标程序的软件。如 C++语言、VB 语言等。

⑷ 系统工具：是指为了帮助用户使用与维护计算机，提供服务性手段，支持其他软件开发，而编制的一类程序。主要有：工具软件 、编辑程序 、调试程序、诊断程序等。

2. *应用软件*

应用软件是为了某种特定的用途而被开发的软件。它可以是一个特定的程序，比如一个图像浏览器。也可以是一组功能联系紧密，可以互相协作的程序的集合，比如微软的 Office 软件。按照应用软件的功能，大致划分为如下 4 类。

⑴ 文字处理软件。

用于输入、存贮、修改、编辑、打印文字材料等，例如 Word、Wps 等。

⑵ 信息管理软件。

用于输入、存贮、修改、检索各种信息，例如工资管理软件、人事管理软件、仓库管理软件、计划管理软件等。这种软件发展到一定水平后，各个单项的软件相互联系起来，计算机和管理人员组成一个和谐的整体，各种信息在其中合理地流动，形成一个完整、高效的管理信息系统，简称 MIS。

⑶ 辅助设计软件。

用于高效绘制、修改工程图纸，进行设计中的常规计算，帮助用户寻求好的设计方案。

⑷ 实时控制软件。

用于随时搜集生产装置、飞行器等的运行状态信息，以此为依据按预定的方案实施自动或半自动控制，安全、准确地完成任务。

1.2 Windows XP 入门

操作系统（Operating System-OS）是最基本的系统软件，其他的所有软件都是建立在操作系统的基础之上。操作系统是用户与计算机硬件之间的接口。

Windows XP（Experience）是微软公司出品的较稳定、可靠的视窗操作系统。

1.2.1 Windows XP 桌面

Windows XP 桌面如图 1-2-1 所示。

图 1-2-1 Windows XP 桌面

1.2.2 窗口和对话框

窗口、对话框元素如图 1-2-2 及图 1-2-3 所示。

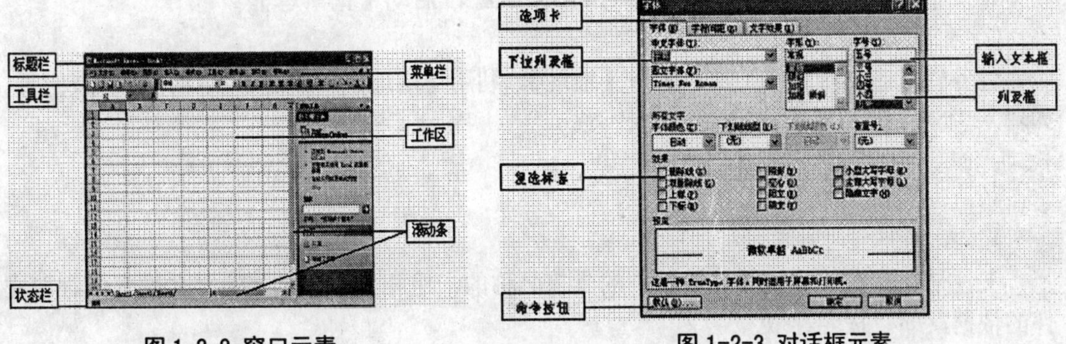

图 1-2-2 窗口元素　　图 1-2-3 对话框元素

1.2.3 菜 单

下拉菜单如图 1-2-4 所示，快捷菜单如图 1-2-5 所示，开始菜单如图 1-2-6 所示。

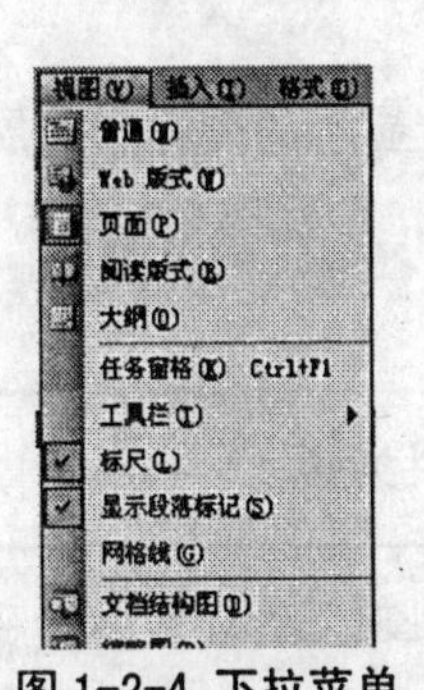

图 1-2-4 下拉菜单

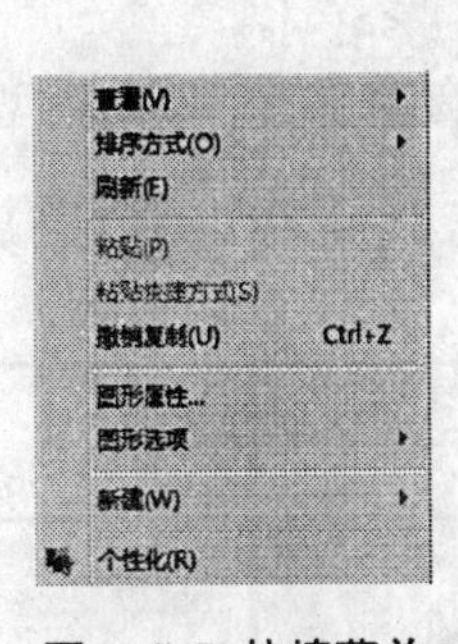

图 1-2-5 快捷菜单

图 1-2-6 开始菜单

菜单项的有关说明如下。

⑴ 菜单的分组线：下拉式菜单中的命令用灰色的横线分隔，表示根据菜单功能进行的分类。

⑵ 正常的菜单选项和灰色的菜单选项：正常的菜单选项当前可用，灰色的菜单选项当前不可用。

⑶ 菜单选项后的省略号（…）：选择此菜单项就会弹出一个对话框。

⑷ 菜单选项后的组合键：功能与菜单项相同，也称为热键。用户不打开菜单，直接按下该组合键，就可以选择相应的菜单命令。

⑸ 菜单选项后的实心三角：表示该菜单项具有级联菜单，当鼠标指向该菜单项时，会自动弹出它的级联菜单。

⑹ 菜单项前带有“√”：表示该菜单项是复选菜单命令，如果再次单击，就会删除此标记，该命令不起作用。

练习 1:

⑴ 利用【运行】命令启动应用程序。

【开始】→【运行】，输入“NOTEPAD.EXE”，启动【记事本】。

⑵ 在任务栏上添加【地址】工具栏。

任务栏右击，选择【工具栏】→【地址】。利用【地址】可快速查找应用程序或网页。如输入“NOTEPAD”。

1.2.4 文件及文件夹

1. 文 件

文件是存储在计算机存储设备中的具有名称的一组相关信息的集合。文件名是存取文件的依据，即“按名存取”。

⑴ 文件的命名。

文件名的一般形式为：主文件名[.扩展名]。其中主文件名用于辨别文件的最基本信息，扩展名用于说明文件的类型，用方括号括起来，表示可选项。若有扩展名，必须用一个圆点“.”与主文件名分隔开。

文件名的命名规则是：文件名长度不能超过 255 个字符，可以包含英文字母（不分大小写）、汉字、数字符号和一些特殊符号如$、#、@、-、!、( )、{}、&等。但是文件名不能包含以下字符：\ / : * ? “ <> |。

扩展名由创建文件的应用程序自动生成，不同类型的文件，显示的图标和扩展名是不同的。表 1-2-1 给出了常见扩展名的含义。

表 1-2-1 常见文件扩展名

扩展名	文件类型	扩展名	文件类型
.bmp	画图文件	.bat	批处理文件
.sys	系统文件	.doc	Word 文件
.xls	Excel 电子表格文件	.com，.exe	可执行的程序文件
.ppt	PowerPoint 演示文稿文件	.txt	文本文件

⑵ 通配符。

在搜索文件时，可能不完全知道文件名，这时可以使用通配符。文件的通配符有两个，一个是“?”，表示其所处位置为任意一个字符；一个是“*”，表示从所处位置到下一个间隔符之间多个任意字符。

例如：AB?.txt 表示主文件名由三个字符组成，前两个字符为 AB，扩展名为.txt，可表示 ABC.txt、AB1.txt、AB2.txt 等；*.doc 表示所有的 Word 文档文件。

2. 文件夹

文件夹是一个存储文件的实体，其中可以包含各种文件及文件夹，如图 1-2-7 所示。

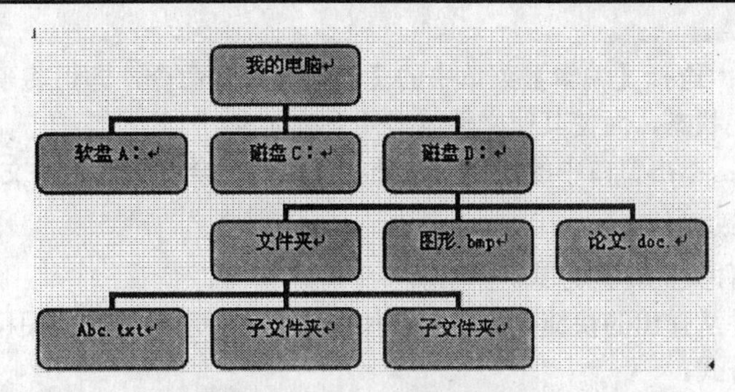

图 1-2-7 文件夹的树形结构

文件夹的特点如下：

⑴ 文件夹中不仅可以存放文件，还可以存放子文件夹；

⑵ 只要存储空间允许，文件夹中可以存放任意多的内容；

⑶ 删除或移动文件夹，该文件夹中包含的所有内容都会相应的被删除或移动；

⑷ 文件夹可以设置为共享，让网络上的其他用户能够访问其中的数据。

3. 资源管理器的使用

资源管理器可以以分层的方式显示计算机内所有文件的详细图表，用户不必打开多个窗口，而只在一个窗口中就可以浏览所有的磁盘和文件夹，如图 1-2-8 所示。

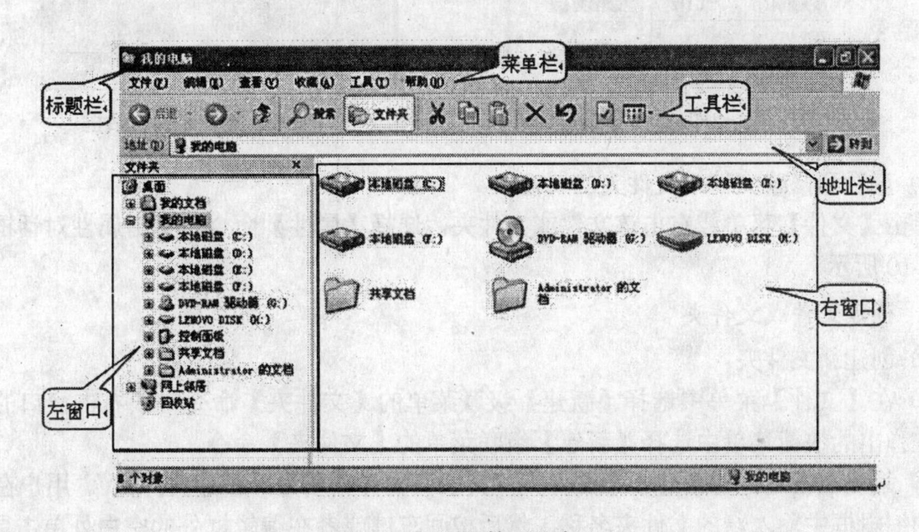

图 1-2-8 资源管理器窗口

4. 选定文件或文件夹

⑴ 选定一个文件或文件夹：用鼠标单击对象图标。

⑵ 选定一组连续排列的文件或文件夹：单击要选定的文件或文件夹的第一个图标，然后按住【Shift】键的同时用鼠标单击要选择的最后一项的图标。

⑶ 选定不连续排列的文件或文件夹：单击第一个要选择项的图表，然后在按住【Ctrl】键的同时，用鼠标单击其他要选择项的图标。

⑷ 选定所有文件或文件夹：单击窗口中【编辑】菜单的【全部选定】命令，或按下

快捷键【Ctrl】+A。

⑸ 反向选择：选择【编辑】菜单中的【反向选择】命令，即可将事先选定的文件或文件夹取消其选定状态，而使其他文件或文件夹被选定。

⑹ 取消选定：单击窗口中的任何空白处就可以取消全部被选定的文件或文件夹。

5. 浏览文件或文件夹

⑴ 文件或文件夹的排列方式。

可右击鼠标并从弹出的快捷菜单中打开如图 1-2-9 所示的【排列图标】子菜单，然后选择相应的排列方式。

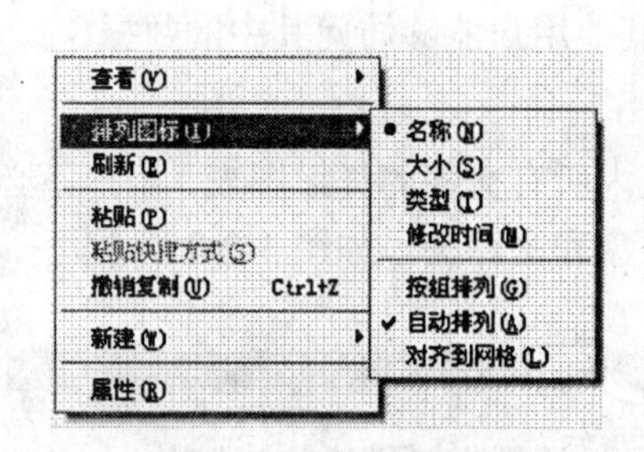

图 1-2-9 排列图标

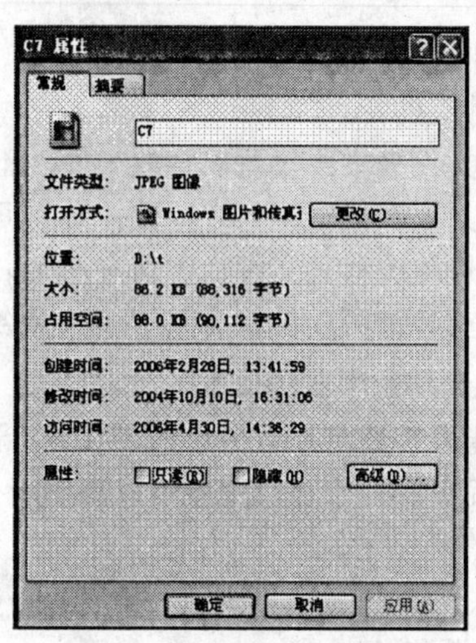

图 1-2-10 文件属性对话框

⑵ 查看和修改文件或文件夹的属性。

单击【文件】菜单或右击该文件或文件夹，选择【属性】命令，弹出属性对话框，如图 1-2-10 所示。

6. 创建文件或文件夹

⑴ 创建新文件夹。

① 在【文件】菜单中选择【新建】级联菜单的【文件夹】命令，或右击窗口的空白处，在弹出的快捷菜单中选择【新建】级联菜单的【文件夹】命令。

② 系统在指定位置新建一个文件夹，其默认文件夹名为“新建文件夹”。用户在文件夹名的编辑框中输入新的文件夹名称，然后按回车键或者在编辑框外的空白处单击鼠标，文件夹创建完毕。

⑵ 创建新文件。

创建新文件的方法与创建文件夹方法相似，只需在②步骤中选择相应的文件类型命令即可。

7. 删除和恢复文件或文件夹

⑴ 删 除。

① 选中要删除的文件或文件夹。

② 在窗口的【文件】菜单中选择【删除】命令，或者右击要删除的文件或文件夹，

在弹出的快捷菜单中选择【删除】命令，或者使用工具栏中删除工具，或按“Delete”键。

③ 单击确认删除对话框的“是”按钮，系统就会将该文件或文件夹从当前位置删除，并放入回收站中；单击“否”按钮，放弃删除的操作。

注意：对软盘和可移动磁盘上的文件进行删除时，直接删除，并不放入回收站中。

⑵ 恢 复。

需要时可以从回收站中将被删除的文件或文件夹恢复。打开回收站窗口，选择要恢复的文件，单击“还原此项目”或选择【文件】菜单中的【还原】命令；如果希望将回收站中所有文件都还原，单击“还原所有项目”。

⑶ 回收站。

由于回收站占用的是硬盘上的存储空间，可以改变回收站空间的划分。

在桌面的“回收站”图标上单击鼠标右键，从弹出的快捷菜单中选择【属性】命令，出现如图 1-2-11 所示对话框。

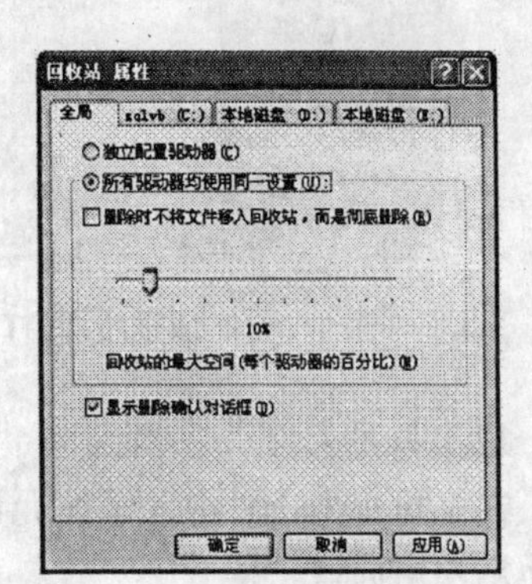

图 1-2-11 回收站属性对话框

8. 移动和复制文件或文件夹

⑴ 移动文件或文件夹。

① 右击需要移动的文件或文件夹，从弹出的快捷菜单中选择【剪切】命令，在指定位置右击选择【粘贴】；

② 通过拖动来移动文件或文件夹。

⑵ 复制文件或文件夹。

① 右击需要复制的文件或文件夹，从弹出的快捷菜单中选择【复制】命令，在指定位置右击选择【粘贴】；

② 要通过拖动来复制文件及文件夹，应按住【Ctrl】键的同时用鼠标左键将对象拖动到指定位置。

9. 重命名文件或文件夹

⑴ 右击想要重命名的文件或文件夹，在弹出的快捷菜单中选择【重命名】命令；

⑵ 单击要重命名的文件或文件夹，然后再次单击文件或文件夹的名称。

注意：如果文件正被使用，则系统不允许修改文件的名称。一般不要对系统文件或重要的安装文件进行移动、重命名操作，以免系统运行不正常或程序被破坏。

10. 设置文件或文件夹的快捷方式

快捷方式为链接到原文件的地址。右击文件或文件夹在弹出的快捷菜单中选择【发送到】→【桌面快捷方式】即可。

11. 搜索文件或文件夹

⑴ 单击【开始】，选择【搜索】命令，弹出“搜索结果” 窗口，如图 1-2-12 所示；

⑵ 在“搜索结果”的左侧窗口中选择所要查找的类别，在该类别上单击；

⑶ 搜索完成后，会在右侧窗口中显示找到的文件的信息。

练习 2:

在 D 盘中搜索所有 mp3 文件。

在D盘中搜索扩展名为.mp3的文件，选择左窗口中的“所有文件和文件夹”，进入相应的窗口。在“全部或部分文件名”文本框中输入文件的全名进行准确查找，或使用文件名通配符进行模糊查找。在“在这里寻找”下拉列表框中选择或输入查找路径。单击【搜索】按钮，开始搜索，如图1-2-13所示。

图1-2-12 搜索结果窗口

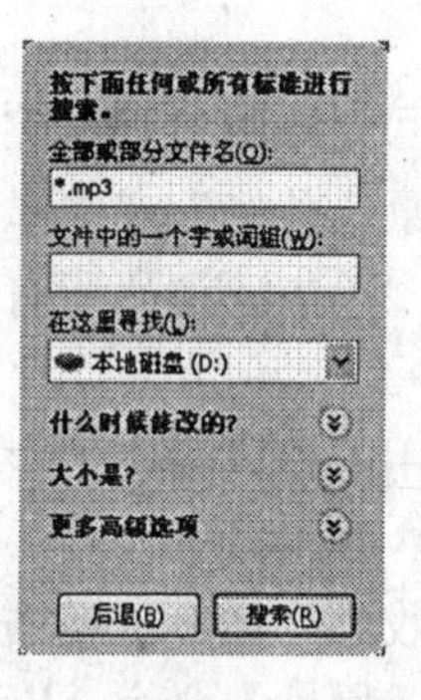

图1-2-13 搜索内容设置

12. 共享文件夹

在Windows XP中，系统允许用户将自己计算机上的文件夹设置为共享，供网络上的其他用户访问。

直接设置文件夹共享。

⑴ 在资源管理器中，找到要共享的文件夹。

⑵ 右击要共享的文件夹，在弹出的快捷菜单中选择【共享和安全】命令。

⑶ 选择了【共享和安全】命令后，系统将打开【属性】对话框，单击“共享”标签，打开如图1-2-14所示的“共享”选项卡。

⑷ 首先启用“在网络上共享这个文件夹”复选框，并在“共享名”文本框中输入共享名。如果希望网络用户对该文件夹有写入权限，可启用“允许网络用户更改我的文件”复选框，否则网络用户只具有读取权限。

⑸ 最后单击“确定”按钮可将该文件夹设为共享。

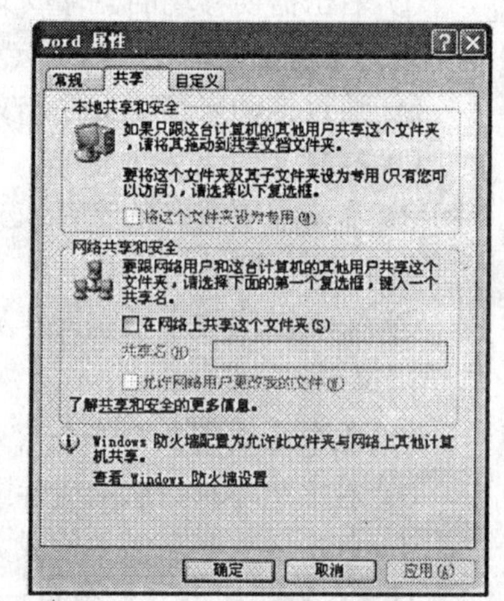

图1-2-14 文件属性共享对话框

1.2.5 控制面板

“控制面板”是一个功能十分强大的应用程序，是用户个性化工作环境主要工具的集合，通过“控制面板”，可以查看已有的系统设置，也可以修改系统设置。

1. 控制面板的启动和退出

启动“控制面板”可以使用三种方法：

⑴ 在【开始】中选择“控制面板”命令；

⑵ 在“我的电脑”窗口左侧的“其他位置”区域中单击“控制面板”链接；

⑶ 在“资源管理器”窗口左侧的“文件夹”子窗口中单击“控制面板”。

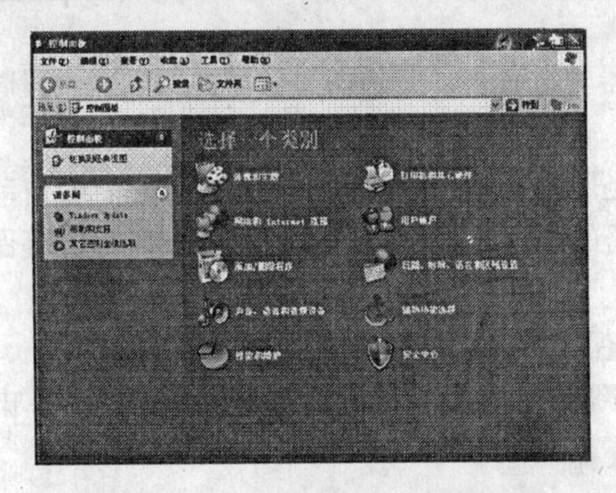

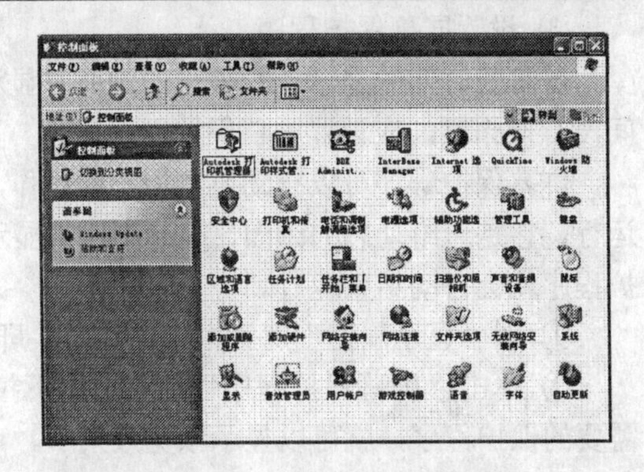

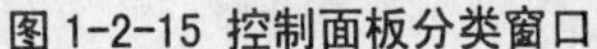

图 1-2-15 控制面板分类窗口

图 1-2-16 控制面板经典窗口

打开 Windows XP 的“控制面板”，默认是分类视图，如图 1-2-15 所示。可以单击窗口中的“切换到经典视图”，将窗口转换为 Windows 的经典视图，如图 1-2-16 所示。

2. 设置显示属性

在“控制面板”中，双击“显示”图标，打开“显示属性”对话框，或者在桌面上右击鼠标，在弹出的快捷菜单中选择【属性】命令，如图 1-2-17 所示。

可设置桌面主题、背景、屏幕保护程序、应用程序窗口的外观和监视器等的属性。

⑴ 设置桌面主题。

桌面主题是指 Windows XP 为用户提供的桌面配置方案，包括图标、字体、颜色、事件声音和背景等内容的设置，不同的桌面主题对应不同的桌面外观。

⑵ 设置桌面背景。

选择桌面选项卡，如图 1-2-18 所示，在背景列表中选择自己喜欢的图片，如果列表框中没有需要的图片，则单击“浏览”按钮，从其他路径下选择所需图片文件，单击“确定”按钮。

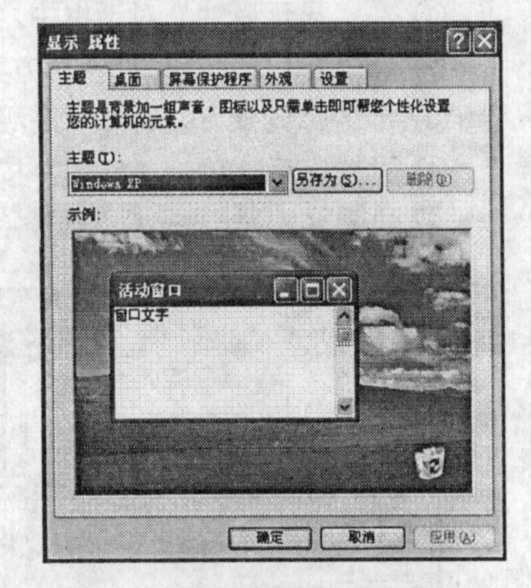

图 1-2-17 显示属性“主题”

图 1-2-18 显示属性“桌面”

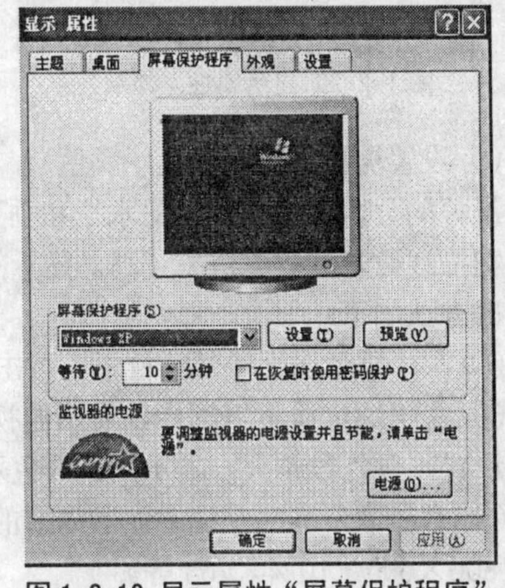

图 1-2-19 显示属性“屏幕保护程序”

(3) 设置屏幕保护程序。

屏幕长时间的显示一幅静止的画面对显示器非常有害，会灼伤显像管。所以在一段时间没有操作时，应设置屏幕保护程序。

屏幕保护程序可以自动监测用户的操作，当用户持续一段时间没有操作，它就会自动运行，它是一组动态的画面，能起到保护显示器的作用。当用户再次进行操作时，屏幕保护程序就会自动结束运行。

① 在“显示属性”对话框中，单击“屏幕保护程序”选项卡，如图 1-2-19 所示。

② 单击“屏幕保护程序”框右边的下拉按钮，列出所有可用的屏幕保护程序，单击需要的保护程序，就可以显示预览效果了。

(4) 设置外观。

Windows XP 的外观会给用户带来不同的视觉感受，包括窗口、消息框的标题栏的颜色、菜单、按钮等的外观。用户可以使用系统默认的外观设置，也可以自行设置。方法如下：

① 在“显示属性”对话框中，单击“外观”选项卡，如图 1-2-20 所示；

② 在“窗口和按钮”“色彩方案”“字体大小”下方的下拉列表中选择样式；

③ 单击“效果”按钮和“高级”按钮可进行详细设置；

④ 设置完后，单击“应用”按钮。

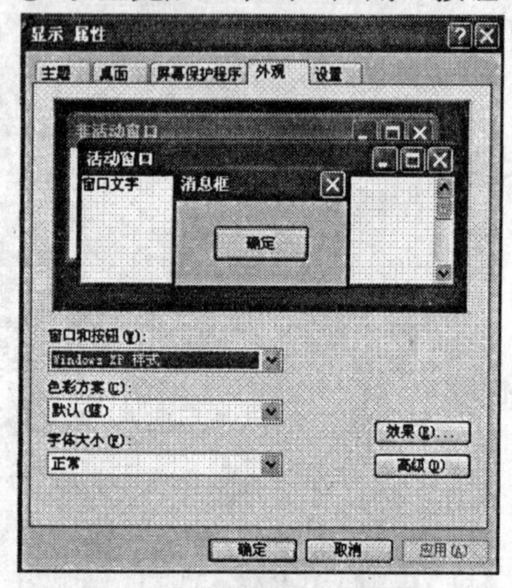

图 1-2-20 显示属性“外观”

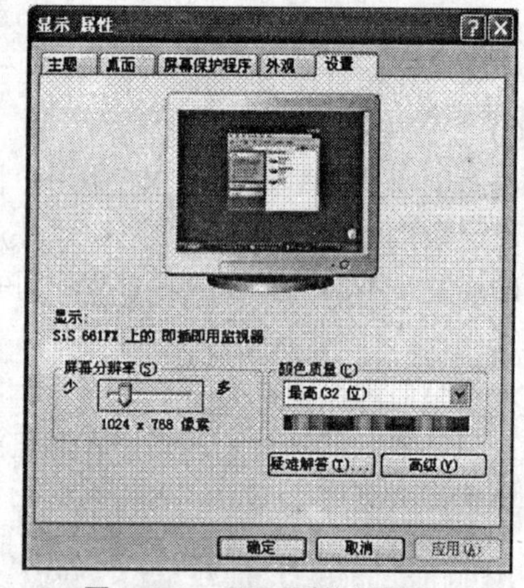

图 1-2-21 显示属性“设置”

(5) 设置屏幕分辨率和显示颜色。

屏幕的分辨率是指屏幕的水平和垂直方向显示像素点的最大值，通常用水平像素乘以垂直扫描线数表示。分辨率越高，显示的内容越多，对象就越小。设置屏幕分辨率和显示颜色的方法如下：

① 在“显示属性”对话框中，单击“设置”选项卡，如图 1-2-21 所示；

② 在“颜色质量”框中，显示监视器的当前颜色设置，可以在下拉框中选择其他的颜色设置，颜色数越大，显示的图片色彩越逼真；

③ “屏幕分辨率”框中显示当前的分辨率，可以拖动滑块，进行修改，常见的分辨率有 800×600、1024×768 等。

3. 鼠标和键盘

(1) 鼠标。

在“控制面板”中双击“鼠标”图标，在 “鼠标属性”对话框中对鼠标进行设置，如图 1-2-22 所示。

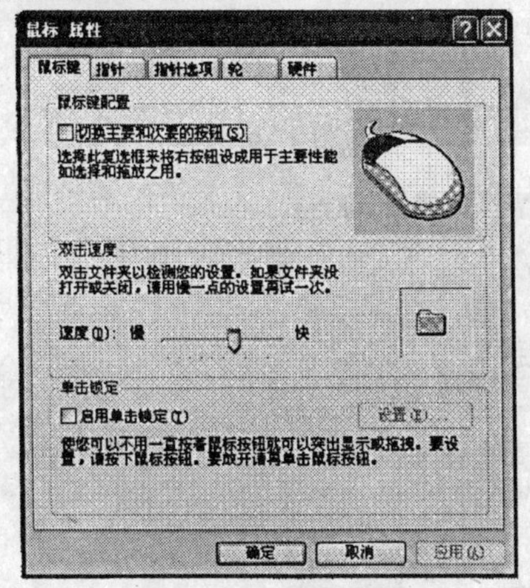

图 1-2-22 鼠标属性

图 1-2-23 键盘属性

(2) 键盘。

在“控制面板”中选择“键盘”，弹出“键盘属性”对话框，如图 1-2-23 所示。

4. 中文输入法的设置

(1) 添加和删除中文输入法。

① 在控制面板中双击“区域和语言选项”图标，打开“区域和语言选项”对话框，选择“语言”选项卡，打开“文字服务和输入语言”对话框，如图 1-2-24 所示。

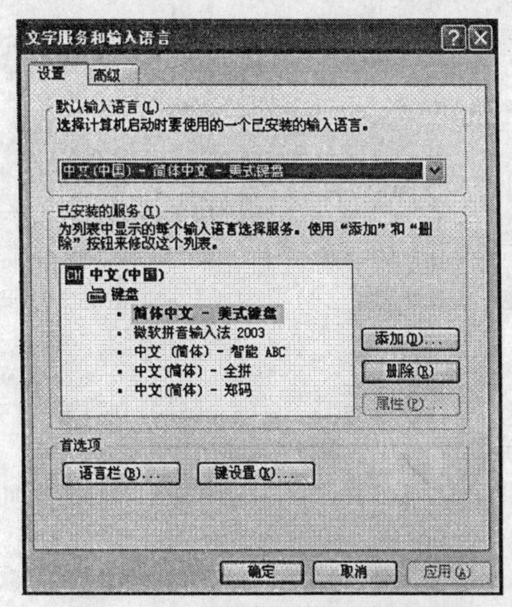

图 1-2-24 文字服务和输入语言对话框

② 在此对话框中，单击“添加”按钮，打开“添加输入语言”对话框，如图 1-2-25 所示。

③ 从对话框的“输入语言”下拉列表框中选定“中文（中国）”，再选中“键盘布局/输入法”复选框，在下拉列表框中选择要添加的输入法名称。

④ 单击“确定”按钮，系统将该输入法添加到“输入法”列表框中。

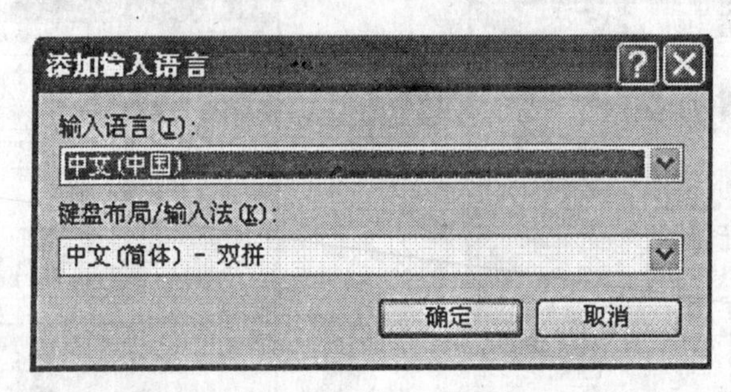

图 1-2-25 添加输入语言对话框

⑵ 热键设置。

Windows XP 中也允许用户设置热键，具体方法如下：

在“文字服务和输入语言”对话框中单击“键设置”按钮，打开“高级键设置”对话框，如图 1-2-26 所示，在该对话框中可以设置输入法切换、打开等的快捷键。

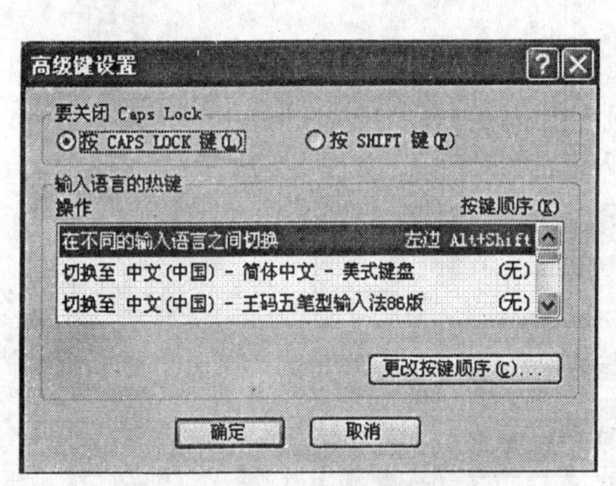

图 1-2-26 高级键设置对话框

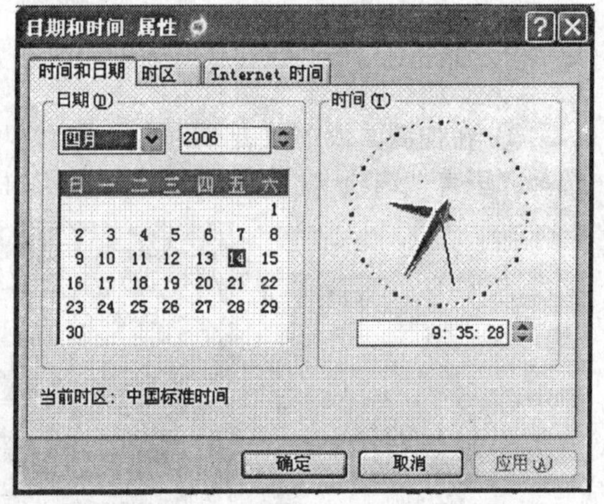

图 1-2-27 日期和时间属性对话框

5. 设置日期和时间

⑴ 在“控制面板”窗口中，双击“日期和时间”图标，打开“日期和时间属性”对话框，如图 1-2-27 所示。

⑵ 在“时间和日期”选项卡下，可以修改年份、月份、日期、时间。修改后单击“确定”按钮即可。

⑶ 单击“时区”选项卡，可以打开“时区”对话框，在该对话框中的下拉列表中可以选择时区。

⑷ 单击“Internet 时间”选项卡，可以在此时的对话框中设置计算机的系统时间与

Internet 的时间服务器同步，同步只有在计算机与 Internet 连接时才能进行。

6. 添加删除程序

(1) 使用“控制面板”添加新程序。

添加新程序的具体步骤如下：

① 在“控制面板”窗口中，双击“添加或删除程序”图标，屏幕上出现“添加或删除程序”对话框，单击“添加新程序”按钮，出现如图 1-2-28 所示的对话框；

② 单击“CD 或软盘”按钮，屏幕上出现“从软盘或光盘安装程序”向导；

③ 按照向导提示即可完成安装。

(2) 使用“控制面板”删除已安装的应用程序。

在删除程序时，如果只删除桌面图标和一些程序文件，不能将该程序相关的信息都删除，建议使用“添加或删除程序”来进行对应用程序的卸载，如图 1-2-29 所示。

图 1-2-28 添加新程序对话框

图 1-2-29 添加或删除程序对话框

(3) 添加/删除 Windows 组件。

安装 Windows XP 时，用户可以有选择地安装组件，如 Internet 信息服务工具、管理和监视工具、网络服务、索引服务和消息队列服务等。如果需要，用户可以添加 Windows 组件；同样地，为了释放磁盘空间，还可以删除 Windows 组件。

单击“添加或删除程序”对话框中的“添加/删除 Windows 组件”按钮，弹出“Windows 组件向导”对话框，根据向导提示，按步骤添加或删除组件即可。

7. 设置用户帐户

在 Windows XP 安装过程中，系统自动创建一个名为 Administrator 的帐号。该帐号拥有计算机管理员的权限，拥有对本机资源的最高管理权。在多个用户共同是用一台计算机的情况下，可以通过设置不同的用户帐户，来使用同一台计算机，使每个用户具有相对独立的文件管理和工作环境。

(1) 创建新帐户。

创建新帐户的具体步骤如下。

① 在“控制面板”窗口中，双击“用户帐户”图标，弹出“用户帐户”窗口，如图 1-2-30 所示。

图 1-2-30 用户帐户窗口

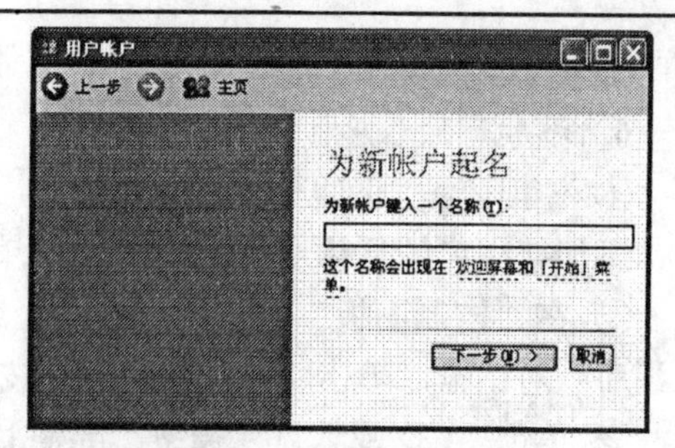

图 1-2-31 为新帐户起名窗口

② 在“用户帐户”窗口中单击“创建一个新帐户”链接，弹出“为新账户起名”窗口，如图 1-2-31 所示，在“为新帐户键入一个名称”文本框中，输入新帐户名。

③ 单击“下一步”按钮，在“挑选一个帐户类型”窗口中，如图 1-2-32 所示，为新帐户选择权限。权限分为“计算机管理员”和“受限”两种，当鼠标悬停在权限名上时窗口中自动显示该权限允许的操作。根据需要单击对应的单选钮即可。

④ 单击“创建帐户”按钮，完成帐户创建工作。

⑵ 更改帐户。

① 在“用户帐户”窗口中单击“更改帐户”，弹出“挑选一个要更改的帐户”窗口。

② 在该窗口中选择一个需要更改的帐户，单击，弹出“您想更改您的帐户的什么？”窗口，如图 1-2-33 所示。

③ 选择需要更改的项目，在弹出的相应窗口中进行修改。

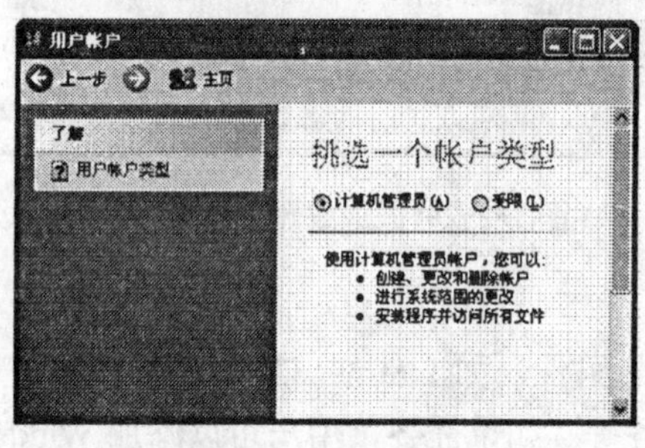

图 1-2-32 挑选帐户

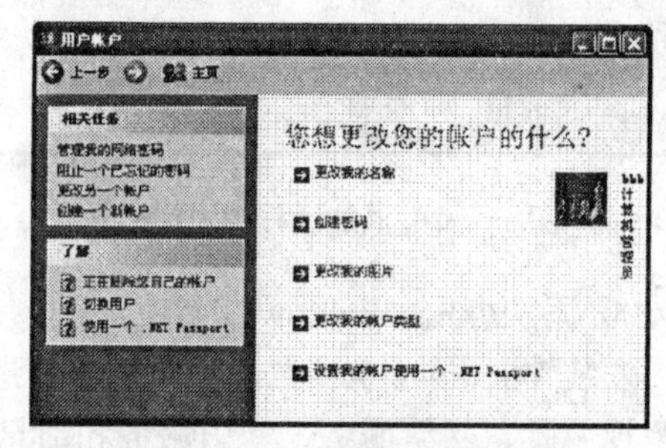

图 1-2-33 更改帐户选项窗口

⑶ 切换用户。

① 单击“开始”按钮，选择“注销”命令，弹出如图 1-2-34 所示注销对话框。

② 在注销对话框中单击“切换用户”按钮。

③ 在随后出现的用户选择界面中，选择用户即可。

图 1-2-34 注销对话框

练习 3:

通过控制面板进行环境设置。

⑴ 显示属性：将桌面设置为“Autumn”，平铺；屏幕保护设置为“三维文字”，文字设为“我的屏幕保护”，等待 5 分钟。

⑵ 鼠标：将鼠标指针设置为“Windows 标准（大）”，指针选项中显示指针踪迹。

(3) 输入法：添加“双拼”输入法，并设置其热键为“Ctrl+Alt+0”。

(4) 日期时间：调整日期时间为当前值。

(5) 删除组件：删除“游戏”组件。

(6) 添加用户：添加以自己姓名命名的用户。

1.2.6 附 件

Windows XP 中的附件提供了很多的应用程序，选择【开始】→【所有程序】→【附件】，包括画图、计算器、游戏、记事本、娱乐工具、系统工具、通讯等。

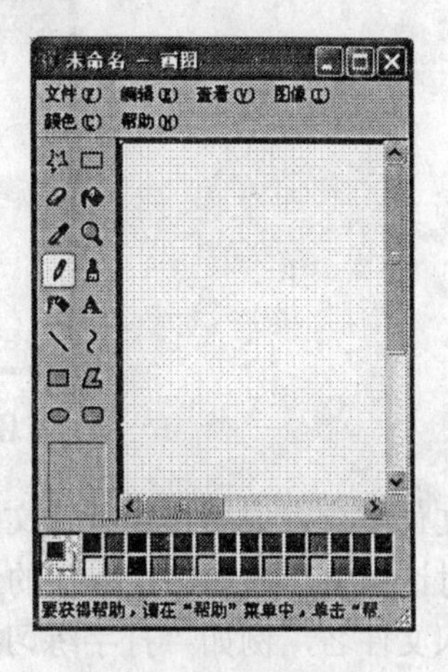

图 1-2-35 画图程序

1. 画 图

“画图”是 Windows 提供的位图（.BMP）绘制程序，它有一个绘制工具箱和一个调色板，用来创建和修饰图画。用它制作的图画可以打印也可以作为桌面背景，或者粘贴到另一个文档中。

启动“画图”程序的方法是：执行【开始】→【程序】→【附件】→【画图】命令，此时画图程序窗口打开，如图 1-2-35 所示。

练习 4:

保存屏幕抓图。

PrintScreen 按键+画图工具。键盘上的 PrintScreen 按键，类似屏幕抓图的“快门”，直接按一下 PrintScreen 键，系统会自动将当前全屏画面保存到剪贴板中，然后打开系统“画图”并粘贴后就可以看到了，当然还可以另存或编辑。

2. 计算器

“计算器”是一个能实现简单运算和科学计算功能的应用程序。如图 1-2-36 所示。

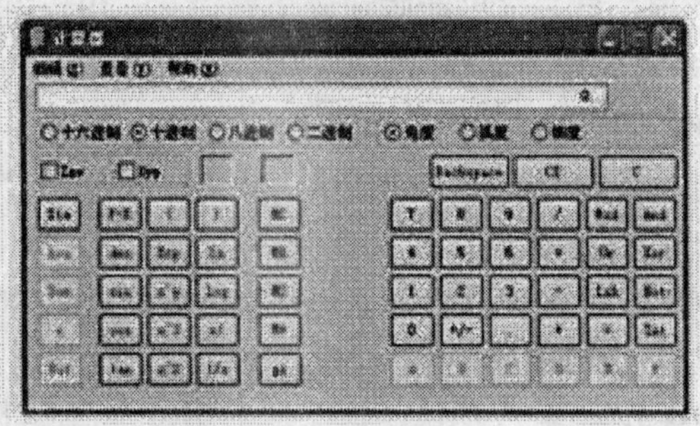

图 1-2-36 计算器窗口

3. 记事本

“记事本”是一个纯文本文件编辑器。记事本具有运行速度快、占用空间少的优点。当用户需要编辑简单的文本文件时，可以选用记事本程序。

打开记事本程序，此时可以在记事本中编辑输入的文字，如图 1-2-37 所示。

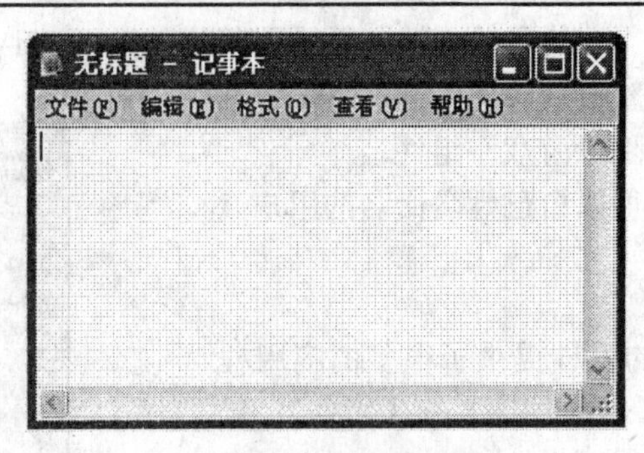

图 1-2-37 记事本应用程序窗口

文件编辑完成后，执行【文件】→【保存】命令，弹出“另存为”对话框。在“另存为”对话框中，选择文件保存的目标位置，例如D盘的某个文件夹。在“文件名”文本框中输入文件名，例如“打字练习 1”，单击“保存”按钮即可。

1.2.7 磁盘管理

1. 查看磁盘内容

用户如果希望查看磁盘中的内容，可以在“我的电脑”或“资源管理器”窗口中直接双击所要查看的磁盘驱动器图标。在打开的窗口中，就会显示该驱动器内所包含的文件或文件夹。再次双击文件夹，就可以打开文件夹，显示文件夹中的内容。

2. 查看磁盘属性

用户想了解磁盘的使用情况，可以查看磁盘的属性。查看的方法是：在“我的电脑”或“资源管理器”窗口中单击要查看的磁盘，选择【文件】菜单中的【属性】命令，或者直接右击，在弹出的快捷菜单中选择“属性”命令。弹出该驱动器的属性窗口，如图 1-2-38 磁盘属性所示。

在属性对话框中有“常规”“工具”“硬件”“共享”等选项卡。

(1) 常规：显示了当前驱动器的卷标名，用户可以在卷标框中更改当前驱动器的卷标名；还有当前磁盘的类型、文件系统、已用和可用空间，其中还用饼图直观的表示出当前磁盘可用空间和已用空间的对比情况。

(2) 工具：在此选项卡中提供了“查错”“备份”“碎片整理”三类工具，用户可以使用它们管理和维护磁盘以及磁盘中的数据。

(3) 硬件：可以查看所有驱动器的位置及当前运转的情况。

(4) 共享：在网络环境下设置此驱动器是否可以被网络上的其他用户使用。

3. 格式化磁盘

格式化磁盘就是在磁盘上建立可以存放文件的磁道和扇区。

格式化磁盘的步骤如下。

(1) 格式化软盘，先将软盘插入到软盘驱动器中；格式化硬磁盘，直接做步骤(2)。

(2) 在“我的电脑”窗口中，单击要格式化的磁盘。在【文件】菜单中选择【格式化】命令，或者右击要格式化的磁盘，在弹出的快捷菜单中选择【格式化】命令，弹出格式化对话框，如图 1-2-39 所示。

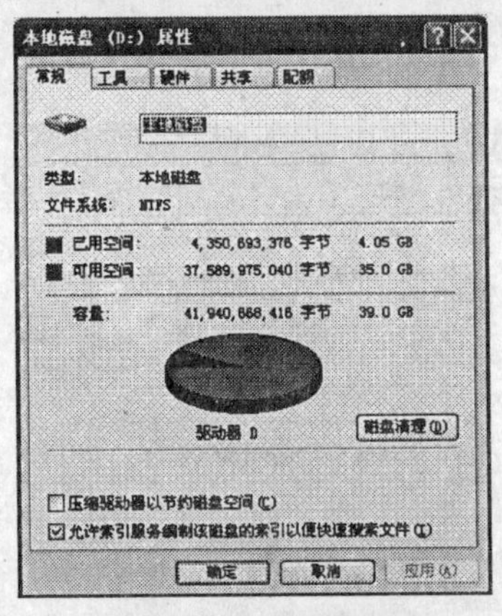

图 1-2-38 磁盘属性

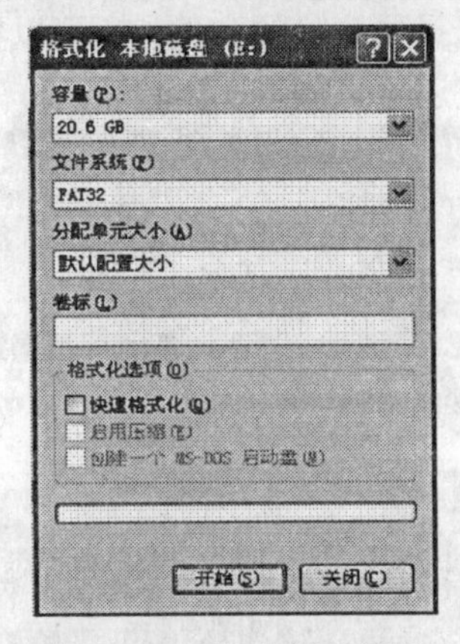

图 1-2-39 格式化对话框

⑶ 在格式化对话框中，选择需要的选项，在该对话框中可以设置如下内容。

① 容量：要格式化的磁盘容量。

② 文件系统：指定要格式化的磁盘被格式化的文件系统。有 FAT、FAT32、NTFS 三种文件系统。软盘只能用 FAT，硬盘三种都可以。

③ 分配单元大小：指定所格式化磁盘分配单元大小。系统自动选用默认配置大小。

④ 卷标：磁盘的内容描述，用户可以自行输入。

⑤ 快速格式化：选择此方式格式化，不扫描磁盘的坏扇区，速度较快。不选择此方式，则进行全面格式化，检查磁盘中是否有损坏的扇区，在格式化完毕后，显示坏扇区容量。只有在已知磁盘已经格式化，且无坏扇区的情况下，才选用快速格式化。

⑥ 启用压缩：仅限于 NTFS 类型的磁盘驱动器使用。

⑦ 创建一个 MS-DOS 启动盘：选择此项，必须是对软盘，删除软盘上所有信息，创建 MS-DOS 启动盘。

⑷ 设置好之后，单击“开始”按钮，就可以进行格式化了。

4. *磁盘清理和磁盘碎片整理*

⑴ 磁盘清理。

磁盘清理是释放磁盘上回收站、用于内容索引的分类文件、不用的 Windows 组件、可删除的程序文件所占用的空间。方法是单击【开始】菜单，选择【程序】→【附件】→【系统工具】→【磁盘清理】命令。这时弹出如图 1-2-40 所示的对话框。

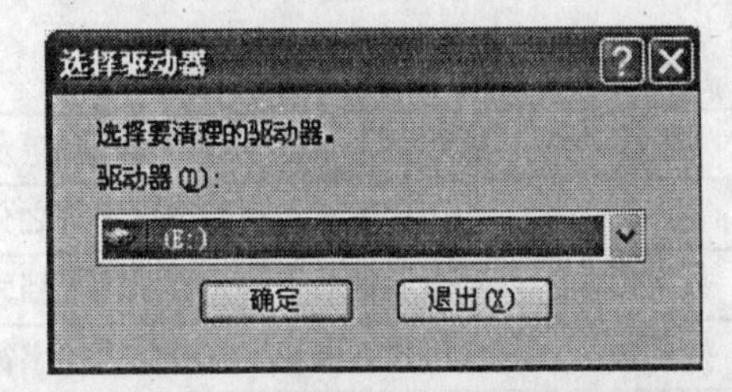

图 1-2-40 选择驱动器对话框

在此对话框中选择要清理的驱动器，弹出如图 1-2-41 所示对话框。在这个对话框中的复选框选择要删除的文件。还可以在“其他选项”选项卡中清理 Windows 组件、安装的程序、系统还原，如图 1-2-42 所示。

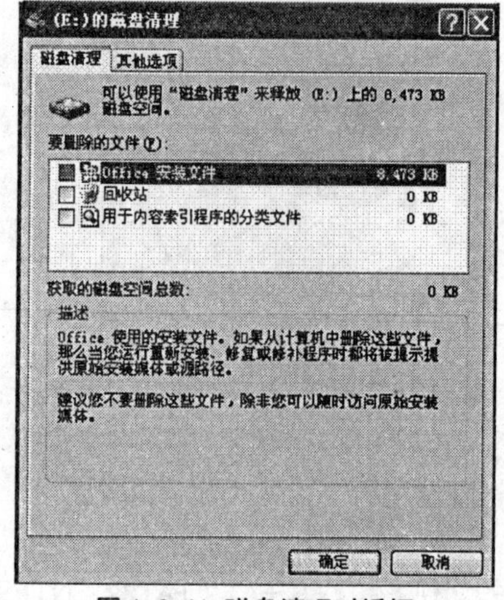

图 1-2-41 磁盘清理对话框

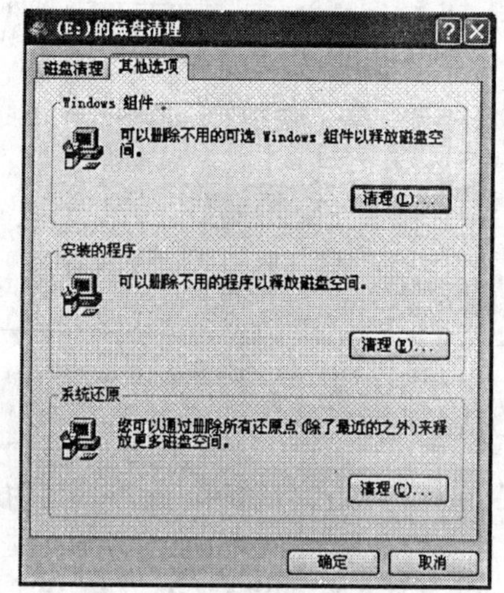

图 1-2-42 磁盘清理其他选项

(2) 磁盘碎片整理。

经常创建和删除文件或文件夹、安装和删除软件都会导致磁盘碎片的产生。磁盘碎片整理分析、合并磁盘中的碎片文件和文件夹，能够提高磁盘的利用率和存取速度。

磁盘碎片整理的方法是执行【开始】→【程序】→【附件】→【系统工具】→【磁盘碎片整理】程序命令。

1.3 键盘与指法基准键位练习

1.3.1 键盘结构

计算机键盘主要由主键盘区、小键盘区和功能键组构成。主键盘即通常的英文打字机用键（键盘中部）；小键盘即数字键组（键盘右则与计算器类似）；功能键组即键盘上部 F1—F12。

这些键一般都是触发键，不要按下不放，应一触即放。

下面将常用键的键名、键符及功能列入表 1-3-1 中。

表 1-3-1 常用键符、键名及功能表

键符	键名	功能及说明
A-Z (a-z)	字母键	字母键有大写和小写字符之分
0-9	数字键	数字键的下档为数字，上档为符号
shift(↑)	换档键	用来选择双字符键的上档字符
CapsLock	大小写字母锁定键	计算机默认状态为小写(开关键)
Enter	回车键	输入行结束、换行、执行 DOS 命令
BackSpace(←)	退格键	删除当前光标左边一字符，光标左移一位

续表 1-3-1

Space	空格键	在光标当前位置输入空格
PrtSc 或(PritScreen)	屏幕复制键	DOS 系统：打印当前屏(整屏) Windows 系统：将当前屏幕复制到剪贴板(整屏)
Ctrl 和 Alt	控制键	与其他键组合，形成组合功能键
Pause/Break	暂停键	暂停正在执行的操作
Tab	制表键	在制作图表时用于光标定位，光标跳格(8 个字符间隔)
F1-F12	功能键	各键的具体功能由使用的软件系统决定
Esc	退出键	一般用于退出正在运行的系统
Del(delete)	删除键	删除光标所在字符
Ins(Insert)	插入键	插入字符、替换字符的切换
Home	功能键	光标移至屏首或当前行首(软件系统决定)
End	功能键	光标移至屏尾或当前行末(软件系统决定)
PgUp(PageUp)	功能键	当前页上翻一页，不同软件赋予不同的光标快速移动功能
PgDn(PageDown)	功能键	当前页下翻一页，不同软件赋予不同的光标快速移动功能

1.3.2 指法基准键位

正确的指法是进行计算机数据快速录入的基础。学习使用计算机，也应以掌握正确的键盘操作方法为基础。

1. 正确的姿势

计算机用户上机操作时，开始就应养成良好的上机习惯。正确的姿势不仅对提高输入速度有重大影响，而且可以减轻长时间上机操作引起的疲劳。

① 身体应保持笔直，稍偏于键盘右方；

② 将全身的重量置于椅子上，座椅要旋转到便于手指操作的高度，两脚平放；

③ 两肘贴于腋边，手指轻放在基准键上；

④ 监视器放在键盘的正后方，原稿放在键盘左侧。

2. 正确的键入指法

基准键位是指用户上机时的标准手指位置。它位于键盘的第二排，共有八个键。其中，F 键和 J 键上分别有一个突起，这是为操作者不看键盘就能通过触摸此键来确定基准位而设置的，为盲打提供了方便。

所谓盲打就是操作者只看稿纸不看键盘的输入方法。盲打的前提就是通过正规训练而熟练使用键盘。基准键位的拇指轻放在空白键位上。

指法规定沿主键盘的 5 与 6、T 与 Y、G 与 H、B 与 N 为界将键盘一分为二，分别让左右两手管理；左右两部分从中到边分别由食指分管近中两键位（因为食指最灵活），余下的键位由中指、无名指和小拇指分别管理。自上而下各排键位均与之对应。右大拇指管理空格键。主键盘的指法分布如图 1-3-1 所示。

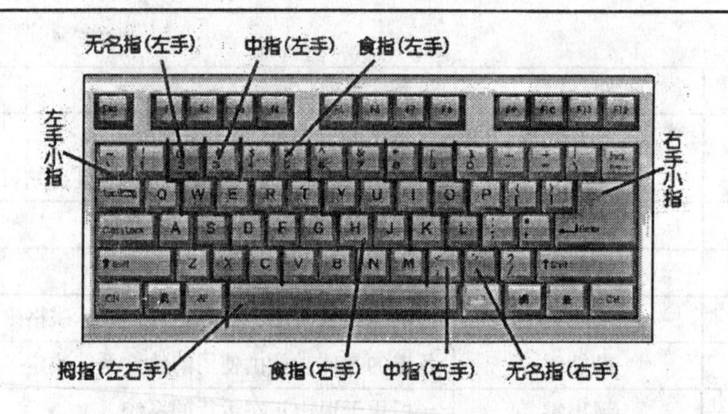

图 1-3-1 主键盘指法图

小键盘的基准键位是“4，5，6”，分别由右手的食指、中指和无名指负责。在基准键位基础上，小键盘左侧自上而下的“7，4，1”三键由食指负责；同理中指负责“8，5，2”；无名指负责“9，6，3”和“.”；右侧的“一，十，↙”由小拇指负责；大拇指负责“0”。小键盘指法分布如图 1-3-2 所示。

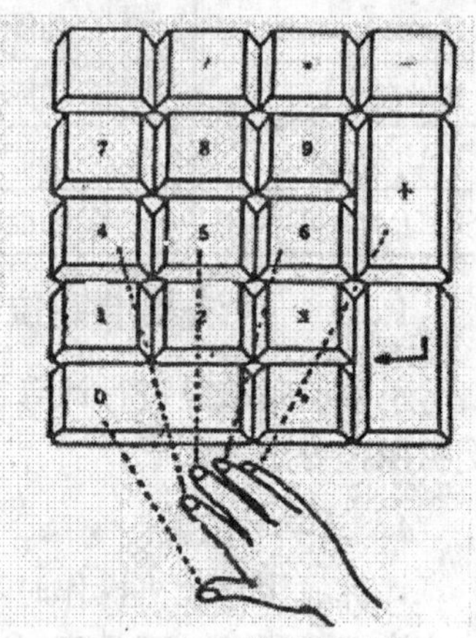

图 1-3-2 小键盘指法图

1.3.3 指法和指法基础键位练习

1. 原位键练习（A S D F 和 J K L ;）；
2. 上排键练习（Q W E R 和 U I O P）；
3. 中间键练习（T G B 和 Y H N）；
4. 下排键练习（Z X C V 和 M , . /）；
5. 其他键练习（上档键的输入）。

注意：明确手指分工，坚持正确的姿势与指法，坚持不看键盘（盲打）。

第 2 章 计算机网络及 Internet 基础

2.1 计算机网络基础

2.1.1 计算机网络的形成与发展

随着 Internet 网络的发展，地球村已不再是一个遥不可及的梦想。我们可以通过 Internet 获取各种想要的信息，查找各种资料，如文献期刊、教育论文、产业信息、留学计划、求职求才、气象信息、海外学讯、论文检索等。您甚至可以坐在电脑前，让电脑带您到世界各地作一次虚拟旅游。只要您掌握了在 Internet 这片浩瀚的信息海洋中遨游的方法，您就能在 Internet 中得到无限的信息宝藏。

1. 计算机网络的概念

计算机网络就是计算机之间通过连接介质互联起来，按照网络协议进行数据通信，实现资源共享的一种组织形式。

什么是连接介质呢？连接介质和通信网中的传输线路一样，起到信息的输送和设备的连接作用，计算机网络的连接介质种类很多，可以是电缆、光缆、双绞线等“有线”的介质，也可以是卫星微波等“无线”介质，这和通信网中所采用的传输介质基本上是一样的。

在连接介质基础上，计算机网络必须实现计算机间的通信和计算机资源的共享，因此它的结构，按照其功能可以划分成通信子网和资源子网两部分。当然，根据硬件的不同，将它分成主机和通信子网两部分也是正确的。

2. 计算机网络的形成与发展

自 20 世纪 50 年代开始，人们及各种组织机构开始使用计算机来管理他们的信息。与今天不同，由于当时技术条件的限制，早期的计算机都非常庞大且非常昂贵，任何机构都不可能为每个雇员提供整个计算机去使用。主机是共享的，它被用来存储和组织数据、集中控制和管理整个系统。所有用户都有连接到主机系统的终端设备，将数据库上传到主机中处理，或者是将主机中的处理结果读取出来。

这就是早期的集中式计算机网络，一般也称为集中式计算机模式。随着计算机技术的不断发展，尤其是大量功能先进、价格便宜的个人计算机的问世，使得每个人都可以独立使用自己的计算机，进行他所希望的工作。

一般来讲，计算机网络的发展可分为四个阶段。

第一阶段：以主机为中心的计算机通信网络。计算机技术与通信技术相结合，形成计算机网络的雏形。

第二阶段：以通信子网为中心的计算机通信网络。在计算机通信网络的基础上，完成网络体系结构与协议的研究，形成了计算机网络。

第三阶段：以 OSI 参考模型的计算机网络。在解决计算机联网与网络互联标准化问题的背景下，提出开放系统互联参考模型与协议，促进了符合国际标准的计算机网络技术的发展。

第四阶段：计算机网络向互联、高速、智能化方向发展，并获得广泛的应用。

3. 计算机网络的分类

由于计算机网络自身的特点，对其划分也有多种形式，比如，可以按网络的作用范围、网络的传输技术方式、网络的使用范围以及通信介质等划分。此外，还可以按信息的交换方式和拓扑结构等进行分类。下面按常见的两种分类进行介绍。

⑴ 按网络的作用范围划分。

按网络所覆盖的地理范围，可以把网络分为局域网（LAN，Local Area Network）和广域网（WAN，Wide Area Network）。两者之间的差异主要体现在覆盖范围和传输速度。局域网（LAN）是指在一个较小地理范围内的各种计算机网络设备互联在一起的通信网络，可以包含一个或多个子网，通常局限在几千米的范围之内。如在一个房间、一座大楼，或是在一个校园内的网络就称为局域网，广域网（WAN）连接地理范围较大，常常是一个国家或是一个大洲。其目的是为了让分布较远的各局域网互联。我们平常讲的 Internet 就是最大最典型的广域网，如图 2-1-1 所示。

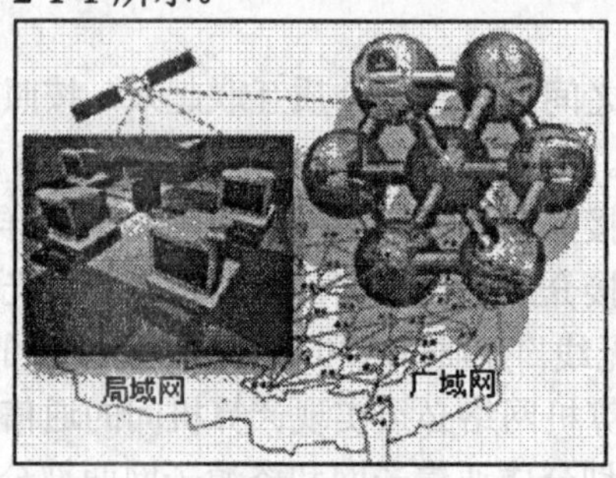

图 2-1-1

⑵ 按拓扑结构分类。

网络拓扑(Topology)结构是指用传输介质互连各种设备的物理布局。

① 星型拓扑结构。如图 2-1-2 和图 2-1-3 所示。

星型网络由中心节点和其他从节点组成，中心节点可直接与从节点通信，而从节点间必须通过中心节点才能通信。在星型网络中，中心节点通常由一种称为集线器或交换机的设备充当，因此网络上的计算机之间是通过集线器或交换机来相互通信的，是目前局域网最常见的方式。

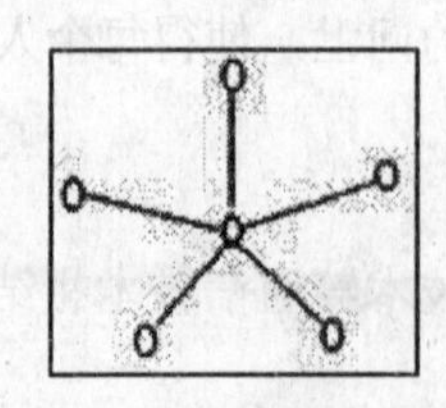

图 2-1-2 星型网络示意图

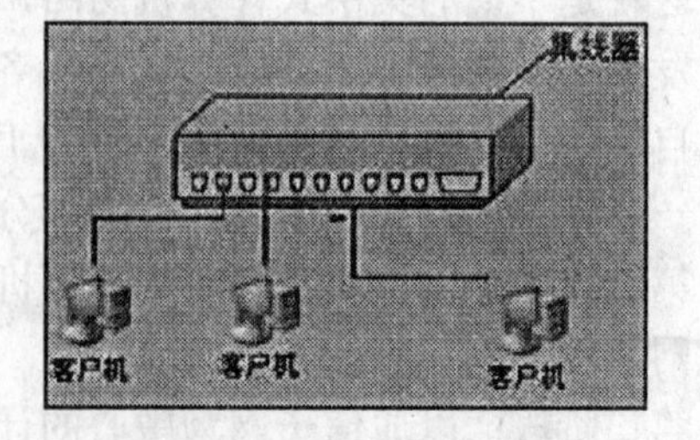

图 2-1-3 星型网络实物图

② 总线拓扑结构。如图 2-1-4 所示。

总线型网络是一种比较简单的计算机网络结构，它采用一条称为公共总线的传输介质，将各计算机直接与总线连接，信息沿总线介质逐个节点广播传送。

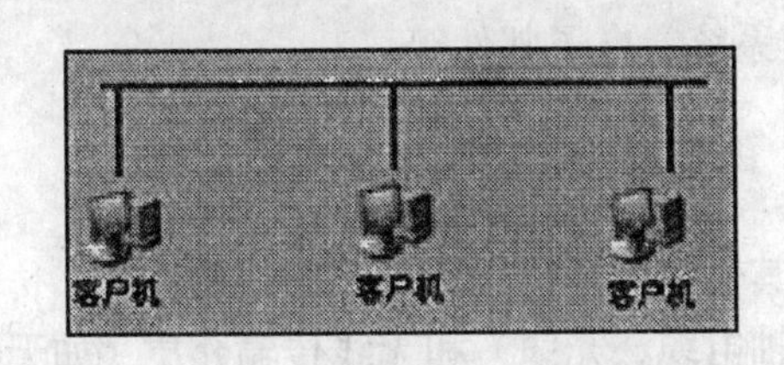

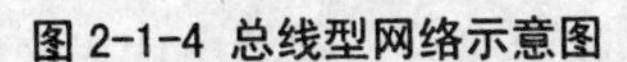
图 2-1-4 总线型网络示意图

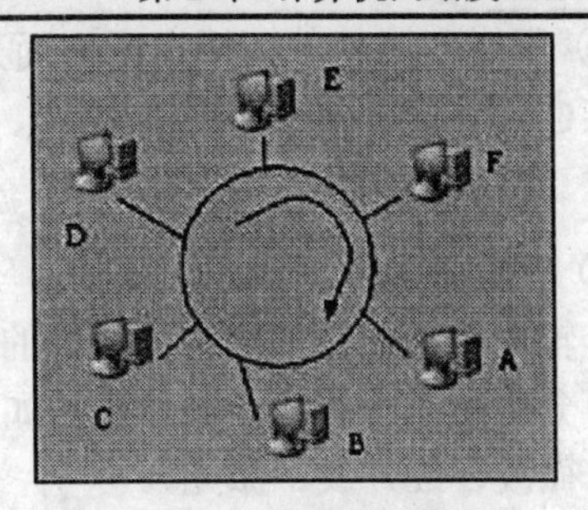

图 2-1-5 环形网络示意图

③ 环型网络拓扑结构。如图 2-1-5 所示。

环型网络将计算机连成一个环。在环型网络中，每台计算机按位置不同有一个顺序编号，如图 2-1-5 所示。在环型网络中信号按计算机编号顺序以“接力”方式传输。如图 2-1-5 中，若计算机 A 欲将数据传输给计算机 D 时，必须先传送给计算机 B，计算机 B 收到信号后发现不是给自己的，于是再传给计算机 C，这样直到传送到计算机 D。

在实际应用中，上述三种类型的网络经常被综合应用，并形成互联网。互联网是指将两个或两个以上的计算机网络连接而成的更大的计算机网络。此外，还有层次结构或树型结构、网型结构和不规则结构等。

2.1.2 计算机网络的组成与分类

1. 计算机网络的基本组成

(1) 网络工作站：计算机网络的用户终端设备，通常是微计算机，主要是完成数据传输、信息浏览和桌面数据处理等功能。

(2) 网络服务器：被工作站访问的计算机系统，是网络的核心设备，通常是一台高性能计算机，它包括了各种网络信息资源，并负责管理资源和协调网络用户对资源的访问。

(3) 传输设备。

① 传输介质：连接发送端和接受端的传输通路，主要有电缆、光缆、微波等；

② 网卡（NIC）：用于连接计算机与线缆，主要与传输介质、传输速度有关。

(4) 网络外部设备：是网络用户共享的硬件设备之一，如高性能网络打印机、磁盘阵列、绘图仪等。

(5) 局域网联接设备：将网络工作站、网络服务器、网络外部设备等联接，实现计算机间相互通讯的设备，常用的有交换机、集线器等。

(6) 网络互联设备。

① 局域网互联：不同类型局域网的互联，可通过网桥和路由器实现；同类局域网的互联，可通过中继器实现。

② 局域网与广域网互联：一种是通过数字数据通信网（如 ISDN、ADSL、DDN、X. 25、帧中继）互联，常用路由器实现；一种是通过模拟电话网（如 PSTN）互联，常使用访问服务器（Access Server）和调制解调器（Modem Pool）来实现。

(7) 网络软件：主要包括以下两种。

① 网络操作系统：主要是对网络资源进行有效管理。常用的有：UNIX、Windows 2000、NETWARE。

② 网络应用软件：根据应用而开发的基于网络环境的应用系统。常用的有：办公自动化（OA）、管理信息系统（MIS）、数据库管理系统、电子邮件等。

2. 网络传输介质

⑴ 传输介质的分类。

传输介质是计算机网络最基础的通信设施，其性能好坏直接影响到网络的性能。传输介质可分为两类：有线传输介质（如双绞线、同轴电缆、光缆）和无线传输介质（如无线电波、微波、红外线、激光）。

衡量传输介质性能的主要技术指标有：传输距离、传输带宽、衰减、抗干扰能力、价格、安装等。

⑵ 网络设备。

网络设备会因网络类型的不同以及网络环境的不同而有所不同。

一般地，常用的网络设备包括：网卡（NIC）、集线器（Hub）、交换机（Switch）和路由器（Router）。

网卡（NIC）：负责计算机与网络介质之间的电气连接，数据流的传输和网络地址的确认。其主要的技术参数是带宽和速度。目前大部分网卡为10MB或100MB。

集线器（Hub）：主要指共享式集线器。相当于一个多口的中继器，一条共享的总线，能实现简单的加密和地址保护。主要考虑带宽速度、接口数、智能化（可网管）和扩展性（可级联和堆叠）。

交换机（Switch）：指交换式集线器。交换机的出现主要是为了提高原有网络的性能，降低网络响应速度，提高网络负载能力。交换机技术现在不断地更新和发展，功能不断加强，可实现网络分段，虚拟子网（VLAN）划分，多媒体应用，图像处理，CAD/CAM，Client/Server方式的应用。

不同型号的设备可提供多种不同的网络接口，以适应不同的传输介质（如光缆、双绞线）和速率（10MB和100MB）。

路由器（Router）：广域网的通信过程与邮局中邮件传递的过程类似，都是根据地址来寻找到达目的地的路径，这个过程在广域网中称为“路由”。路由器负责不同广域网中的各局域网之间的地址查找（建立路由），信息包翻译和交换，实现计算机网络设备与电信设备电气连接和信息传递。因此，路由器必须具有广域网和局域网两种网络通信接口。

调制解调器（Modem）：作为网络设备与电信通信线路的接口，用来在电话线上传递数字信息。

3. 计算机网络的通信协议

在计算机网络中，网络用户可以共享网络资源及相互通信，为此，网络中不同实体之间能进行通信。那么，网络上的不同计算机之间又是如何交换信息的呢？就像我们说话用某种语言一样，在网络上的各台计算机之间也有一种语言，这就是网络协议，不同的计算机之间必须使用相同的网络协议才能进行通信。

所谓计算机网络协议，就是指实现计算机网络中不同计算机系统之间的通讯必须遵守的通信规则的集合。例如，什么时候开始通信，双方采用什么样的数据格式，数据如何编码，如何处理差错，怎样协调发送和接收数据的速度，如何为数据选择传输路由等。

当然了，网络协议也有很多种，具体选择哪一种协议则要看情况而定。Internet 上的计算机使用的是 TCP/IP 协议。

TCP/IP（Transmission Control Protocol/Internet Protocol 的简写，中文译名为传输控制协议/网际协议）协议是 Internet 最基本的协议，简单地说，就是由底层的 IP 协议和 TCP 协议组成的。TCP/IP 协议开发工作始于 20 世纪 50 年代，是用于互联网的第一套协议。

⑴ 网际协议 IP。

Internet 上使用的一个关键的底层协议是网际协议，通常称 IP 协议。网际协议 IP 协议提供了能适应各种各样网络硬件的灵活性，对底层网络硬件几乎没有任何要求，任何一个网络只要可以从一个地点向另一个地点传送二进制数据，就可以使用 IP 协议加入 Internet 了。

如果希望能在 Internet 上进行交流和通信，则每台连上 Internet 的计算机都必须遵守 IP 协议。为此使用 Internet 的每台计算机都必须运行 IP 软件，以便时刻准备发送或接收信息。

IP 协议对于网络通信有着重要的意义：网络中的计算机通过安装 IP 软件，使许许多多的局域网络构成了一个庞大而又严密的通信系统。从而使 Internet 看起来好像是真实存在的，但实际上它是一种并不存在的虚拟网络，只不过是利用 IP 协议把全世界所有愿意接入 Internet 的计算机局域网络连接起来，使得它们彼此之间都能够通信。

⑵ 传输控制协议 TCP。

尽管计算机通过安装 IP 软件，从而保证了计算机之间可以发送和接收数据，但 IP 协议还不能解决数据分组在传输过程中可能出现的问题。因此，若要解决可能出现的问题，连上 Internet 的计算机还需要安装 TCP 协议来提供可靠的并且无差错的通信服务。

TCP 协议被称作一种端对端协议。这是因为它为两台计算机之间的连接起了重要作用：当一台计算机需要与另一台远程计算机连接时，TCP 协议会让它们建立一个连接、发送和接收数据以及终止连接。

传输控制协议 TCP 协议利用重发技术和拥塞控制机制，向应用程序提供可靠的通信连接，使它能够自动适应网上的各种变化。即使在 Internet 暂时出现堵塞的情况下，TCP 也能够保证通信的可靠。

因此，从上面的分析可以了解到：IP 协议只保证计算机能发送和接收分组数据，而 TCP 协议则可提供一个可靠的、可流控的、全双工的信息流传输服务。

综上所述，虽然 IP 和 TCP 这两个协议的功能不尽相同，也可以分开单独使用，但它们是在同一时期作为一个协议来设计的，并且在功能上也是互补的。只有两者的结合，才能保证 Internet 在复杂的环境下正常运行。凡是要连接到 Internet 的计算机，都必须同时安装和使用这两个协议，因此在实际中常把这两个协议统称作 TCP/IP 协议。

2.2 Internet 应用基础

Internet 能为用户提供的服务项目很多，主要包括电子邮件（E-mail）、远程登录（Telnet）、文件传输（FTP）以及信息查询服务，例如用户查询服务（Finger）、文档查询服务（Archie）、专题讨论（Usenet News）、查询服务（Gopher）、广域信息服务（WAIS）和万维网（WWW），这里着重介绍电子邮件、远程登录、文件传输三项基本服务内容以及信息查询服务中的万维网。

1. 电子邮件（E-mail）

电子邮件是Internet的一个基本服务。通过电子邮件，用户可以方便快速地交换信息，查询信息。用户还可以加入有关的信息公告，讨论与交换意见，获取有关信息。用户向信息服务器上查询资料时，可以向指定的电子邮箱发送含有一系列信息查询命令的电子邮件，信息服务器将自动读取，分析收到的电子邮件中的命令，并将检索结果以电子邮件的形式发回到用户的信箱。

早期Internet所用的电子邮件软件是许多Internet主机所用UNIX操作系统下的程序，如MAIL、ELM及PINE等。最近出现了新一代的程序，如流行的EUDORA程序。不同的程序使用的命令和用法会稍有不同，但地址格式是统一的。Internet统一使用DNS来编定信息的地址，因而Internet中所有的地址均具有同样的格式，其格式为用户名称@及主机名称，例如：lnccnet@163.com。

Internet的电子邮件系统遵循简单邮件传送协议，即SMTP协议标准。

2. 远程登录（Telnet）

远程登录是Internet上最诱人和重要的服务工具之一，它可以超越时空的界限，让用户访问远地的计算机，当然这些计算机必须连在Internet上。我们把连在Internet上的计算机叫做Internet主机。远程登录能把本地计算机连接并登录到Internet主机上，它是一种特殊的通信方式。在UNIX计算机上，用rlogin（Remote Login）命令可以达到同样的目的，所以，我们把Telnet称做远程登录。

3. 文件传输协议（FTP）

文件传输协议FTP（File Transfer Protocol）和前面所介绍的E-mail、Telnet是Internet提供的三项基本服务。

⑴ 主要功能：FTP的主要功能是在两台联网的计算机之间传输文件。除此之外，FTP还提供登录、目录查询、文件操作、命令执行及其他会话控制功能。

⑵ 工作原理：FTP的工作原理并不复杂，它采用客户机/服务器模式。FTP客户机是请求端，FTP服务器为服务端。FTP客户机根据用户需求发出文件传输请求，FTP服务器响应请求，两者协同完成文件传输作业。

为了保护自己的资源，客户程序在请求连接时，FTP服务器会要求用户输入用户码和通行密码。如果用户自愿将资料提供给网络上公用，则应该开放一个公用的帐号。Internet约定，FTP的公用帐号是anonymous，密码是用户的E-mail地址。Internet中已经有上千个使用anonymous公开帐号的FTP服务器，为网络中数以千万计的客户提供文件共享服务。我们称Internet提供的这种服务为不具名（Anonymous）FTP服务。

⑶ 文件拷贝：通过FTP，用户既能将文件从远地计算机拷贝到本地机上，也能将本地文件拷贝到远地计算机，前者叫下载（Down Load），后者叫上载（Up Load）。

4. 万维网WWW

万维网WWW（World Wide Web），简称Web，也称3W或W3，是全球网络资源。Web最初是欧洲核子物理研究中心CERN（the European Laboratory for Particle Physics）开发的，是近年来Internet取得的最为激动人心的成成。Web最主要的两项功能是读超文本

（Hypertext）文件和访问 Internet 资源。

2.3 IE 应用基础

IE 浏览器是 Internet Explorer 的简称，是微软公司捆绑在 Windows XP 上的一套组合软件之一，是专门用于查看 Web 页的软件工具。本节主要介绍怎样用 IE 浏览器浏览网页的有关知识。

2.3.1 打开网页

连接到 Internet 以后，双击桌面上的 IE 浏览器图标，就可以打开网页，图 2-3-1 所示为“辽宁省交通高等专科学校网站”的主页。

图 2-3-1 “辽宁省交通高等专科学校网站”的主页

网页是一个 Web 的图形化用户界面。在界面上可以浏览 Internet 上的任何文档，这些文档与它们之间的链接一起构成了一个庞大的信息网，网上具有全世界差不多所有国家和地区的各类信息。

可以从一个网页跳转到另外一个网页，在地址栏中键入一个网址，按回车键就可以跳转到另外的网页。比如我们希望上东北大学网站，可以在地址栏中直接输入“http://www.neu.edu.cn”并按回车键，就会打开东北大学网站的主页。

2.3.2 什么是主页

“主页”是网站设置的起始页，也是打开浏览器时开始浏览的那一页。

网站的主页一般都是栏目名称、内嵌了 Web 地址链接的目录等，当鼠标指向这些目录时，鼠标指针就变成了一个小手的形状，这时单击鼠标，就打开了所指名称或目录的页面，比如要浏览“新闻”，鼠标指向“新闻”，当指针变成小手形状时单击鼠标就跳转到新闻页面。

主页也可以理解为某一个 Web 节点的起始页。它就像一本书的封面或者目录。当访问某个网站时，首先打开主页。通过主页提供的链接，可以方便快捷地访问该网站的其他页面。如果想要从一个页面跳转到另一个页面而又不知道该怎么走时，可以回到主页寻找路径。就好比把上网浏览叫做网上冲浪，那么，主页就是每次冲浪的起点，当在网上迷失方向时，单击“主页”按钮，先回到网站的起始页面，再寻找路径继续浏览。

主页上的栏目和文档目录都是用超级链接内嵌的 Web 地址（又称为 URL——统一资源定位符）的文字和图形连接起来的。通过单击超级链接，就可以跳转到指定的页面。在 Web 节点上，超级链接的文字带下划线或与其他文字颜色不同，很容易辨认出来，只要将鼠标指向超级链接，光标就会变成一个小手形。

2.3.3 使用工具栏上的按钮

在 IE 浏览器的工具栏上有许多非常有用的按钮。

(1) “主页”按钮。

无论在任何页面，单击该按钮，就会回到主页。

(2) “后退”“前进”按钮。

在刚打开浏览器的时候，“后退”和“前进”按钮都是灰色的不可操作状态，当单击某个超级链接打开一个新的网页时，“后退”按钮就变成黑色的可操作状态。当浏览的网页逐渐增多，有时候会发现走错路了或者又想退回去查看已浏览过的网页时，单击“后退”按钮，就可以返回到浏览过的网页。单击“后退”按钮后，“前进”按钮就成为激活状态，单击“前进”按钮，就前进到刚才打开的那一页。“后退”或“前进”通常是转到最近的那一页，如果我们打开很多页面，要退回或前进到某一页面时，可以单击“后退”或“前进”按钮右侧的向下三角▾，打开一个排列着你曾经打开过的页面目录。在这个目录中，如果想要重新浏览某一页，单击它即可转到相应的网页。

(3) “刷新”按钮。

当长时间浏览网页时，可能这一网页已经更新，特别是一些提供实时信息的网页，比如像股市行情、一些新闻性很强的图片等，这时，为了得到最新的网页信息，可以单击“刷新”按钮来实现网页的更新。另外，当网络比较拥堵时，网页上的有些图片不能显示或不能完全显示，这时单击“刷新”按钮，可以重新显示这些图片。

(4) “停止”按钮。

有时由于网络比较拥堵或其他原因，网上的传输速度会很慢，当使用 IE 打开一些数据较大的文件时，会等待很长的时间，或者当下载某个文件到一部分时，又改变主意，这时，单击工具栏上的“停止”按钮，就会立即终止浏览器的访问。

2.3.4 信息搜索

网络是信息的海洋，里面蕴藏着全世界差不多所有国家和地区的信息。要在这众多而庞杂的信息中找到自己需要的信息，将是一件很困难的事。网络上的搜索引擎，就是专门为了解决上述问题而设计的。搜索引擎是专门搜集网上的各种信息，然后分门别类地保存起来，供大家查询，有了搜索引擎，就可以方便快捷地在网络信息的海洋中找到自己需要的信息了。下面介绍几种搜索方法。

1. 用浏览器搜索

⑴ 启动 IE 浏览器。

⑵ 单击工具栏中的“搜索”按钮，在浏览器窗口的左侧就会出现搜索窗口。

⑶ 在搜索窗口中的“查找包含下列内容的网页”输入框中输入想要找的网站的关键词。

⑷ 单击“搜索”按钮，稍后就可以得到一个与关键词有关的搜索结果列表，我们要搜索的网站就在其中。比如要找教育类的网站，输入“教育”后，单击搜索，就会出现与教育有关的很多网站地址，单击要找的网站的链接，就可以打开相应的网站。

⑸ 再次单击“搜索”按钮，就可以关闭搜索对话框。

2. 用关键词查找

用关键词查找是一种非常有用而又简便的方法，只需在搜索引擎中输入要查找的关键词——关键词可以是一个词或几个词，也可以是一个句子，搜索引擎就会自动搜索到网上所有包含该关键词的站点或网页。

要先打开一个搜索引擎网站，比如以 Google 为例，如图 2-3-2 所示。在新浪网页中可以看到一个“Google 谷歌搜索”输入框，在此框中输入要找的信息的关键词。在紧挨输入框的上边有一个用来帮助选择要搜索的信息类型，有“网页、新闻、视频、图片、更多”等，可以根据要查找的内容不同进行选择，例如要查找有关“计算机网络”的网页，就选中“网页”类型。单击“搜索”按钮，就可以在结果中找到要查找的网站。

图 2-3-2 Google 搜索引擎

2.3.5 利用“收藏夹”收集和整理网址

1. 把自己喜欢的网址添加到收藏夹

通过将 Web 页添加到“个人收藏夹”列表方法，可以使浏览器保存一些需要经常访问的网址，以便下次访问时能够快速调出这些网页。

收藏网址的操作步骤如下：

⑴ 启动 IE 浏览器，找到喜欢的网页或网站；

⑵ 单击“收藏夹” 按钮，在屏幕的左边出现如图 2-3-3 所示的收藏夹菜单；

⑶ 单击“收藏夹”菜单中的“添加”按钮，弹出如图 2-3-4 所示的对话框；

图 2-3-3 收藏夹菜单

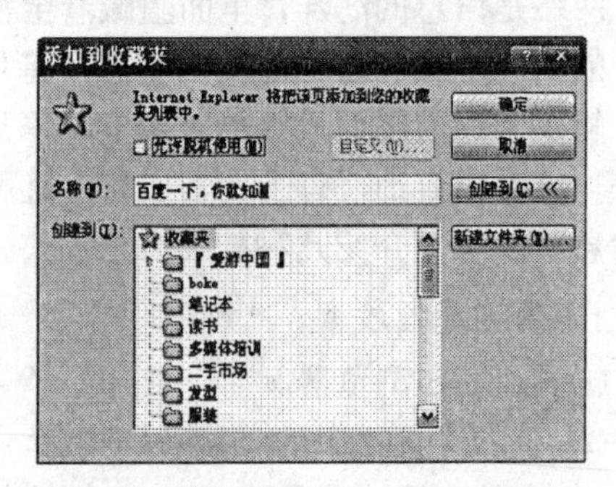

图 2-3-4 添加到收藏夹

⑷ 这时，如果直接单击“确定”按钮，则“添加到收藏夹”对话框的“名称”框自动显示当前 Web 网页的名称，并以此名称保存到收藏夹中。如果愿意自己起一个好记的名称，就将光标移到“名称”框中，输入自定义的名称。单击“确定”按钮即可。无论用什么名称，系统保存的都是该网页的地址。

每次需要打开该网页时，无论当前在任何网页，只要单击工具栏上的“收藏”按钮，然后单击收藏夹列表中该页的名称即可。

2. 整理收藏夹

随着用户不断地向收藏夹中添加信息，收藏夹中的东西会愈来愈多，而以前收藏的一些网址可能现在已没必要继续保存，所以需要整理收藏夹。整理收藏夹的操作步骤如下。

⑴ 单击“收藏夹”菜单中的“整理收藏夹”命令选项，打开“整理收藏夹”对话框，如图 2-3-5 所示。

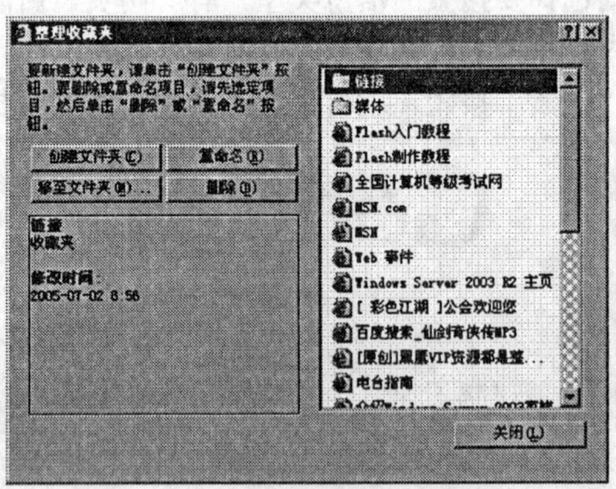

图 2-3-5 “整理收藏夹”对话框

⑵ 按照对话框中的提示对收藏夹进行整理。要删除某一选项，单击选中该选项，然后单击“删除”按钮。

⑶ 还可以新建一个文件夹，并将各个地址选项移动到文件夹中。要新建一个文件夹，单击“创建文件夹”按钮，这时“整理文件夹”对话框右边出现一个新建文件夹。

⑷ 要把地址选项移动到文件夹，先单击选中地址选项，然后单击“移动到文件夹”按钮，被选中的地址选项便移动到文件夹中了。

下次需要打开这些地址选项时，只要单击文件夹图标，就会打开文件夹，释放出各地址选项。

2.3.6 保存网页

网络上有很多非常有用的信息。当用户在网上找到需要的信息时，可以将它们保存下来，以便日后使用。下面介绍几种保存网上信息的方法。

1. 保存当前页

⑴ 在已打开的网页中，单击【文件】→【另存为】，弹出如图 2-3-6 所示的对话框。

⑵ 在“保存在”下拉列表框中选择准备用于保存网页的盘符。

⑶ 双击用于保存网页的文件夹。

⑷ 在“文件名”下拉列表框中，键入网页的名称。

⑸ 在“保存类型”下拉列表框中，选择文件类型。

图 2-3-6 “保存网页”对话框

在保存类型中，有 4 种文件类型可以选择，它们的内容如下。

①“网页，全部”是指要保存显示该网页所需要的全部文件，包括图像、框架和样式表，单击该选项将按原格式保存所有文件。

②“Web 档案，单一文件”是指把显示该网页所需的全部信息保存在一个 MIME 编码的文件中，单击该选项将保存当前网页的可视信息。该选项只有安装 Outlook Express 5 或更高版本后才能使用。

③“网页，仅 HTML”是指只保存当前 HTML 页，单击该选项只保存网页信息，不保存图像、声音或其他文件。

④“文本文件”是指只保存当前网页的文本，单击该选项将以纯文本格式保存网页信息。

2. 保存网页中的图片

浏览网页时，会有很多美丽的图片，如果想保存这些图片以备将来参考或与他人共享，操作步骤如下：

⑴ 选中要保存的图片，右击鼠标，弹出快捷菜单；

⑵ 单击“图片另存为”命令选项，弹出“保存图片”对话框；

⑶ 在“保存图片”对话框中选择保存图片路径、输入文件名、选择好保存文件类型；

⑷ 单击“保存”按钮，图片保存完毕。

2.3.7 设置主页

主页是每次打开 IE 浏览器时最先显示的页面。如果需要经常浏览的网页，可将其设为主页，这样每次启动 IE 浏览器或单击工具栏上的“主页”按钮时就会显示该页。

设置操作步骤如下：

⑴ 打开要设置成主页的网页；

⑵ 在【工具】→【Internet 选项】。弹出“Internet 选项”对话框，如图 2-3-7 所示；

⑶ 单击“常规”标签；

⑷ 在“主页”区域，单击“使用当前页”即可。如果要恢复原来的主页，只要单击“使用默认页”即可。

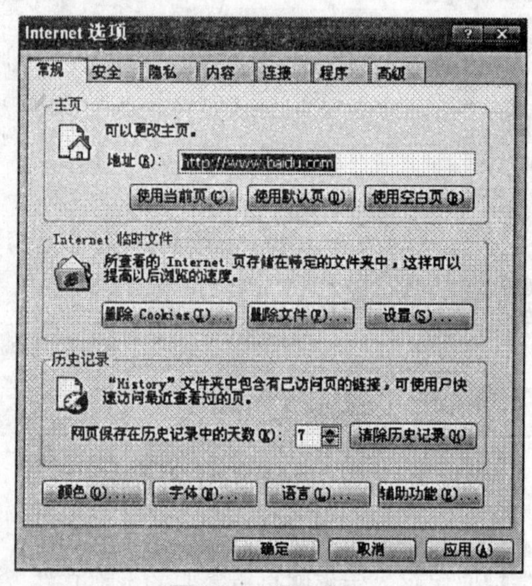

图 2-3-7 设置主页

2.4 邮件的使用

电子邮件是 Internet 最重要的服务项目和最早的服务形式之一，它的出现使人类的交流方式发生了重大的改变。电子邮件不仅可以传送文字信息，而且可以传送图形、图像、声音等信息，它结合电话的实时快捷、邮政信件的方便等优点为一体，以迅速简便、高效节约、功能强大而受到全世界人的青睐。

下面就来介绍怎样使用电子邮件。

2.4.1 申请免费邮箱

电子邮件的收发需要电子邮箱。所以在使用电子邮件之前，需要申请一个电子邮箱。

目前国内大部分网站仍然提供免费邮箱。在各个网站申请免费邮箱的步骤大体相同。下面以在新浪网站申请免费邮箱的方法为例进行介绍。

⑴ 打开“新浪”主页 www.sina.com.cn，单击栏目区的“新浪免费邮箱”打开如图 2-4-1 所示的“新浪注册免费信箱”页面。

⑵ 输入你想注册的信箱名称，单击“下一步”，进入“新浪免费邮箱”的第二个页面，按格式输入一些个人信息后，点击“提交”即可完成信箱的注册了。

2.4.2 阅读电子邮件

阅读电子邮件，首先要打开邮箱。在新浪主页上输入“登录名”和“密码”并选择“免费邮箱”后点击“登录”进入免费邮箱页面，如图 2-4-2 所示。

在邮箱页面中，系统显示收到多少邮件，占用多少空间等信息。单击“收件夹”，就可以打开“收件夹”窗口，系统会显示收到的所有邮件列表。在邮件列表框中显示邮件的发信人、发信时间、邮件主题以及此邮件的字节数。单击任意一个邮件的主题，就可以打开这个邮件。进入“阅读邮件内容”页面。如果打开的邮件包含附件文件，那么在邮件正文的下面将显示附件文件的热链接，只要点击该链接即可打开或下载附件。

在“阅读邮件内容”页面可以点击“上一封”或“下一封”来查看其他邮件。还可以点击其他热链接对当前邮件进行回复、转发、删除和转移等操作。

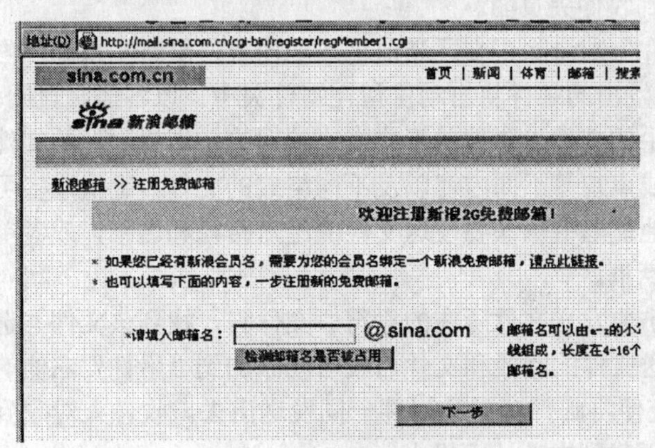

图 2-4-1 注册邮箱第一步

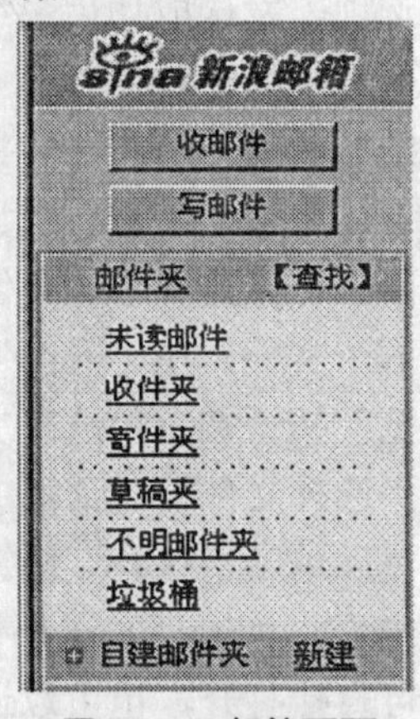

图 2-4-2 邮箱页面

2.4.3 书写电子邮件

单击新浪邮件页面左侧的“写邮件”，进入写邮件页面，如图 2-4-3 所示。

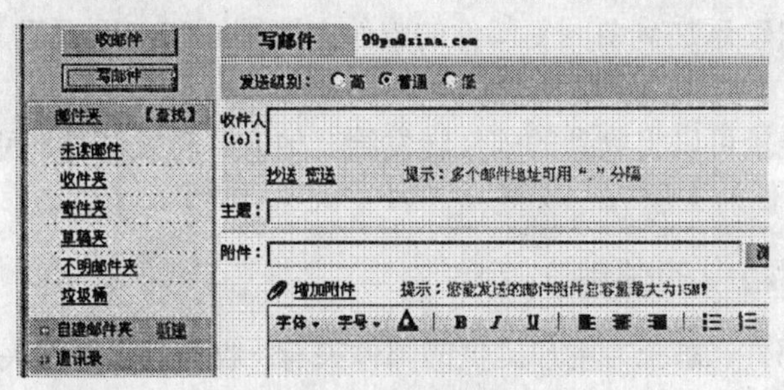

图 2-4-3 写邮件页面

新浪邮件支持书写文本格式的邮件，如果邮件正文中包含 HTML 格式，邮件正文会以附件的形式发给对方。下面详细介绍编写邮件的方法。

1. 填写收件人地址

在收件人（to）的地址输入框内，输入对方的 E-mail 地址。当有多个地址时用逗号或分号分隔开，如果建有通讯录的话，也可以分别单击每个输入框前的蓝色链接打开“通讯录”窗口，选中收件人的地址，单击“确定”按钮，将所选地址添加到输入框。这种方法比直接输入更简单，而且准确，不容易出错。

2. 书写邮件的主题和正文

在“主题”栏中输入所发出的邮件的主题，该主题将显示在收件人收件夹的“主题”区，发送时如果没输入主题，将显示为“No Subject”。

书写正文。将光标定位在正文区内，然后输入邮件正文的内容。

2.4.4 发送电子邮件

发送电子邮件之前，要确认收件人地址、邮件主题和正文都正确无误。然后单击“发送邮件”按钮，系统便将邮件正文及其附件一同发送出去。

如果选择“提示发送成功”选项，发送成功后，系统将显示发送成功信息；如果没有选中该选项，发送成功后系统将返回到收件夹页面。

在发送邮件之前，单击“重写邮件”则清除正文区当前输入的内容，重新输入邮件内容。单击“保留一份在寄件夹中”，则发出的邮件将自动保留在寄件夹中，以备随时查阅。

还可以将本地硬盘、磁盘或光盘中的文件以附件的形式发送给对方。作为附件的文件类型不限，可以是文本、图像、图片或声音等不同内容以及不同格式的文件。每次最多可以发送五个文件。在“附件”右侧的地址框中输入要发送文件的绝对路径和名称，或者单击“浏览”按钮调出“选择文件”对话框。

在“选择文件”对话框中通过单击要发送文件所在的盘符、文件夹，找到该文件并选中它，然后单击“打开”按钮，要发送文件的路径和文件名就自动添加到“附件”右侧的地址框中了。单击“发送邮件”，系统便将邮件正文和附件一同发送出去。收件人对收到的附件可直接打开，也可以通过网络下载到本地计算机上。

2.4.5 回复电子邮件

收到别人寄来的电子邮件后，如果需要回复，可以在“阅读邮件内容”页面下直接单击“回复”链接。单击“回复”以后，系统将自动打开“写邮件”页面。同时寄件人的 E-mail 地址和邮件主题将自动添加到要回复邮件的收件人地址框和主题框里，其中主题成为“RE＋原邮件的主题”。

单击“转发”链接可以将收到的邮件转发给其他人。转发邮件时系统自动填写邮件主题为：“FWD＋原邮件的主题”。

2.4.6 处理邮箱中的邮件

为了方便管理邮件，系统为用户提供的邮件夹有：收件夹、寄件夹、垃圾桶和草稿夹，用户还可以自建邮件夹，如图 2-4-4 所示。单击任意一类邮件夹名称即可打开该邮件夹。

- 收件夹：用来存储接收到的邮件，并列出包含的邮件总数、新邮件数及总容量。
- 寄件夹：用来存储发送的邮件，并列出包含的邮件总数及总容量。在寄件夹中可以重新发送邮件。单击“邮件主题”进入“重新发送邮件”页面，重新发送邮件页面的所有信息都是原先已经写好的并且不允许修改，单击“重新发送”按钮即可重发邮件并返回寄件夹。
- 垃圾桶：存储其他邮件夹删除的邮件。垃圾桶里的邮件在未清空以前，可以恢复，单击“邮件转移到”链接，可以把想要恢复的邮件夹恢复到其他邮件夹中。如果选中垃圾桶中的某一邮件并单击删除，则为永久性删除；如单击“清空垃圾桶”，则垃圾桶中的所有邮件便全部被永久性删除。

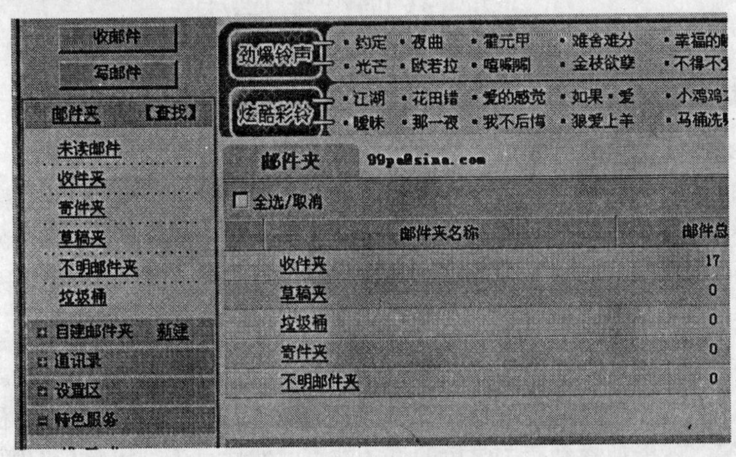

图 2-4-4 邮件夹列表

用户也可以建立新的邮件夹，单击页面下方“新建邮件夹”链接，弹出新建邮件夹窗口。输入新邮件夹名称后，按“确定”按钮即可。邮件夹名称可以是数字、字符和汉字，也可以是长邮件夹名，但不能与系统提供的邮件夹名称相同。

1. 重新命名邮件夹

对新建的邮件夹可以重新命名。单击要重新命名的邮件夹前的复选框选中该邮件夹，单击页面下方的“邮件夹更名”链接，弹出修改页面，更改为新的邮件夹名称后，单击“确定”按钮，邮件夹更名完毕。

2. 删除邮件

删除当前邮件，即已打开的邮件，直接单击邮件正文下方的“删除”链接，即可把该邮件删除到垃圾桶。

删除未打开的邮件夹，单击邮件左边的复选框，选中要删除的邮件，单击“删除”链接，邮件便被删除到垃圾桶。

3. 转移邮件

选中要转移的邮件，单击“选择目标信件夹”右侧的小图标打开下拉列表框，单击选择目标信件夹，然后点击“转移邮件到”热链接，即可把邮件转移到选中的目标信件夹中。

4. 删除邮件夹

选中要删除邮件夹左边的复选框，可以同时选中一个或多个邮件夹，单击页面下方的

“删除邮件夹”链接即可删除。在删除邮件夹时，需要首先将邮件夹中包含的所有邮件转移或删除，即邮件夹是一个空的邮件夹，否则邮件夹无法被删除。

5. 返回收件夹

在进行完任意一项操作后要返回收件夹，单击左侧菜单中的“收件夹”即可返回“收件夹”页面。此外，还可以设置邮件过滤功能，将不愿意接受的邮件设置在“拒绝接受的电子邮件地址”栏中，将愿意接受的邮件分类并分别设置到各种邮件夹中。读者可以自己练习设置。

2.5 其他网络应用

2.5.1 搜索引擎的使用

1. 为什么要使用搜索引擎

搜索引擎是一个集中了千千万万个站点的地方，主要功能是给人们搜索这些站点。它还会分门别类的把一些好的站点列出来，以方便人们查找资料。搜索引擎特别适合初学者，因为初学者刚刚上网会漫无目的不知到哪儿去好，有了搜索引擎用户就能很容易地找到想要的内容或站点。

2. 搜索引擎的使用

首先进入搜索引擎的网页，在输入框输入想查找的内容，如输入“学校”，再按“搜索”“查找”等，就能搜索到有关学校的许多站点，然后点击列出学校的名称，就能访问该校了。

2.5.2 电子公告版（BBS）

1. BBS 概述

BBS（Bulletin Board Service，公告牌服务）是 Internet 上的一种电子信息服务系统。它提供一块公共电子白板，每个用户都可以在上面书写，可发布信息或提出看法。大部分 BBS 由教育机构、研究机构或商业机构管理。

如同日常生活中的黑板报一样，电子公告牌按不同的主题、分主题分成很多个布告栏，布告栏的设立的依据是大多数 BBS 使用者的要求和喜好，使用者可以阅读他人关于某个主题的最新看法（这可能是几秒钟前别人刚发布过的观点），也可以将自己的想法毫无保留地贴到公告栏中。同样地，其他人的回应也是很快的（有时候几秒钟后就可以看到其他人的观点和看法）。

如果需要私下交流，也可以将想说的话直接发到某个人的电子信箱中。如果想与正在使用的某个人聊天，可以启动聊天程序加入闲谈者的行列，虽然谈话的双方素不相识，却可以亲近地交谈。在 BBS 里，人们之间的交流打破了空间、时间的限制。在与别人进行交往时，无须考虑自身的年龄、学历、知识、社会地位、财富、外貌、健康状况等，而这些条件往往是人们在其他交流形式中无可回避的。同样地，也无从知道交谈的对方的真实社会身份。这样，参与 BBS 的人可以处于一个平等的位置与其他人进行任何问题的探讨。

这对于现有的所有其他交流方式来说是不可能的。

BBS 接入十分方便，可以通过 Internet 登录，也可以通过电话拨号登录。BBS 站往往是由一些有志于此道的爱好者建立，对所有人都免费开放。而且，由于 BBS 的参与人众多，因此各方面的话题都不乏热心者。可以说，在 BBS 上可以找到任何你感兴趣的话题。

2. BBS 使用简介

⑴ 主要功能。

① 供用户自己选择阅读若干感兴趣的专业组和讨论组内的信息；

② 定期检查是否有新消息发布并选择阅读；

③ 用户可在站点内发布消息或文章供他人查阅；

④ 用户可就站点内其他人的消息或文章进行评论；

⑤ 免费软件获取和文件传输；

⑥ 同一站点内的用户互通电子邮件，进行实时对话。

⑵ 登录进站。

以水木社区 BBS 为例说明进站程序。首先，必须了解到正确的站点地址和进站方式。水木社区 BBS 的地址是 http://www.smth.edu.cn/，目前常用的连接方式采用 WWW，在浏览器的地址栏中输入 http://www.smth.edu.cn/，回车后就进入水木社区的主页。

连接成功后，按提示输入用户名和密码，点击“登录”就可以进入社区了。如果是新用户，需要注册。另外还可以选择试用匿名身份进站。以匿名身份进站不需要用户帐号，但匿名不能享用发言权。如果是第一次进站，则需要按照要求注册个人资料。如图 2-5-1 所示,就是进入 BBS 出现的页面。

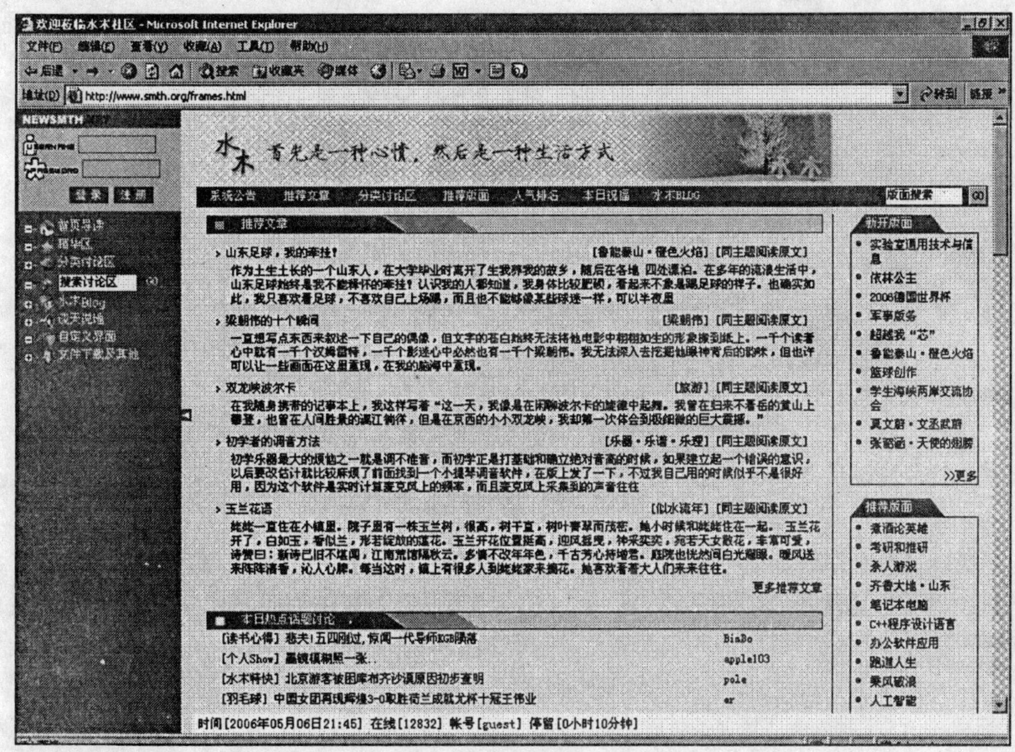

图 2-5-1 进入水木社区 BBS

3. 阅读和发表文章

进入 BBS 站后，请用鼠标点击感兴趣的讨论区，并进入各篇文章进行阅读。

2.6 常用软件的安装及使用

这里给大家推荐几款常用的工具软件：压缩软件 WinRAR，杀毒软件卡巴斯基，对付"流氓软件"、木马、恶意插件的 360 安全卫士，Windows 清理助手 Arswp，下载软件迅雷，看图软件 ACDSee，播放软件暴风影音和千千静听。

下面将介绍其中几款软件的安装及使用方法。

2.6.1 压缩软件 WinRAR

1. 简 介

WinRAR 是目前最流行和通用的压缩软件，支持多种格式的压缩文件，可以创建固定压缩，分卷压缩，自释放压缩等多种方式的压缩文件，可以选择不同的压缩比例，实现最大限度的减少占用体积。

2. 下 载

从许多网站都可以下载这个软件，你也可以通过搜索引擎，如 Baidu，Google 输入"winrar 下载"查找并下载。本书介绍的 WinRAR 版本是 V3.62 简体中文版。

3. 安 装

安装 WinRAR 很简单，只要双击下载后的文件，就会出现如图 2-6-1 所示的安装界面。

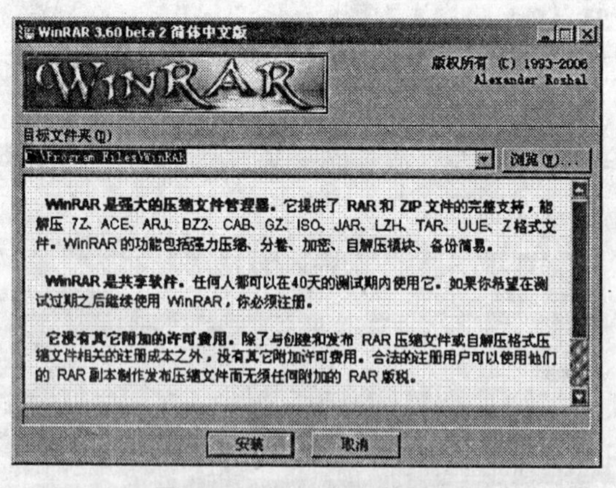

图 2-6-1 WinRAR 安装界面

在图 2-6-1 中通过点"浏览"选择好安装路径后，点击"安装"就可以开始安装了，然后会出现一些选项，不用做改变，点"确定"，再接下来的对话框点击"完成"就成功安装了。

4. 使用方法

(1) 压缩文件。

由于 WinRAR 支持鼠标右键快捷菜单功能。所以在一般情况下，压缩文件时只需在资源管理器中用鼠标右击要压缩的文件或文件夹，在弹出的快捷菜单（如图 2-6-2 所示）中，WinRAR 提供了“添加到压缩文件(A)...”和“添加到×××.rar”两种压缩方法。

选择其中的“添加到×××.rar”命令，WinRAR 就可以快速的将要压缩的文件在当前目录下创建成一个 RAR 压缩包。

如果要对压缩文件进行一些复杂的设置（如分卷压缩、给压缩包加密、备份压缩文件、给压缩文件添加注释等），可以在右键菜单中选择“添加到压缩文件(A)...”命令，在随后弹出的“压缩文件名字和参数”对话框中,如图 2-6-3 所示，WinRAR 共提供了“常规、高级、文件、备份、时间、注释”六个选项。

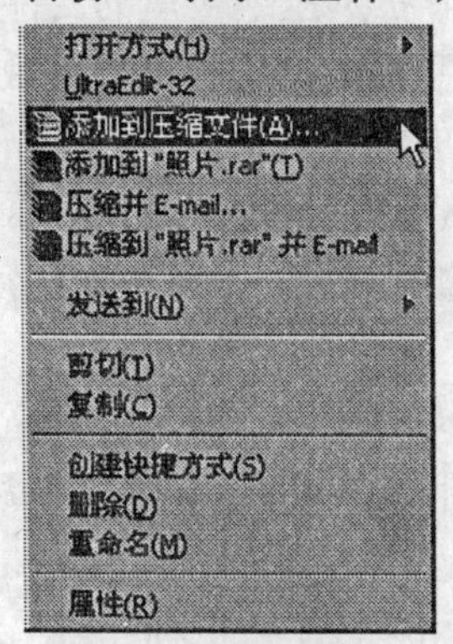

图 2-6-2 快捷菜单

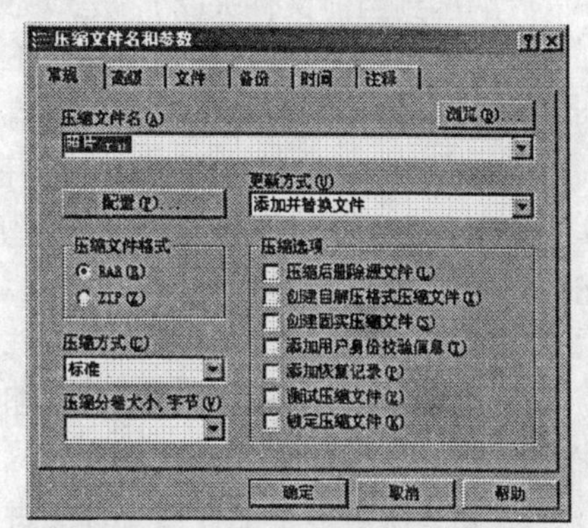

图 2-6-3 “压缩文件名字和参数”对话框

在“常规”标签项中输入一个压缩文件的名称，默认扩展名为“*.rar”，选择压缩文件格式，在此程序提供了 RAR 和 ZIP 两种类型，默认为 RAR 类型，同时可根据需要对“更新方式”和“压缩方式”进行相关的设置。

在“高级”标签项下可以通过“设置密码”按钮，对压缩文件进行加密设置，这样可以起到保护压缩文件的作用。

“压缩方式”的适当选择，可提高压缩的时间，如果对压缩率要求不是很高，可选择“存储”方式，至于“压缩分卷大小,字节”，也是一个重要的选项，比如你给朋友用 E-mail 发 30M 大小软件，免费的邮箱发送附件大小都有限制，假设邮箱允许的最大附件是 10M，你就在“压缩卷大小”中输入“10000000”，而后点击“确定”。这样，一个大软件就自动地分割为多个文件。而后一个个发送给对方，并且对方把所有的文件放在一个目录下，通过解压头一个文件，就可以将这个软件还原了。

在“文件”标签项中，WinRAR 提供添加和删除文件的功能，通过此项可以及时向该压缩包中添加文件和删除压缩包中的某一无用文件。“备份”标签项中，用户可以通过各个选项及时备份压缩包中文件。在“注释”项中，用户可以为该压缩文件添加相关的注释说明，方便以后查看。

(2) 解压缩包文件。

对于解压缩，WinRAR 也提供了简单的方法：在资源管理器中，使用鼠标右键单击压缩包文件，在系统右键菜单中,如图 2-6-4 所示，包括了三个 WinRAR 解压缩的命令，其中“解压文件(A)...”可自定义解压缩文件存放的路径和文件名称。

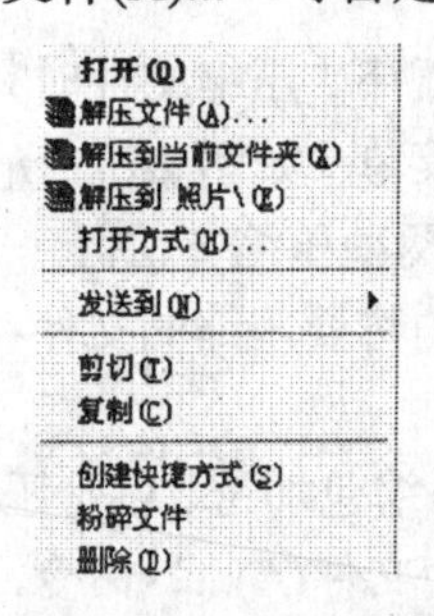

图 2-6-4 系统右键菜单

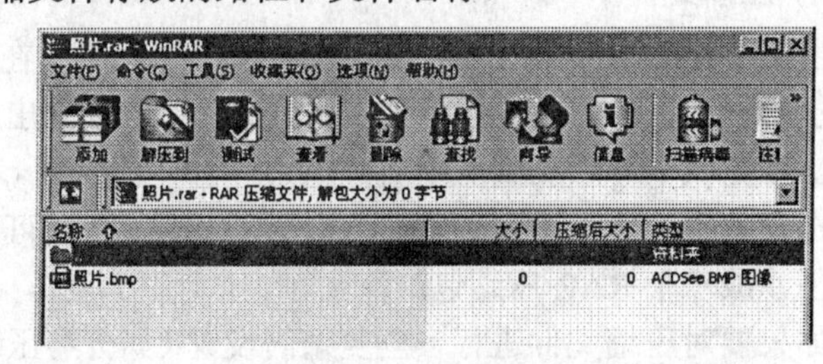

图 2-6-5 程序的界面

“解压到当前文件夹(X)”是最为简便的方式，表示扩展压缩包里的文件到当前路径下，“解压到 XXX\”表示在当前路径下创建与压缩包名字相同的文件夹，然后将压缩包文件扩展到这个路径下，可见无论使用哪个，都是很方便的。

WinRAR 还可以通过双击 RAR 压缩文件来调用 WinRAR 程序进行解压缩，在如图 2-6-5 所示程序界面中分别提供了：解压缩到文件夹、测试文档、查看文档、删除文档、为压缩文档添加注释等功能。

在此只要选中文档，再单击右键选中所需要的功能即可，非常的方便。

对压缩包中的部分文件进行解压缩功能时，采用以下方法可实现：在 WinRAR 界面中选择需进行解压缩的文件或文件夹。

如果要一次对多个文件或文件夹进行解压缩，可使用“Ctrl + 鼠标左键”进行不连续对象选择，或用“Shift +鼠标左键”进行连续的多个对象的选择，然后用鼠标左键直接拖到资源管理器中，或者在已选的文件上点击鼠标右键，选择相应的释放目录即可。

2.6.2 360 安全卫士豪华版安装及使用

1. 简 介

360 安全卫士 V3.7 豪华版，内嵌卡巴斯基 V7.0 安装包。在需要使用杀毒功能时，本版 360 安全卫士无需再次下载扩展包，即可完成卡巴斯基 V7.0 的安装。

360 安全卫士是由奇虎公司推出的完全免费的安全类工具软件，它拥有查杀木马、清理系统插件、管理应用软件、卡巴斯基杀毒、修复系统漏洞等数个功能。同时还提供系统全面诊断、弹出插件免疫、清理使用痕迹及系统还原等辅助功能，并提供系统的全面诊断报告，方便用户及时定位问题所在，真正为每一位用户提供全方位系统安全保护。

2. 下 载

进入 360 安全卫士网站下载页，地址：http://360safe.qihoo.com/download.html，选择 360 安全卫士豪华版，将其下载到计算机中。

3. 安 装

将安装文件下载到电脑的指定目录中，找到该文件并双击运行安装程序。开始安装，如图 2-6-6 所示，点击“下一步”继续，阅读许可协议，点击“我接受”。

选择安装目录如图 2-6-7 所示，用户可以更改软件默认的安装路径，点击“安装”。

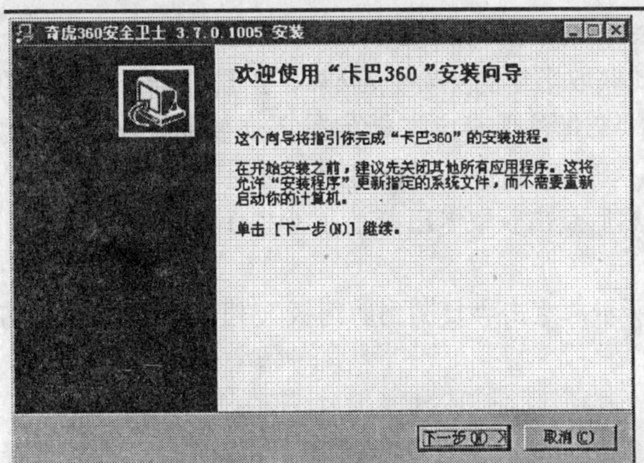

图 2-6-6 安装程序

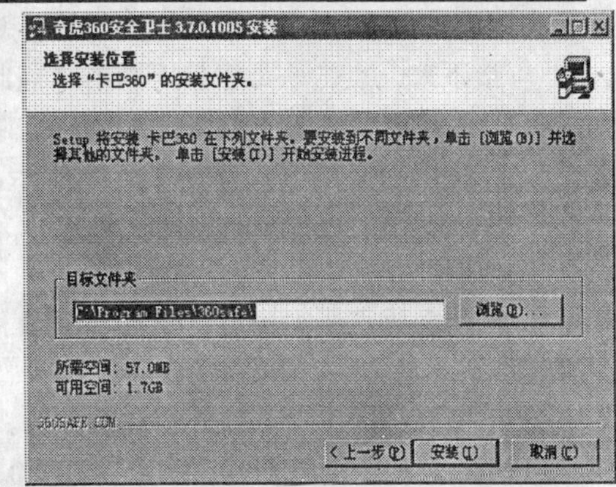

图 2-6-7 选择安装目录

实时保护设置如图 2-6-9 所示，选择推荐的默认设置，点击下一步。

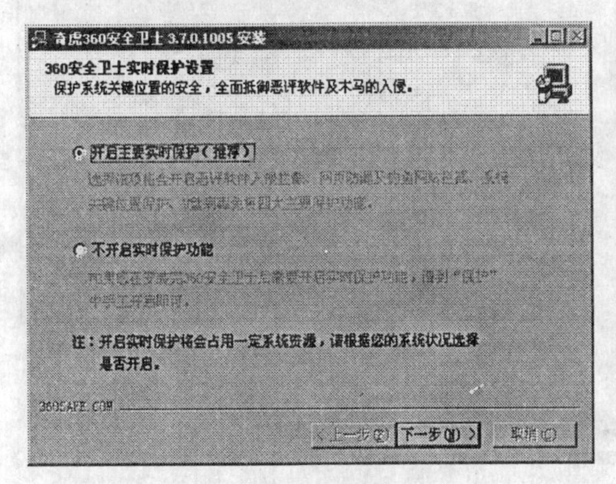

图 2-6-8 实时保护设置

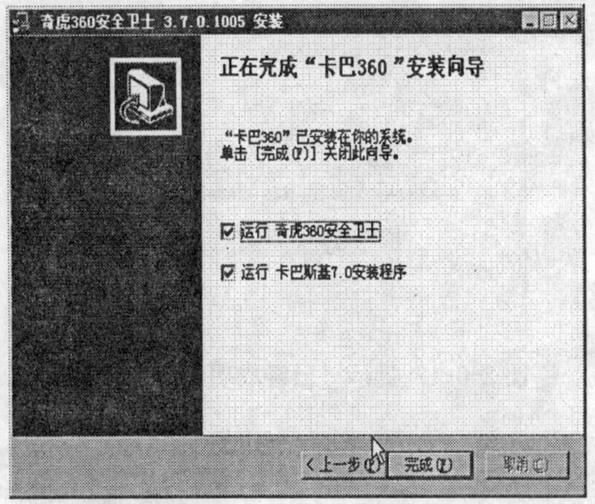

图 2-6-9 完成 360 安全卫士部分的安装

完成 360 安全卫士部分的安装，如图 2-6-9 所示，将两项都选中，点击“完成”。

此时，360 安全卫士程序和卡巴斯基的安装向导同时启动，我们先把“卡巴斯基的安装向导”放在一边，稍候再进行。

360 安全卫士提供半年免费的卡巴斯基激活码，下面来看看如何申请：

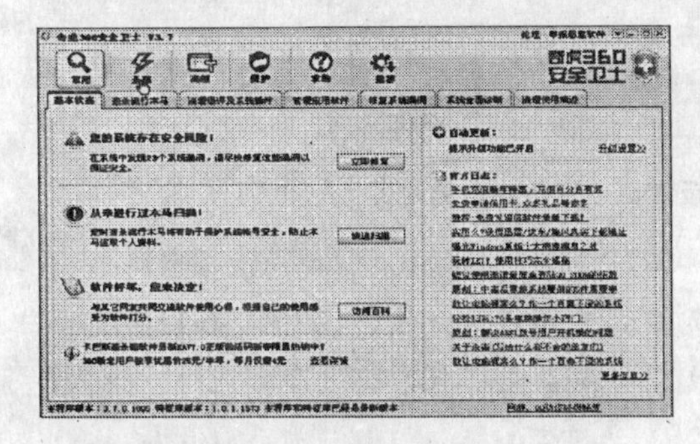

图 2-6-10 360 安全卫士程序主界面

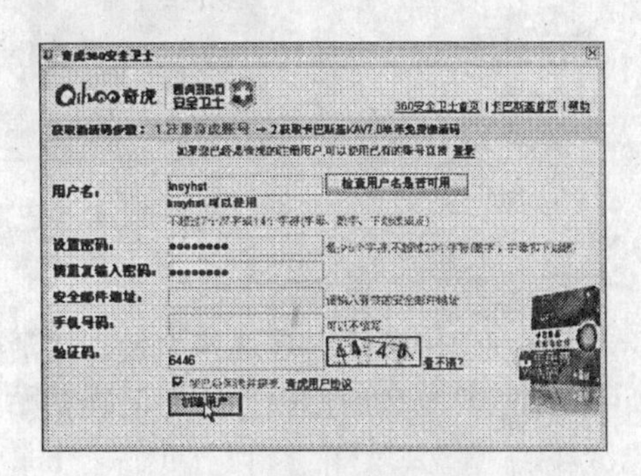

图 2-6-11 登陆奇虎帐号的窗口

点击 360 安全卫士程序主界面的“杀毒”按钮，如图 2-6-10 所示。

接下来，点击杀毒窗口下面的“点此获取半年的免费激活码”，出现登陆奇虎帐号的窗口，用户需要注册一个奇虎帐号，点击“立即注册奇虎帐户”，输入必要的帐户信息（用户名，密码为必填项）,如图 2-6-11 所示，输入完毕点击“创建用户”。

系统提示“已经成功注册了帐户”，然后点击获取卡巴斯基 KAV7.0 半年免费激活码，如图 2-6-12 所示。

激活密码已经得到了，如图 2-6-13 所示，点击“复制到剪切板”，把激活码复制到剪切板。

下面介绍卡巴斯基部分的安装方法。

打开“欢迎使用卡巴斯基反病毒软件 7.0 安装向导”,如图 2-6-14 所示，点击下一步，选择“我接受许可协议条款”，点“下一步”，在安装类型对话框中点击“快速安装”，在确认安装对话框中，点击“安装”，当系统提示安装完成时，点击“下一步”。

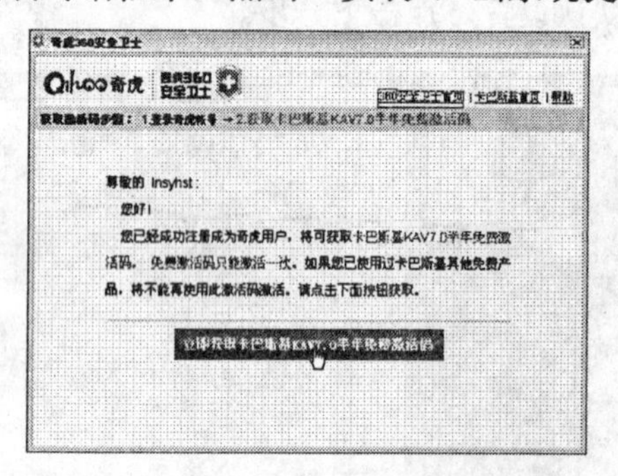

图 2-6-12 提示“已经成功注册了帐户”

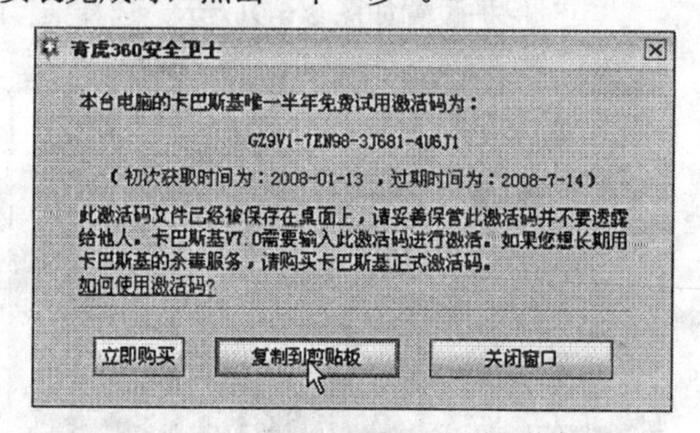

图 2-6-13 激活密码已经得到的界面

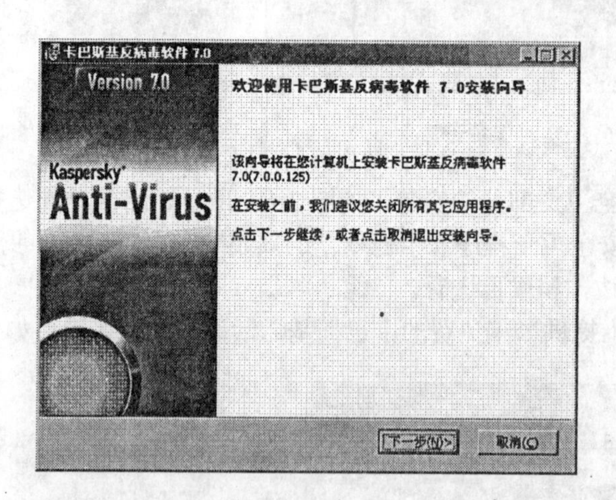

图 2-6-14 卡巴斯基反病毒软件 7.0 安装向导

在欢迎使用激活向导选择“使用激活码激活”，点击“下一步”，如图 2-6-15 所示。

将刚刚复制在剪贴板上的激活码粘贴到第一栏,如图 2-6-16 所示，点击“下一步”。

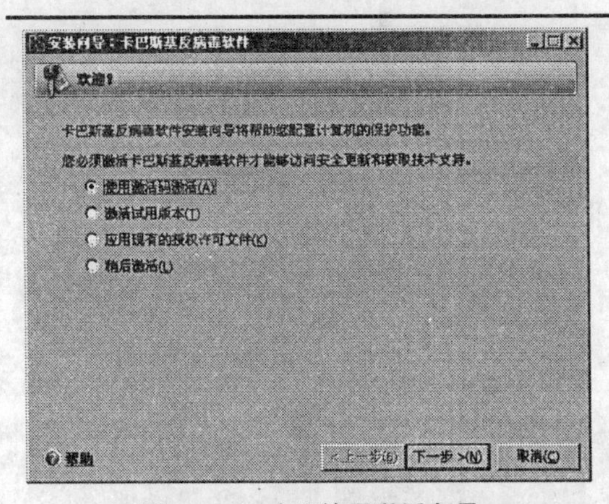

图 2-6-15 欢迎使用激活向导

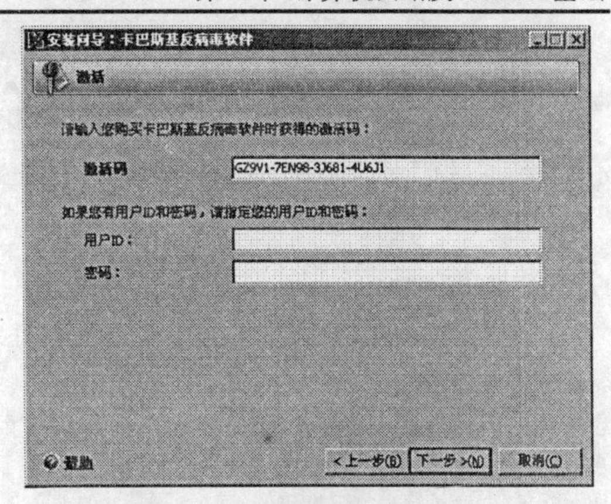

图 2-6-16 将激活码粘贴到第一栏

此时，如果提示已经成功安装授权许可文件，如图 2-6-17 所示，说明卡巴斯基已经激活成功，可以免费使用半年。点击“下一步”，直至提示“重新启动计算机”。

卡巴斯基部分也安装完毕了，按要求需要重新启动计算机。

360 安全卫士和卡巴斯基在计算机启动以后就可以正常工作了，在任务栏分别有图标显示，接下来分别介绍一下 360 和卡巴斯基的简单使用方法。

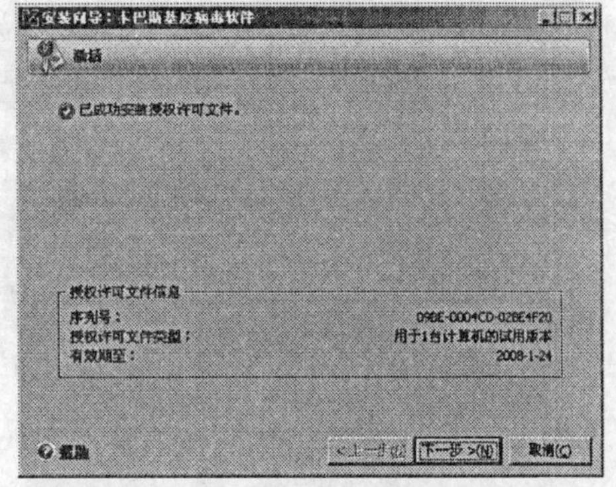

图 2-6-17 提示已经成功安装授权许可文件

4. 360 安全卫士使用

双击任务栏 360 安全卫士图标或者双击桌面图标打开软件。

查杀流行木马：点击主界面的“查杀流行木马”，然后使用“开始扫描”，如图 2-6-18 所示，如果查到木马，用最下面的“立即查杀”按钮进行查杀。

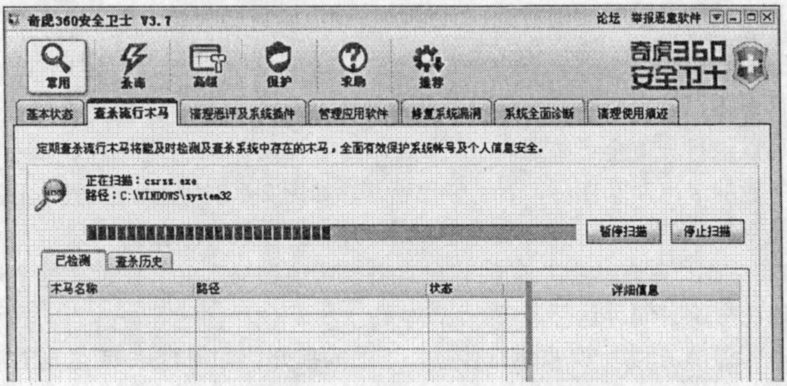

图 2-6-18 360 安全卫士主界面的“查杀流行木马”

清理恶评及系统插件：点击主界面的“清理恶评及系统插件”，然后使用“开始扫描”，如图 2-6-19 所示，扫描以后根据需要进行清理，对于提示是恶意插件的，应该全部清除。

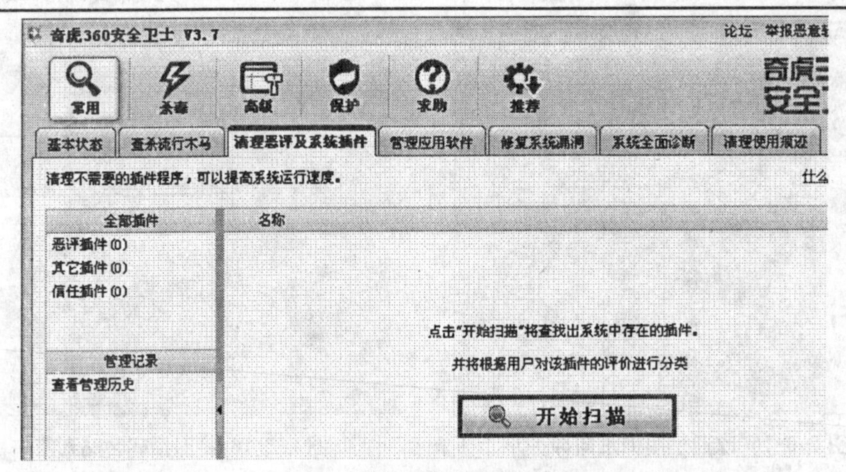

图 2-6-19 清理恶评及系统插件

清理使用痕迹：使用该功能可以用来清除电脑用户使用电脑时留下的各种痕迹，保护个人隐私,如图 2-6-20 所示，选择自己所需的功能，然后点击“立即清理”。

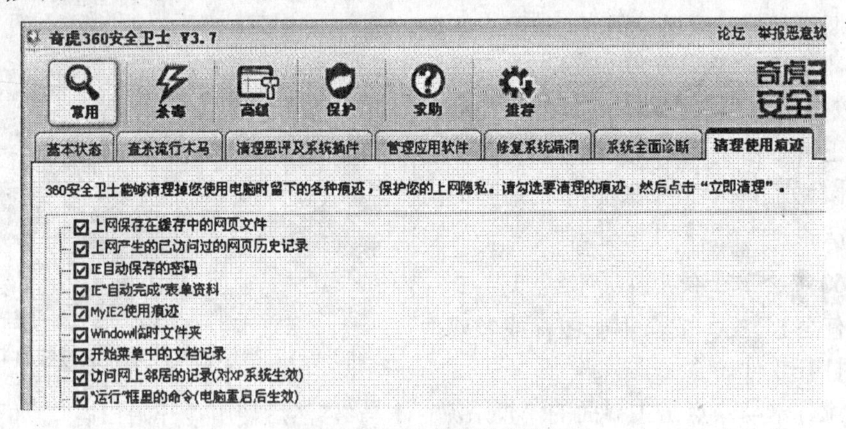

图 2-6-20 清理使用痕迹

以上的几个功能是最常用的功能，其他的功能可以自己尝试一下。

5. 卡巴斯基的使用

在默认情况下，杀毒软件就开始保护计算机不受病毒侵扰了，但为了保证系统干净，运行更快，可以进行一下全盘杀毒。

双击任务栏的卡巴斯基图标，启动卡巴斯基，如图 2-6-21 所示，主界面的左侧是功能菜单，右侧是可执行的操作，在左侧菜单点击“扫描”，展开“扫描”菜单，点击“我的电脑”，右侧将列出“我的电脑”的内容，点击“启动扫描”就可以了。这个过程需要很长时间，建议在空闲时间再运行。

现在很多病毒都是利用 U 盘进行传播，下面简单介绍如何查杀 U 盘里的病毒。将 U 盘插到计算机上后，在 U 盘的盘符上点击右键，在弹出的菜单上选择“扫描病毒”就启动杀毒软件的查毒功能了。

图 2-6-21 卡巴斯基主界面

当全盘杀毒或查杀 U 盘发现病毒时，如图 2-6-22 所示，系统会提示清除、删除、还是隔离，一般默认选择清除，当提示病毒无法清除时，再考虑删除和隔离。

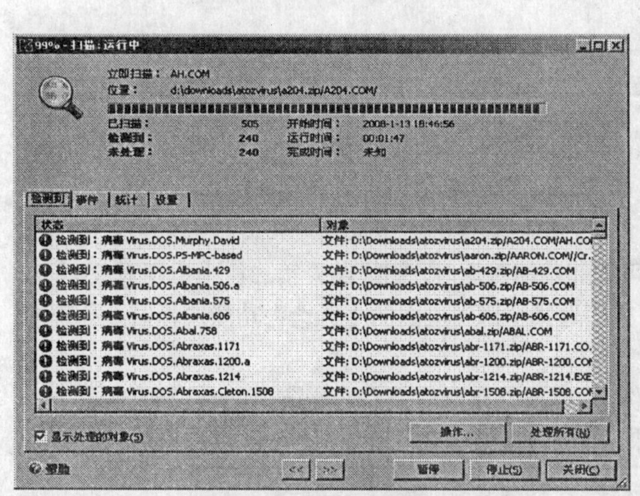

图 2-6-22 扫描运行中查杀病毒界面

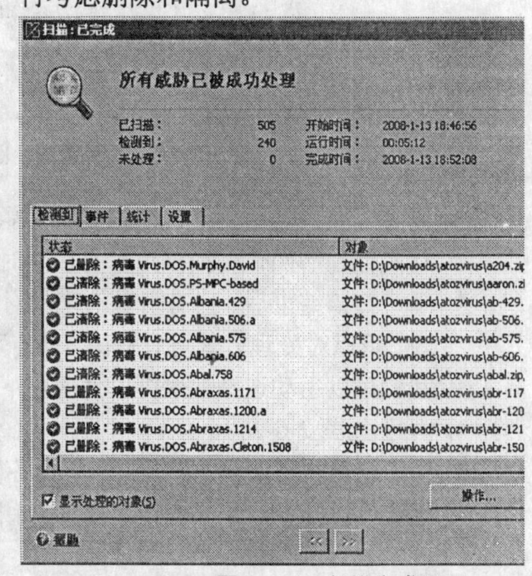

图 2-6-23 扫描完成界面

当所有的病毒处理完毕，将显示“所有威胁已被成功处理”,如图 2-6-23 所示，这时所有查到的病毒都已经被清理干净。

2.6.3 Windows 清理助手 Arswp 的安装及使用

1. 简 介

Windows 清理助手能对已知的木马和恶意软件进行彻底的扫描与清理。目前的版本已经能查杀 500 个以上的恶意软件，而这些恶意软件出于多种原因，绝大多数杀毒软件无法清理或者清理不干净。正是采用了独特的清理方式，使清理助手能轻易对付强行驻留系统、变名等一系列恶意行为的软件。建议在使用杀毒软件进行防护的同时，安装清理助手进行辅助性的查杀。

2. 下 载

进入 Windows 清理助手的下载页，地址：http://www.arswp.com/download.html，推荐

下载“压缩(ZIP)版”，这个版本是绿色的，无需安装。

3. 使用方法

下载完毕，解压后，进入目录找到 arswp.exe 文件，双击就可以直接运行，运行后，如果提示是否升级,如图 2-6-24 所示，请点击“是”进行在线升级，升级完成后，显示软件的主界面,如图 2-6-25 所示。

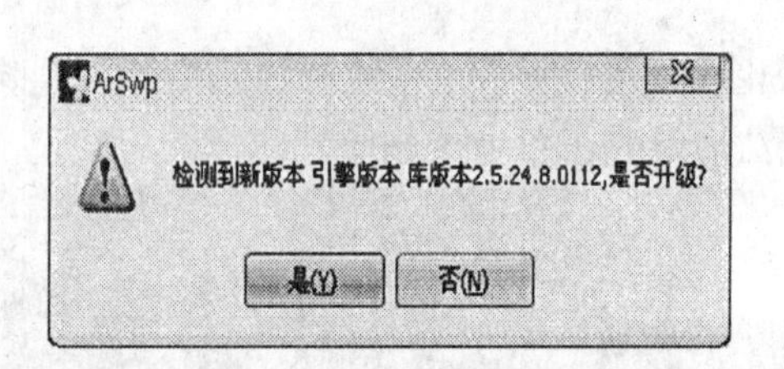

图 2-6-24 是否升级提示图

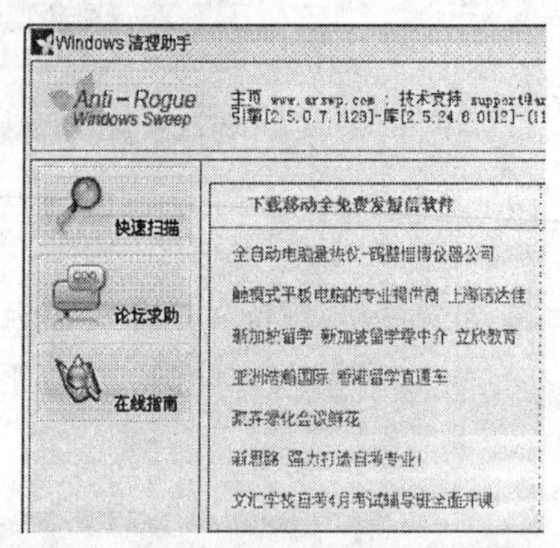

图 2-6-25 Windows 清理助手主界面

一般只需用到“快速扫描”功能，点击此按钮，即可进行快速扫描，建议扫描时不进行其他程序操作，扫描过程可以随时中止。

扫描结束后，当有可以清理的对象时，扫描结果框中显示对象列表，鼠标左/右击该列表，可以对处理方式进行修改。当有可以卸载的对象时，扫描结果第二栏中出现对象列表。我们可以手动选择，也可以使用左下方“选择全部”里面的“钩选”功能选择需要处理的对象,如图 2-6-26 所示。

最后执行清理，系统提示是否备份，可以根据自己的需要进行选择(一般都无需备份)，点击“执行清理”或“执行卸载”。如果期间提示警告,如图 2-6-27 所示，点击“是”。

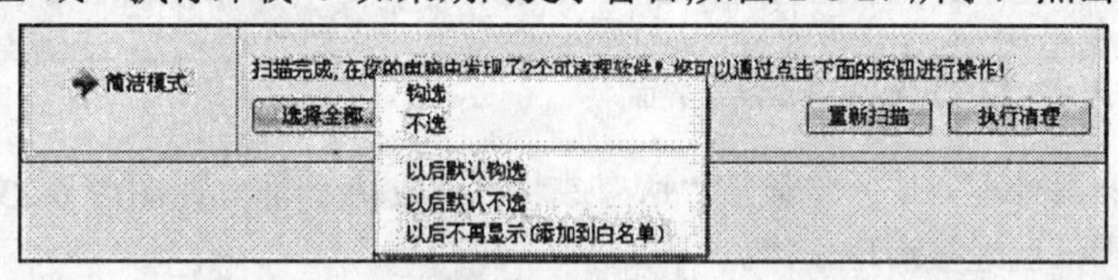

图 2-6-26 扫描界面

图 2-6-27 警告提示

图 2-6-28 必须重启警告信息

当提示必须重启警告信息,如图 2-6-28 所示，保存好要保存的数据，然后点“是”就可以了。

2.6.4 迅雷的安装使用

1. 简 介

迅雷使用的多资源超线程技术基于网格原理，能够将网络上存在的服务器和计算机资源进行有效的整合，构成独特的迅雷网络，通过迅雷网络各种数据文件能够以最快速度进行传递。多资源超线程技术还具有互联网下载负载均衡功能，在不降低用户体验的前提下，迅雷网络可以对服务器资源进行均衡，有效降低了服务器负载。

2. 下 载

以下是目前迅雷的最新版本说明：

- 产品名称：迅雷 5
- 版 本 号：5.7.6.426
- 软件大小：7.14 MB
- 发布日期：2007.12.18

该版本迅雷的下载地址：http://down.sandai.net/Thunder5.7.6.426.exe。

3. 安 装

双击刚才下载到本地的迅雷安装文件，如图 2-6-29 所示，

按提示点击“下一步”，阅读“安装协议”，选择“我同意此协议”，继续点击“下一步”，如图 2-6-30 所示。

勾掉不需要的组件，然后点击“下一步”进入安装的下一步，按提示选择安装路径，确认后再次点击“下一步”，按提示点击“安装”，然后耐心等待安装完毕，如图 2-6-31 所示。

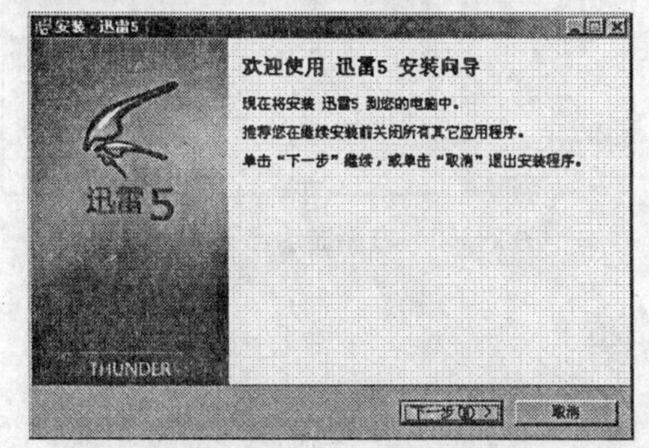

图 2-6-29 迅雷安装向导

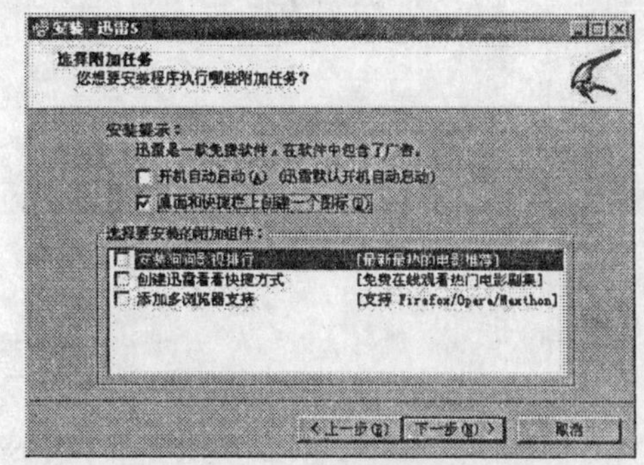

图 2-6-30 阅读“安装协议”

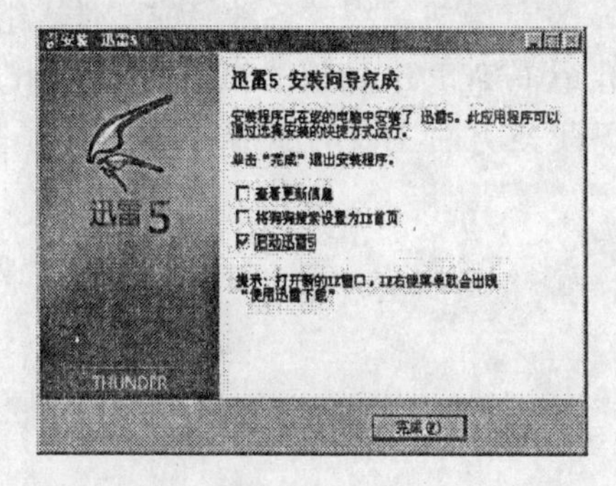

图 2-6-31 “迅雷 5 安装向导完成”界面

点击“完成”后，出现一个广告窗口，点“确定”，到这里迅雷就安装成功了。

4. 迅雷的使用

点击下载地址时，迅雷会自动启动并引用这个地址进行下载，如图 2-6-32 所示，为更好地管理下载的软件，此时可以更改存储分类、存储目录和名称，然后点击“确定”。

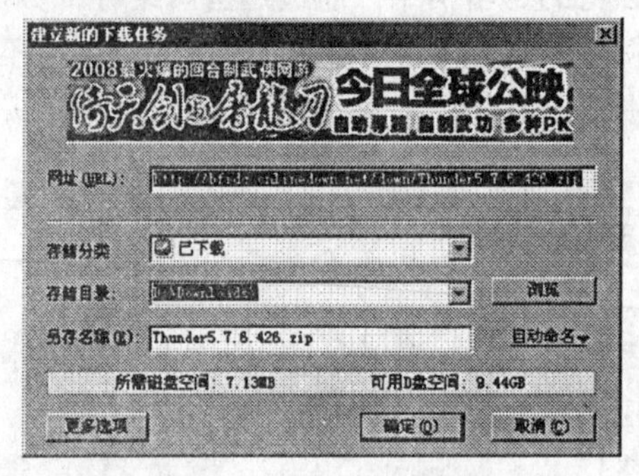

图 2-6-32 迅雷下载界面

现在显示的是迅雷下载的主窗口，如图 2-6-33 所示，在这里可以看到下载的进度和速度等信息。

当软件下载完毕，可以点击窗口左侧的“已下载”菜单，此时右侧显示已下载的文件，如图 2-6-34 所示，可以双击文件名打开，或者在文件名上点击右键进行操作。

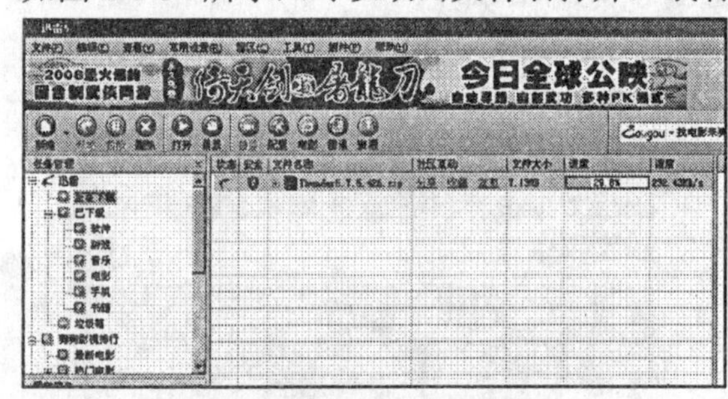

图 2-6-33 迅雷下载的主窗口

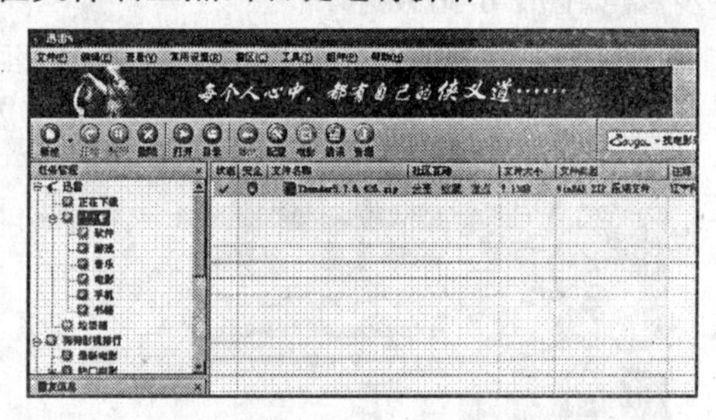

图 2-6-34 右侧显示已下载的文件

本章小结

本章从计算机网络的基本概念出发，主要介绍了计算机网络的基本原理、主要技术和计算机网络的体系结构。并以局域网和 Internet 为重点讲解了网络的应用技术。

围绕着这些概念和技术，对计算机网络的各种组成部件、组网方式以及网络的互联技术作出描述，针对 Internet 介绍了 TCP/IP 协议的相关知识，Internet 上所提供的各种服务，并着重以 WWW、E-mail 及 FTP 这几种主要的应用为主，介绍了基本工作原理和应用方式。

实训 1 邮箱的申请与使用

一、实验目的

熟悉免费邮箱的申请步骤及使用方法。

二、实验任务与要求

(1) 申请一个免费的电子邮箱，掌握申请步骤。

(2) 利用申请的邮箱收发电子邮件，掌握邮箱的使用方法。

三、实验内容与步骤指导

免费电子邮箱是 Internet 上一个重要的网络资源。许多网站都有提供免费电子邮箱的服务，大大方便了人们的通信联系，同时免费措施也使得网络得到迅速的发展。下面列出了几个常用的免费邮箱网站：

网易：http://mail.163.com　　http://www.126.com

新浪：http://www.sina.com.cn

雅虎：http://mail.yahoo.com.cn

搜狐：http://www.sohu.com

Hotmail：http://www.hotmail.com

下面以 126 为例，介绍如何申请和使用免费电子邮箱。

任务一　申请免费邮箱

(1) 在 IE 浏览器中打开网易邮箱网站（http://www.126.com），如图 2-7-1 所示。

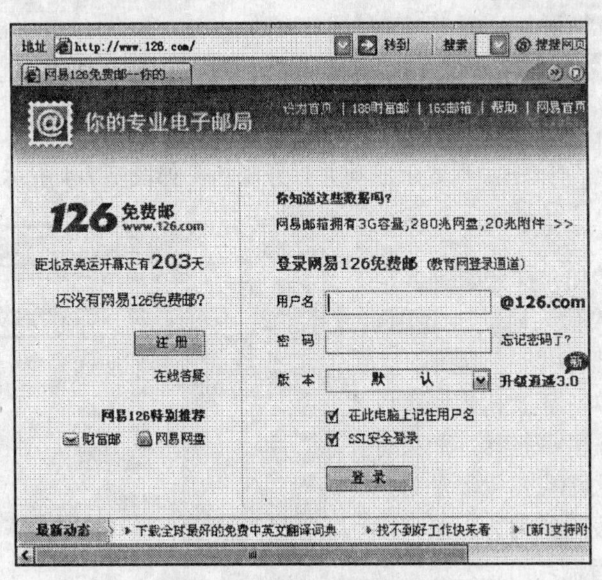

图 2-7-1 网易 126 免费邮网页

(2) 单击“注册 2280 兆免费邮箱”按钮，打开用户注册网页，如图 2-7-2 所示。

⑶ 输入用户名，如 zhangsan，则邮箱地址为：zhangsan@126.com，“@”为电子邮箱的标志。为防止用户名已经被注册，可以单击“检验用户名”按钮，如果已经注册系统会给出提示，并要求更换用户名注册，否则注册不能成功。

⑷ 输入并确认密码，邮箱安全的重要措施，为防止密码被破解，建议密码长度大于 6 位，并且越复杂越好。

⑸ 输入密码提示问题及答案，如出生日期、常用邮箱（如果有的话）等信息，输入这些信息的目的是为了在用户忘记密码时系统给出必要的提示，便于找回密码。

⑹ 输入验证码（系统提供）并单击“完成”按钮，系统会提示申请成功。

如图 2-7-2 用户注册网页

任务二　邮箱的使用

1. 登录到邮箱

打开邮箱登录网页：http://www.126.com，输入用户名和密码，如图 2-7-3 所示。

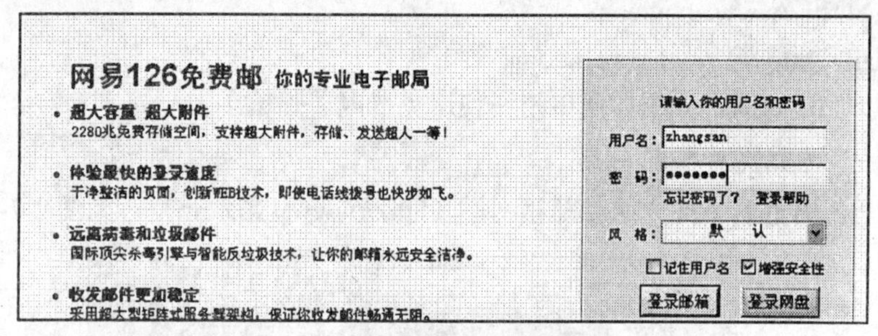

图 2-7-3 登录 126 邮箱页面

单击“登录邮箱”按钮，则登录成功并打开邮箱，如图 2-7-4 所示。

2. 写 信

单击“写信”按钮，打开如图 2-7-5 所示的页面，输入收信人地址（如果同时有多个收信人，则用“，”隔开）、邮件主题和邮件正文。正文内容既可以是文本，也可以是图片或链接。如果有文件也需要发送出去则点击“添加附件”，可以将文件发送给对方。

邮件撰写完毕后，点击“发送”按钮即可将邮件发送出去。

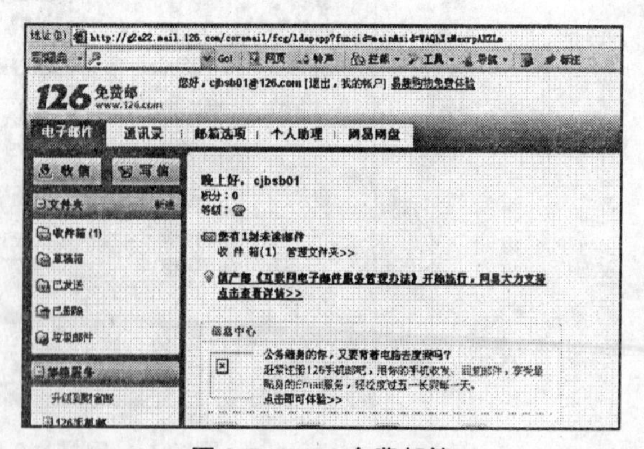

图 2-7-4 126 免费邮箱

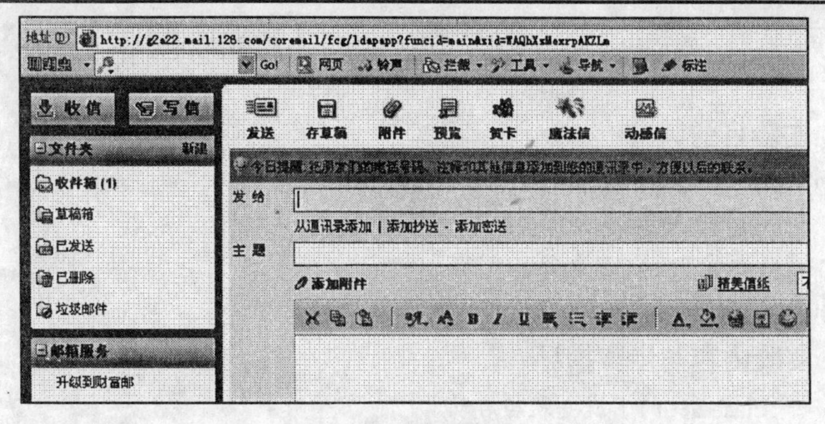

图 2-7-5 写信页面

3. 收信

单击“收信”按钮就可以显示收到的邮件列表，如图 2-7-6 所示。

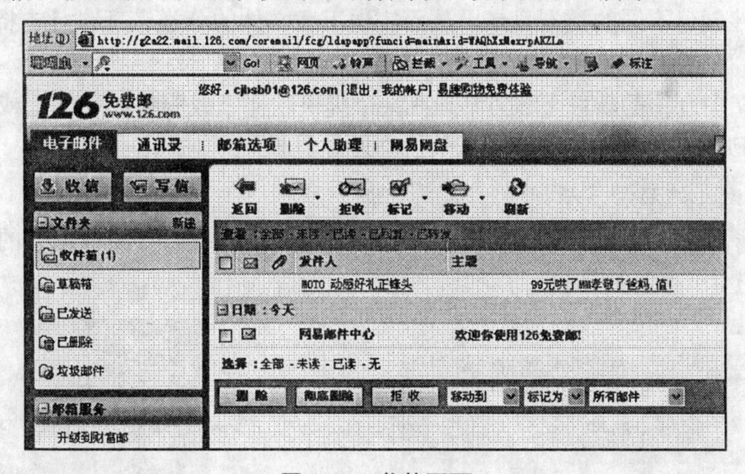

图 2-7-6 收信页面

4. 通讯录功能

126 免费邮箱还具有通讯功能，点击“通讯录”选项，可对通讯录进行管理，如图 2-7-7 所示。

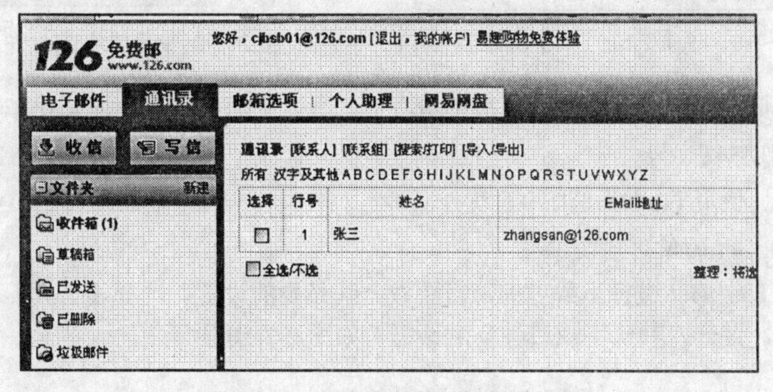

图 2-7-7 126 免费邮箱的通讯录功能

实训 2 漫游 Internet 与资源搜索

一、实验目的

熟悉网络下载工具 FlashGet 的常用功能。

二、实验任务与要求

1. 下载并安装 FlashGet 软件。

2. 利用 FlashGet 进行文件的下载。

三、实验内容与步骤指导

任务一 FlashGet 的下载安装与启动

1. FlashGet 的下载和安装

网际快车 FlashGet 是一个功能强大的常用下载工具，它支持断点续传，采用多线程技术，把一个文件分割成几个部分同时下载，从而成倍地提高了下载速度；同时 FlashGet 可以为下载文件创建不同的类别目录，从而实现下载文件的分类管理，且支持拖拽、更名、查找等功能，使用非常方便。

参考前文中介绍的软件下载方法，在某个提供软件下载服务的网站上或指导教师指定的位置下载 FlashGet 软件，并将其安装至本地计算机。

2. FlashGet 的启动方法

单击【开始】→【程序】→【FlashGet】，打开网际快车“FlashGet”的主窗口，如图 2-7-8 所示。

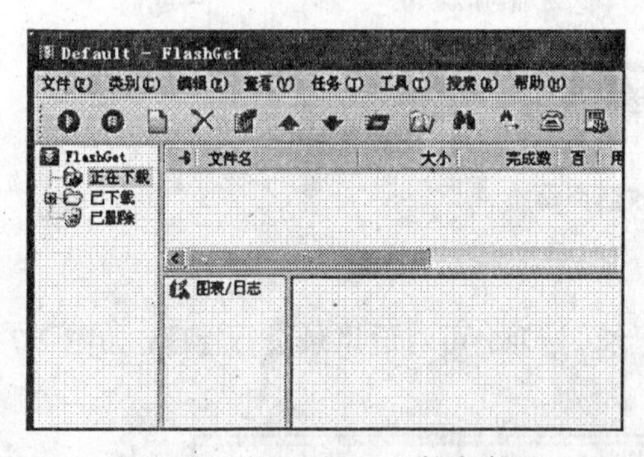

图 2-7-8 “FlashGet”的主窗口

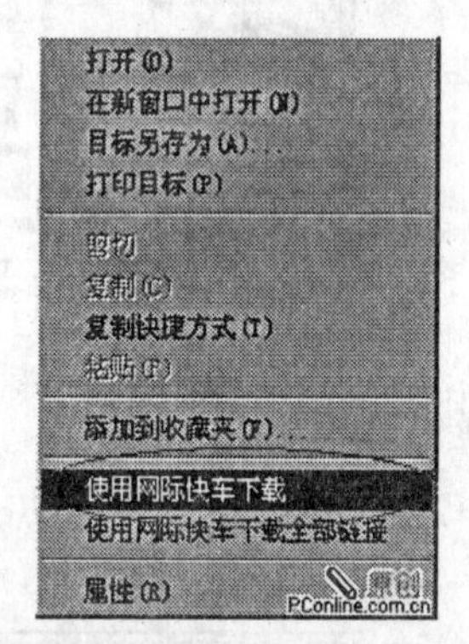

图 2-7-9 快捷菜单启动“FlashGet

可在网页上要下载的对象上直接单击右键，通过快捷菜单启动网际快车“FlashGet”，如图 2-7-9 所示。

任务二 使用 FlashGet 进行下载

1. FlashGet 的使用前的设置

在使用 FlashGet 进行下载以前，需要做一些必要的设置。选择【工具】→【默认下载属性】选项，打开“默认下载属性”对话框，如图 2-7-10 所示。

图 2-7-10 默认下载属性设置

常用设置说明如下。

“另存到”：设置下载软件的默认存储路径。

“开始”栏：设置下载任务的开始方式是手动开始、立即或计划开始。一般情况下选择“立即”即可。

立即：单击“确定”按钮后，FlashGet 就会马上开始执行下载任务。

手动：当需要开始下载此下载任务时，选中 FlashGet 界面中左边的目录列表中的“正在下载”，在右边的文件列表中选中需要开始下载的任务，单击工具栏中的“开始”按钮，FlashGet 开始下载。

计划：FlashGet 会在设置好的时间内自动开始下载。设置下载时间的方法为，选择“工具”菜单下的“选项”，选择弹出对话框中的“计划”选项卡，在此设置下载的开始和停止时间。

如果下载任务开始时是以“计划”方式下载，而后来又想马上开始下载的话，可以选中 FlashGet 界面左侧的目录列表中的“正在下载”，在右边的文件列表中选中需要开始下载的任务，单击工具栏中的“开始”按钮，这时 FlashGet 开始下载此文件。

下载任务的开始方式不但可以在新建任务时设置，而且还可以在建立下载任务后设置。在设置前必须把此下载任务暂停后才能设置。设置方法是单击“正在下载”类别中的某一任务，在这一任务所在行上单击鼠标右键，从快捷菜单中选择“属性”。这时弹出的对话框与新建任务时的下载任务对话框是相同的，设置的方法也是一样的。

另外，在对话框中还可以设置缺省的进程数，也就是把下载文件分成几部分同时下载以加快下载速度，但同时应注意下载的进程数过多会增加服务器的负担，而使下载速度反而变慢，所以一般打开三四个进程即可，设置完后单击下方的“确定”按钮完成设置。

2. 进行软件下载

常用设置项目设置完成后，就可以开始通过 FlashGet 进行软件的下载。

平常从网络上下载文件，最常见的操作就是直接从浏览器中单击相应的链接进行下载。FlashGet 最大的便利之处在于，它可以监视浏览器中的每个单击动作，一旦它判断出当前的单击符合下载要求，它便会主动拦截该链接，并自动添加至下载任务列表中。下载任务对话框如图 2-7-11 所示，单击“确定”按钮即可开始当前软件的下载。

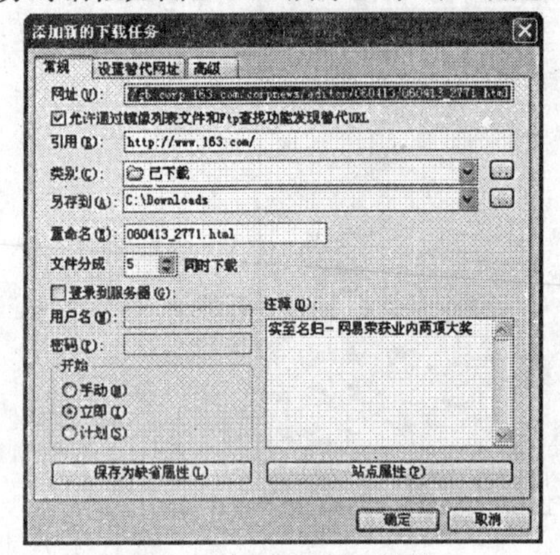

图 2-7-11 下载任务对话框

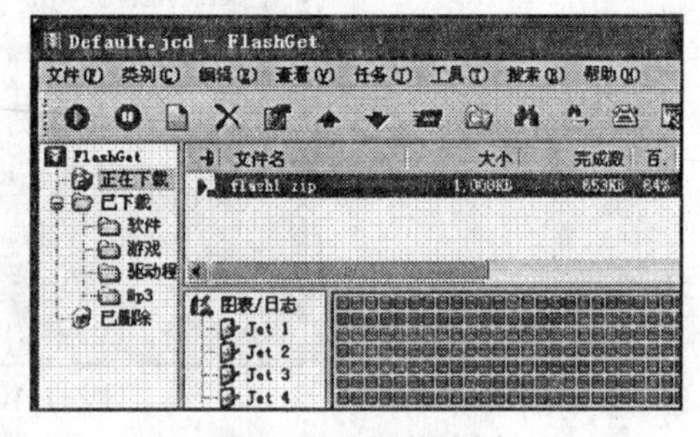

图 2-7-12 下载状况

除此之外，FlashGet 还提供了多种的下载方式。

扩展 IE 的弹出式菜单：FlashGet 在 IE 的右键菜单中加入了“使用网际快车下载”和“使用网际快车下载全部链接”两个选项，可以在某一链接上单击鼠标右键然后选择“使用网际快车下载”来下载软件。

监视剪贴板：FlashGet 会自动监视剪贴板的变化，它会判断剪贴板的内容是否满足下载要求，如果满足则自动弹出下载任务对话框。

拖放：FlashGet 启动后桌面上出现一个小托盘，将浏览器中的链接通过鼠标拖动到小托盘上，它也会自动弹出下载任务对话框。

手动下载：在 FlashGet 中选择【任务】→【新建下载任务】选项，同样可打开下载任务对话框，在“网址”文本框中直接填入下载文件的 URL 地址，单击“确定”即可。

利用 FlashGet 的下载任务对话框添加下载任务成功后，可以在 FlashGet 的主界面中观看到当前下载任务的下载状况，如图 2-7-12 所示。这是 FlashGet 下载文件时的窗口状态，通过它用户可以很直观地查看到下载的具体情况。

下载状况窗口中显示的主要内容如下。

文件夹：窗口左侧有两个文件夹，为“正在下载”与“已下载”文件夹，目前正在下载的文件处于“正在下载”文件夹中(当下载任务完成之后，它会自动移至“已下载”文件夹中等待处理。窗口右侧则详细地列出了下载文件的各项参数细则，如“文件名”“大小”“完成数”“百分比”“用时”“剩余时间”“速度”“块数”“重试”“URL”等。

状态图标：每个下载文件前都有一个状态图标，通过它，可以很容易查看到当前的下载任务处于一种什么样的下载状态，从而可以针对不同状态做出不同的反应，以确保任务正确完成。

图表/日志：表示下载文件的具体进行状态。换句话说，就是下载文件一共有多“大”，现在下载多少了。在这里每一个小圆点代表着文件的一个组成部分，灰色的小圆点表示未下载的部分，蓝色的小圆点表示已下载的部分，而绿色的小圆点表示正在下载的部分。

FlashGet 是将文件分割成好几个部分同时进行下载的，各部分下载完毕后，由 FlashGet 将其进行合并。因为一般下载的文件并不是很大，所以合并的时间相当短暂，用户一般觉察不出。但偶尔遇到大文件，可能需要一定的合并时间。文件完成合并之后将由现有的“正在下载”文件夹自动移动至“已下载”文件夹中。

任务三　对下载的文件进行管理

FlashGet 还具有出色的文件管理功能，它使用类别的概念来管理已下载的文件，每种类别可指定一个对应的磁盘目录，当下载任务完成后可将下载文件拖放至恰当的类别目录中进行归类整理，让凌乱的文件从此变得井然有序。

在下载软件时可以在下载任务对话框中指定类别，下载后的软件就会保存在对应的目录中。比如类别“MP3”，其对应的文件目录是“c:\mymp3”，其下载后“MP3”文件就会保存在文件目录“c:\mymp3”中。但注意这里说的是下载完毕后的情况，如文件没有下载完时，其临时文件会保存在“正在下载”类别下，下载完才会转移到所属类别中，在每个类别中还可以建立新的子类别。FlashGet 允许创建任意数目的类别和子类别。FlashGet 缺省时创建了“正在下载”“已下载”“已删除”3 个类别。

1. 移动文件

FlashGet 为已下载的文件缺省创建“软件”“游戏”“驱动程序”和“MP3”4 个类别，FlashGet 支持拖放功能，可以很方便为下载文件改变类别，选中下载文件所在原始类别，然后按住鼠标左键把文件拖到目标类别中即可。

2. 新增类型

如果要添加一个新类型，如“电影”类别专门存放下载的影视文件，在 FlashGet 菜单中选择【类别】→【新建类别】，新建类别的对话框，如图 2-7-13 所示。

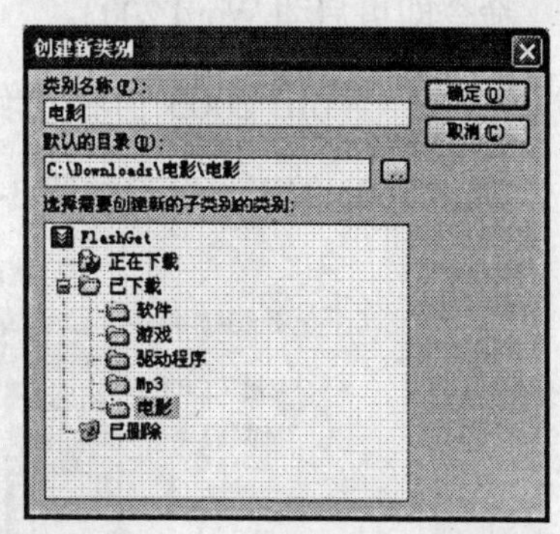

图 2-7-13 创建新类别对话框

3. 删除文件

从其他类别中删除的文件均放在“已删除”文件夹中，这个文件夹有着与系统“回收站”相类似的功能，只有从该类别中删除才会真正的删除文件。

第 3 章 Word 2003 的使用

3.1 Word 2003 入门

Word 2003 可以快捷地创建备忘录、报告、信件、图表和简报，功能强大，它使文档的编辑变得快捷、整洁且专业化。

3.1.1 启动 Word 2003

使用好 Word 2003 这样一个文档工作的助手，最好的开始无疑是对文档的基本操作有一个简要而全面的了解。在现实生活中，一个最简单的文档工作流程就是：创建文档→编辑文档→保存文档→关闭文档→再打开文档。

当在计算机中正确地安装了 Word 2003 之后，启动它是一件非常简单的事。启动 Word 2003 的方法很多，下面介绍其中常用的一种。

当在计算机中安装了 Word 2003 后，该程序对应的图标会出现在【开始】菜单的【程序】级联菜单中。通过【开始】菜单启动 Word 2003，其操作步骤如下：

单击【开始】→【程序】→【Microsoft Office】→【Microsoft Office Word 2003】命令即可启动 Word 2003。

3.1.2 Word 2003 窗口介绍

Word 2003 的工作窗口如图 3-1-1 所示。

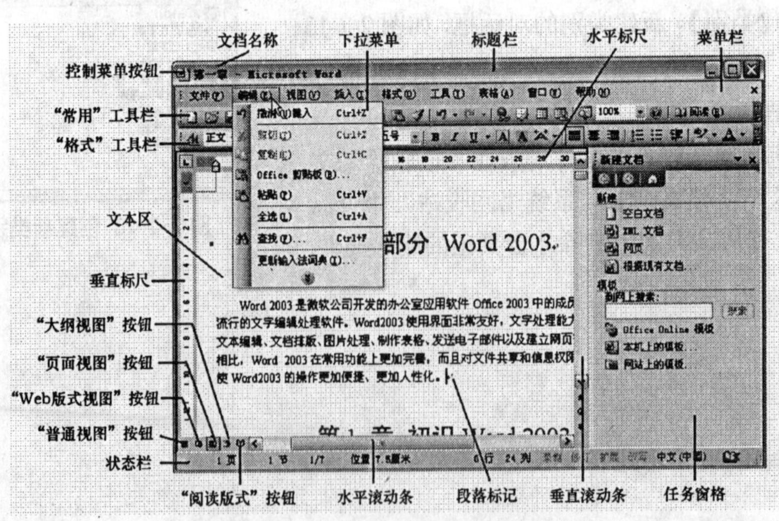

图 3-1-1 Word 2003 的工作窗口

1. 标题栏

Word 2003 界面最上方的蓝条就是标题栏，在标题栏的左边，显示了文档的名称。标题栏右边 3 个按钮分别是“最小化”按钮、“向下还原”按钮和“关闭”按钮。当 Word 2003 为窗口模式时，“向下还原”按钮会变为“最大化”按钮。

2. 菜单栏

通过对菜单栏中命令的选择，可以执行 Word 的各种功能。

3. 工具栏

Word 的工具栏是一个命令按钮的集合，通过单击命令按钮执行相应的命令。呈灰色的按钮为不可执行状态。工具栏的显示与隐藏可通过【视图】→【工具栏】进行操作。

4. 任务窗格

任务窗格是一个可在其中创建新文件、查看剪贴板内容、搜索信息、插入剪贴画以及执行其他任务的区域。它位于窗口的右侧，它随着当前文档的操作而显示相应内容，执行菜单【视图】→【任务窗格】命令可以显示或关闭任务窗格。

常用的任务窗格包括以下几种。

- 新建文档：创建新文档及打开已建立的文档；
- 剪贴板：显示当前 Word 2003 环境中的剪贴板内容；
- 剪贴画：在 Office 2003 收藏集中搜索相应的媒体文件类型；
- 搜索结果：查找计算机中的文件；
- 样式和格式：方便地进行文档的排版；
- 显示格式：显示当前文档所使用的格式；
- 邮件合并：按向导提示对文档进行相应类型的合并操作。

单击任务窗格标题栏右边的下三角按钮，在弹出的下拉列表中可以进行这些任务窗格的切换。

5. 工作区和常用视图

工作区显示的是编辑中的文档页面。针对不同需要，Word 2003 提供了普通视图、Web 版式视图、页面视图、大纲视图等多种不同的视图效果。在【视图】菜单下可以进行以下操作。

(1) 普通视图：页面布局简单，只显示最基本的文本及段落格式，分页标记为一条细线，页眉、页脚不可见，图形编辑操作受限制。

(2) Web 版式视图：用于编辑 Web 页面，可以设置文档背景和浏览制作网页。

(3) 页面视图：显示“所见即所得”的打印效果，可以对文字进行输入、编辑和排版等操作，也可以处理图形、页眉、页脚等信息。

(4) 大纲视图：突出显示文档的层次结构，为用户建立或修改文档的大纲提供便利。

(5) 阅读版式：便于对文档进行查看和整理。

(6) 文档结构图：适用于长文档的编辑。

(7) 全屏显示：隐藏所有的屏幕元素，如标题栏、菜单栏、常用工具栏、格式工具栏、标尺等，扩大了编辑区。

6. 状态栏

状态栏位于 Word 2003 工作界面的最下方，显示当前打开文档的状态，包括如下内容：

⑴ 显示当前文档的光标位置、页码、节数和当前文档的总页数；

⑵ 显示当前文档的录制、修订、扩展和改写的模式状态。

3.1.3 文档的基本操作

对文档的所有操作都是从创建新的 Word 文档开始的，了解并掌握多种创建新文档的方法可以提高工作效率。

1. 创建新文档。

⑴ 创建空白文档。

执行菜单【文件】→【新建】→【新建文档任务窗格】→【空白文档】命令或单击【常用工具栏】→【新建空白文档】按钮（不出现任务窗格）。

⑵ 基于模板创建特殊文档。

执行菜单【文件】→【新建】→【新建文档任务窗格】→【本机上的模板】命令,如图 3-1-2 所示。选中相应的模板，单击“确定”按钮即可创建相应的文档。

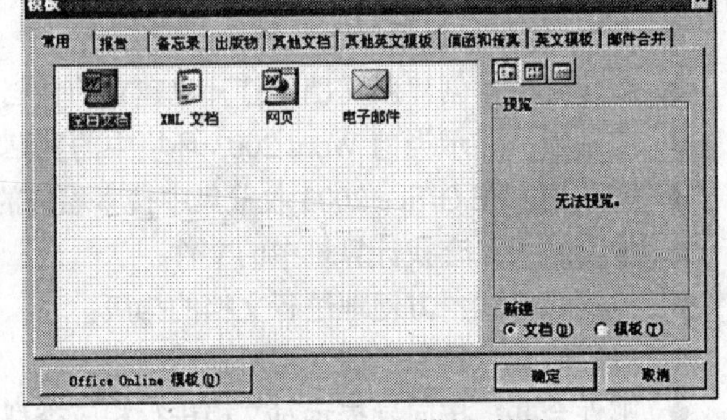

图 3-1-2 本机上的模板对话框

⑶ 基于现有文档创建空白文档。

执行菜单【文件】→【新建】→【新建文档任务窗格】→【根据现有文档】命令，如图 3-1-3 所示，选中相应文档即可创建新文档。

2. 输入文本

Word 2003 提供了“即点即输”功能，创建新的空白文档后，允许用户在文档空白区域快速插入文字、图形、表格等内容。在文档编辑区中光标指示的位置处，可以进行如下操作。

⑴ 输入汉字、字符、标点符号。输入中文，必须切换成中文输入法，插入文字时，先将鼠标定位至需插入文字处。

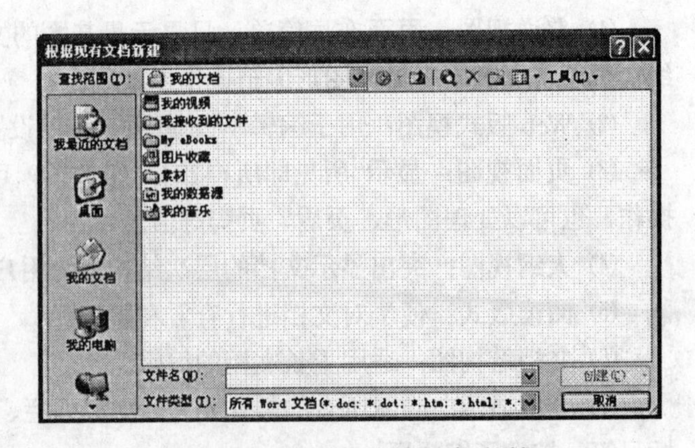

图 3-1-3 根据现有文档新建对话框

⑵ 特殊符号 ：执行菜单【插入】→【特殊符号】命令，如图 3-1-4

所示。

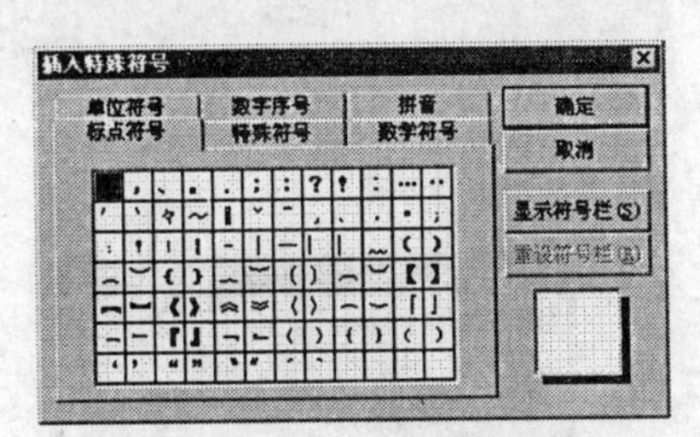

图 3-1-4 “插入特殊符号”对话框

图 3-1-5 软键盘菜单

用软键盘输入符号，如图 3-1-5 和图 3-1-6 所示。

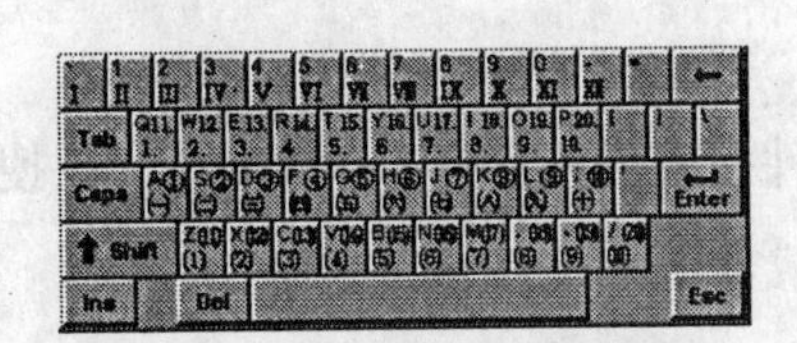

图 3-1-6 数字序号软键盘

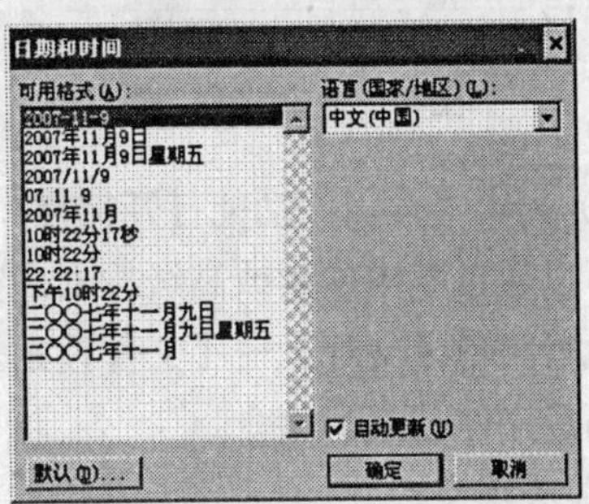

图 3-1-7 “日期和时间”对话框

(3) 插入日期和时间：一般情况下日期和时间的输入方法与普通文字的方法相同，若需要插入当前日期或当前时间，可使用以下方法：执行菜单【插入】→【日期和时间】命令，如图 3-1-7 所示。

(4) 插入文档：执行菜单【插入】→【文件】或【对象】命令。

3. 保存文档

(1) 手动保存文档。

单击【常用工具栏】→【保存】按钮。

执行菜单【文件】→【保存】或【另存为】命令,如图 3-1-8 所示。

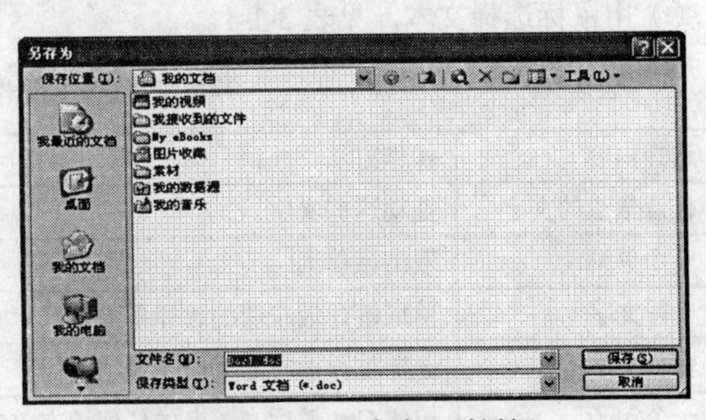

图 3-1-8 “另存为”对话框

(2) 自动保存文档。

在编辑文档过程中，计算机每隔一段时间自动对文档保存一次。

(3) 设置保存选项。

执行菜单【工具】→【选项】→【保存】选项卡，如图 3-1-9 所示。

4. 打开和关闭文档

(1) 打开文档的常用方法。

执行菜单【文件】→【打开】命令。单击【常用工具栏】→【打开】按钮；

双击现有文档。

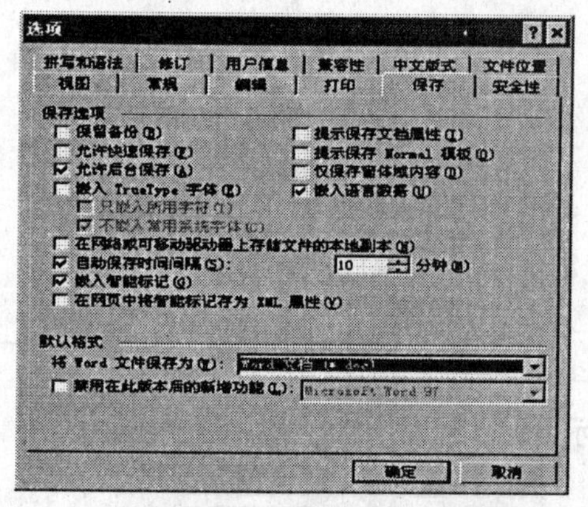

图 3-1-9 “选项”对话框

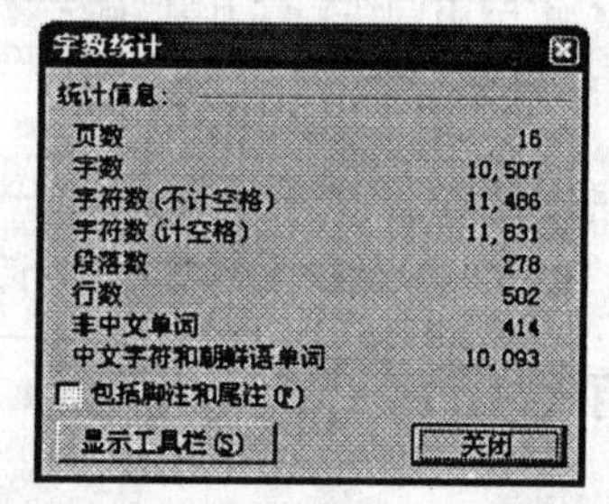

图 3-1-10 “字数统计”对话框

⑵ 利用“搜索”功能打开文档。

可以通过基本搜索或高级搜索来实现。

执行菜单【文件】→【文件搜索】→【基本文件搜索任务窗格】→【基本文件搜索】或【高级文件搜索】命令。

⑶ 关闭文档。

执行菜单【文件】→【关闭】或【全部关闭】(按住 Shift 键）命令。

关闭文档按钮×。

5. 统计文档字数

执行菜单【工具】→【字数统计】命令，如图 3-1-10 所示。

6. 选择和移动文本

⑴ 选择文本。

① 用鼠标选择文本，见表 3-1-1。

表 3-1-1　　用鼠标选择文本操作方法列表

选择内容	操作方法
任意数量的文字	拖动这些文字
一个单词	双击该单词
一行文字	单击该行最左端的选择条
多行文字	选定首行后向上或向下拖动鼠标
一个句子	按住 Ctrl 键后在该名的任何地方单击
一个段落	双击该段最左端的选择条，或者三击该段落的任何地方
多个段落	选定首段后向上或向下拖动鼠标
连续区域文字	单击所选内容的开始处，然后按住 Shift 键，最后单击所选内容的结束处
整篇文档	三击选择条中的任意位置或按住 Ctrl 键后单击选择条中的任意位置
矩形区域文字	按住 Alt 键然后拖动鼠标

② 用键盘选择文本，见表 3-1-2。

表 3-1-2　　　　　　　　用键盘选择文本操作方法列表

选定范围	操作键	选定范围	操作键
右边一个字符	Shift+→	至段落末尾	Ctrl+Shift+↓
左边一个字符	Shift+←	至段落开头	Ctrl+Shift+↑
至单词（英文）结束处	Ctrl+Shift+→	下一屏	Shift+PgDn
至单词（英文）开始处	Ctrl+Shift+	上一屏	Shift+PgUp
至行末	Shift+End	至文档末尾	Ctrl+Shift+End
至行首	Shift+Home	至文档开头	Ctrl+Shift+Home
下一行	Shift+↓	整个文档	Ctrl+5(小键盘)或 Ctrl+A
上一行	Shift+↑	整个表	Alt+5(小键盘)

(2) 移动文本。

① 选中要编辑的文本，执行【编辑】→【剪切】命令或单击【常用工具栏】→【剪切】按钮或单击鼠标右键→【剪切】;

② 选中目标位置，执行【编辑】→【粘贴】命令或单击【常用工具栏】→【粘贴】按钮或单击鼠标右键→【粘贴】。

7. 删除、复制与剪切文本

(1) 删除文本：选中要删除的文本，执行【编辑】→【清除】命令或按键盘上的 Delete 键。

(2) 复制文本。

① 选中要编辑的文本，执行【编辑】→【复制】命令或单击【常用工具栏】→【复制】按钮或单击鼠标右键→【复制】;

② 选中目标位置，执行【编辑】→【粘贴】命令或单击【常用工具栏】→【粘贴】按钮或单击鼠标右键→【粘贴】。

8. 查找和替换文本

(1) 查找。

执行【编辑】→【查找】命令，如图 3-1-11 所示。

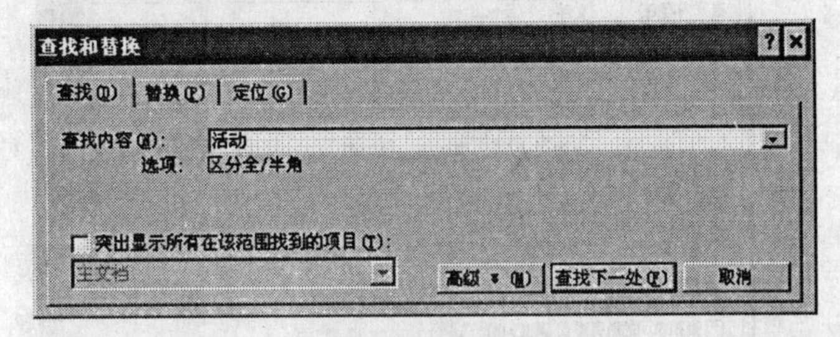

图 3-1-11 “查找和替换”对话框

单击【查找下一处】按钮,则 Word 2003 将逐个搜索并突出显示要查找的文本,单击文档窗口,就可以对每处文本进行必要的修改。

提示：若要限定查找的范围，则应选定文本区域，否则系统将在整个文档范围内查找。

(2) 替换。

打开图 3-1-11 所示的对话框中的【替换】选项卡，如图 3-1-12 所示。

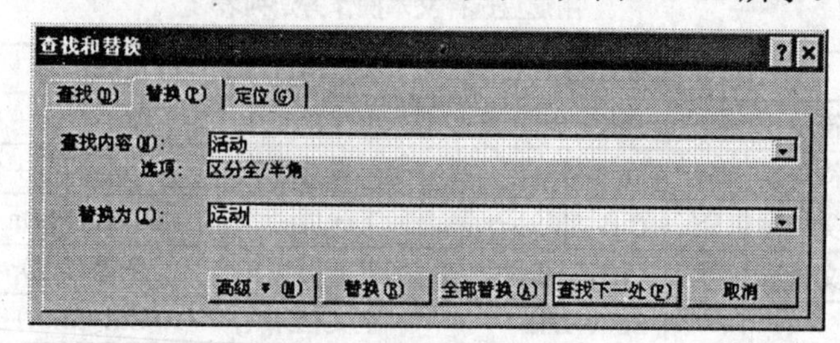

图 3-1-12 替换选项卡

连续单击【替换】按钮，让 Word 逐个查找到指定文本并进行替换。如果某处的指定文本不需要替换，则可以单击【查找下一处】按钮跳过该处文本再查找下一处。如果要将所有查找到的文本全部替换，可单击【全部替换】按钮，Word 将全文搜索并进行替换。完成所有替换后，Word 将出现一个提示框，如图 3-1-13 所示，表示已经完成文档的搜索，单击【确定】按钮将结束此次操作。最后单击“查找和替换”对话框的【关闭】按钮即可。

图 3-1-13 继续从开始处搜索提示框

(3) 查找和替换格式。

当需要对具备某种格式的文本或某种特定格式进行查找和替换时，可以通过如图 3-1-12 所示【高级】选项来实现，单击【高级】按钮，则该对话框如图 3-1-14 所示。

通过【格式】按钮和【特殊字符】按钮，在查找内容文本框和替换为文本框中分别输入带格式的文本或特殊字符，进行相应的查找或替换，即可完成所需要的操作。

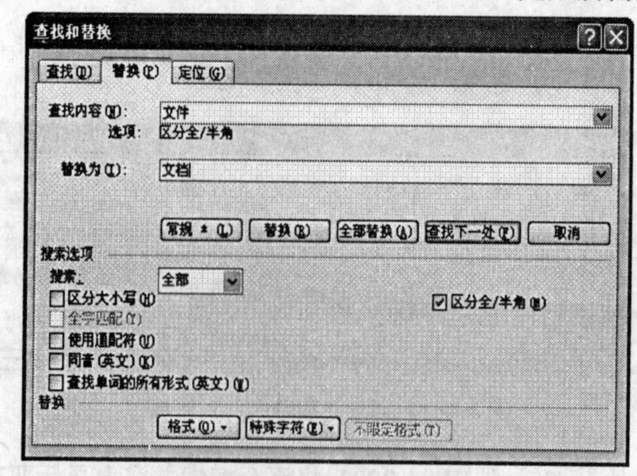

图 3-1-14 高级搜索选项

9. 重复、撤消和恢复操作

⑴ 重复操作。

执行【编辑】→【重复**】命令。

其中，“**”将随上次操作内容的不同而不同。

⑵ 撤消操作。

执行【编辑】→【撤消**】命令或单击【常用工具栏】→【撤消】按钮如图 3-1-15 所示。

图 3-1-15 多次撤消操作

⑶ 恢复操作。

执行【编辑】→【恢复**】命令或单击【常用工具栏】→【恢复】按钮进行恢复操作。

10. 自动图文集

在使用 Word 的过程中，会出现一些频繁使用的词条，可以把它们创建成“自动图文集”词条。以后使用时，就可快速地插入已经创建的词条。其步骤如下：

⑴ 先选中要作为自动图文集的文本或图形，如这里选中“Word 2003 基本操作”；

⑵ 执行【插入】→【自动图文集】→【新建】命令，弹出如图 3-1-16 所示的对话框；

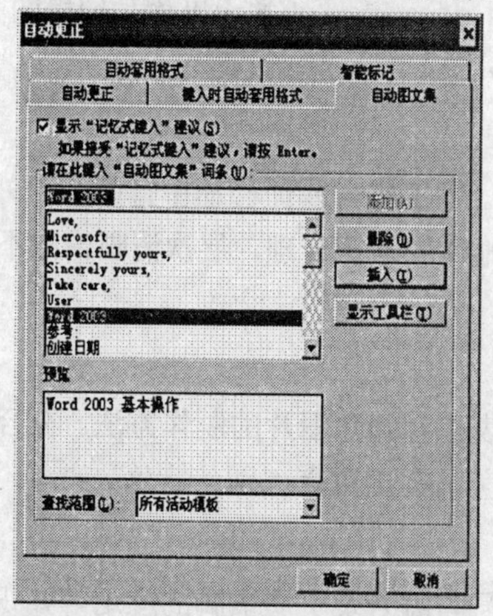

图 3-1-16 创建“自动图文集”对话框

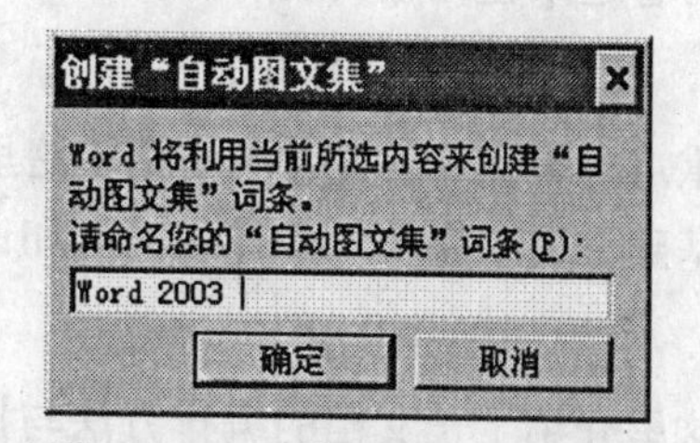

图 3-1-17 “自动更正”对话框

⑶ Word 将为此自动图文集提供一个名称，用户可以输入新名称，如本例为“Word 2003 ”，单击【确定】按钮。

创建完成后，在任何位置均可插入所保存的自动图文集词条，其步骤如下：

⑴ 设置插入点；

⑵ 执行【插入】→【自动图文集】→【自动图文集】命令，弹出如图 3-1-17 所示的

“自动更正”对话框，并同时打开“自动图文集”选项卡；

⑶ 在“请在此键入‘自动图文集’词条”文本框中键入自动图文集词条名称，或在其下方的列表框中利用滚动条找到所需的自动图文集词条名称，单击选定它，如本例中为“Word 2003”，单击【插入】按钮，则在插入点处插入了文本“Word 2003 基本操作”。

3.1.4 样品分析

在本书的附录中，提供了以交专部分内容为题材的 Word 排版样品，在设计过程中，运用了 Word 2003 的所有基本功能和排版技巧，这样能够使学生在学的过程中不仅学会了 Word 2003 操作的基本技能，同时也对学校有了充分的认识和了解。下面简述样品制作过程中运用的知识与方法。

1. 收集素材，整体构思

这是做好样品的一个很重要的环节。先收集资料，再进行整理分析，具有观察能力和分析概括能力,要注意样品的整体结构、注意文与图的内容一致, 包括每页的内容、合理布局版面、所含知识点、排版技巧等,形成制作完整样品的思路。

2. 封面与尾页的制作分析

尽量做到新颖独特、与众不同。包含的 Word 2003 知识有艺术字、图片、自选图形、文本框、“其他格式”工具栏等, 适合的图片，放在适当的位置，才能更好地体现主题与文字内涵。

3. 学校简介的制作分析

通过这部分内容的学习，要学生主要了解 Word 2003 文档的基本操作与编辑即 3.1.1 至 3.1.3 所述的内容。

4. “道路桥梁工程系”专业介绍的制作分析

这是 Word 2003 文档图文混排中较综合的实例。除了包含前面样品中排版知识外，还包含了组织结构图和图表。文字与图片的位置结合地比较紧密合理，层次清晰，即不浪费纸张，看起来也比较美观。

5. 交专风采的制作分析

重点表现交专的文化与生活，这里增加了圆角表格和圆角图片的制作方法。在合理布局的基础上追求完美，多样统一、和谐，体现个性美，突出重点，别具特色。

6. 目录的制作分析

这里介绍了长文档的编排方法与技巧、项目符号与编号及页眉页脚的应用等知识，能够合理、灵活地运用各种图文混排的版式。

3.2 样品 1——学校简介

3.2.1 样品说明

学校简介是一种文档形式。在编写过程中，将介绍如何设置文字和段落的格式，改变文字的字体、大小和颜色，给文字加粗，段落居中等，使得整个文档结构清晰、重点突出。附录中样品 1 为编写好的"学校简介"样张。

排版要求：

⑴ 标题黑体、小二号字、加粗、居中，距正文间距 1 行；

⑵ 首字下沉 3 行，设置华文行楷、红色；

⑶ 正文为宋体、五号字；

⑷ 各段落首行缩进 2 个字符；

⑸ 将"首批 28……入选院校"加着重号；

⑹ 所有数值为华文新魏、五号字、倾斜、蓝色；

⑺ 最后段落中将"脚踏实地，追求卓越"和"服务为宗旨，就业为导向，产学研结合"加粗；

⑻ 插入一幅图片。

3.2.2 知识点

在样品 1 中，除了具体内容外，还要考虑在实际操作中，运用 word 2003 知识如何实现其排版的。本样品所涉及到的知识点概括如下：

- 设置文字格式；
- 设置段落格式；
- 复制格式；
- 插入图片。

3.2.3 制作步骤

1．新 建

新建一个 word 文档，根据样例进行文字录入和编辑。

2．设置文字格式

⑴ 使用"字体"对话框设置文字格式。

Word 2003 提供了近百种字体，其中包括 20 多种中文字体。在文档中，用户可以通过"字体"对话框来设置文字的格式，例如设置文字的字体、大小、颜色等属性。操作步骤如下。

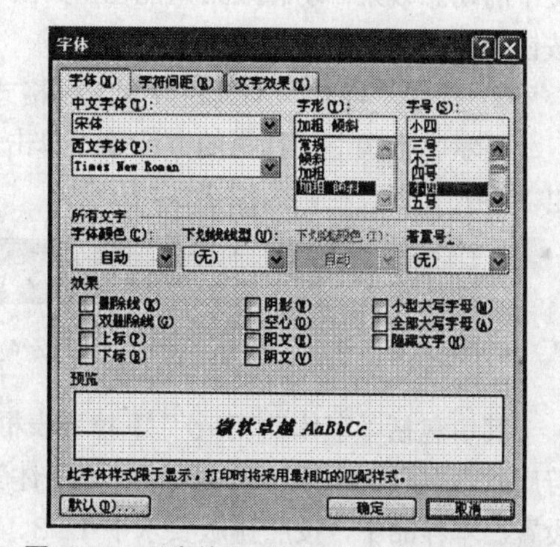

图 3-2-1 "字体"对话框的"字体"选项卡

① 选中要设置格式的文字，然后单击【格式】→【字体】菜单命令，调出"字体"

对话框，选中“字体”选项卡，如图 3-2-1 所示。

② 在“中文字体”“西文字体”“字形”“字号”“字体颜色”“下划线线型”“下划线颜色”“着重号”等列表框进行相应设置即可。

③ 在“效果”栏中，可以选中其中的复选框给文字添加特殊的效果。在“预览”栏中，用户可以查看设置后的文字效果。

④ 在“字体”对话框中，选中“字符间距”选项卡，如图 3-2-2 所示。可以设置字符横向的伸缩度、设置每个字符之间的距离以及设置选中文字在其所在行中与基线的垂直距离等。

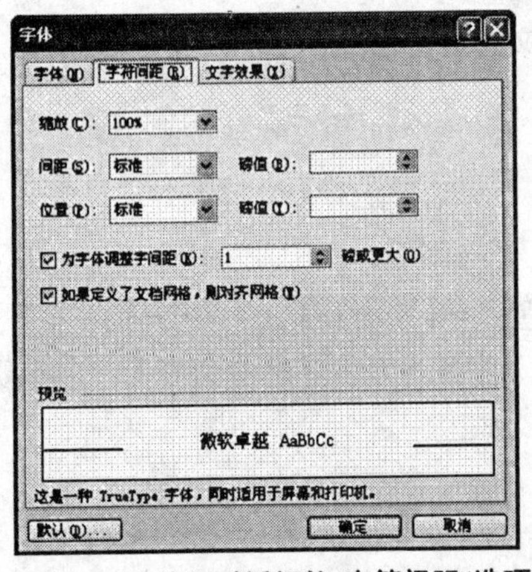

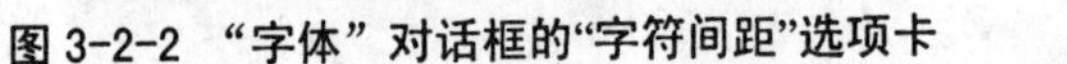

图 3-2-2 “字体”对话框的“字符间距”选项卡

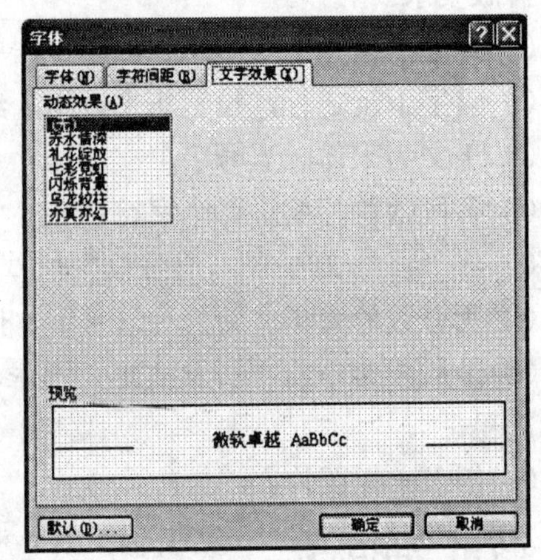

图 3-2-3 “字体”对话框的“文字效果”选项卡

⑤ 在“字体”对话框中，选中“文字效果”选项卡，如图 3-2-3 所示。可以设置选择文字的动态效果。动态效果只能在“页面”视图中进行欣赏，不能打印出来。单击“确定”按钮，完成文字格式设置。

(2) 使用“格式”工具栏设置文字格式。

显示“格式”工具栏的方法是，单击【视图】→【工具栏】→【格式】菜单命令，调出“格式”工具栏，如图 3-2-4 所示。

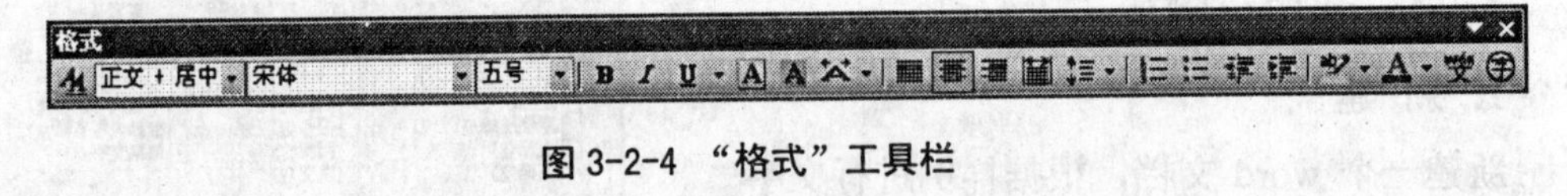

图 3-2-4 “格式”工具栏

其中包括“字体”“字号”下拉列表框以及“加粗”“倾斜”“下划线”“字符边框”“字符底纹”“字符缩放”“突出显示”“字体颜色”等按钮，可以根据排版的需要进行相应的设置。本样品中，按照排版要求中 1、3、5、6、7 项进行设置后，单击“确定”按钮即可。

3. 设置段落格式

段落是由一个或多个连续的句子组成的。将一个段落作为编辑对象进行处理时，段落可以看成是两个段落标记之间的内容。设置段落格式的方法有 3 种：“段落”对话框、“格式”工具栏和水平标尺。

首先将光标移动到要设置格式的段落，或者选中要设置格式的多个段落。再进行以下设置。

(1) 使用“段落”对话框设置段落格式。

操作步骤如下：

① 然后单击【格式】→【段落】命令，调出“段落”对话框，选中“缩进和间距”选项卡，如图 3-2-5 所示；

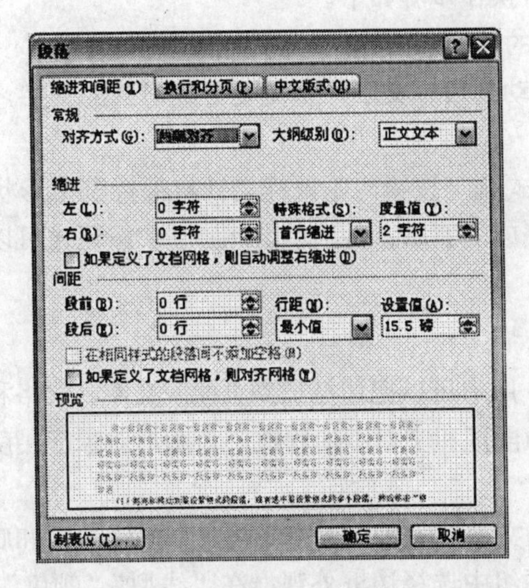

图 3-2-5 “段落”对话框的“缩进和间距”选项卡

② 在“常规”栏、“缩进”栏和“间距”栏进行相应设置；

③ 在“预览”区中，查看设置的效果，单击“确定”按钮，完成段落格式设置。

(2) 使用“格式”工具栏设置段落格式。

“格式”工具栏除了可以设置文字格式外，还可以用“两端对齐”“居中”“右对齐”“分散对齐”“行距”等按钮简单地设置段落格式。

(3) 使用水平标尺设置段落格式。

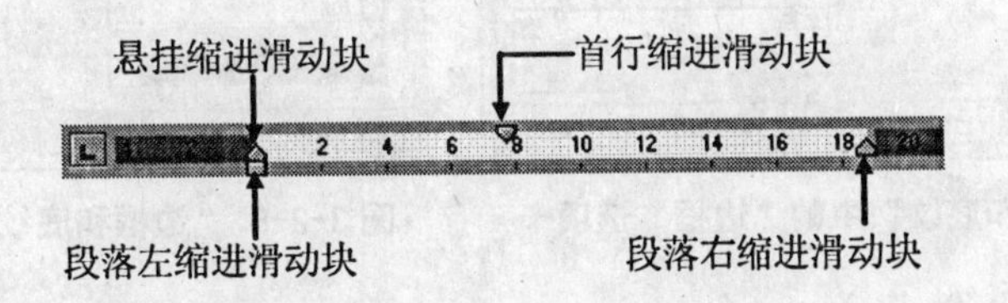

图 3-2-6 水平标尺上滑动块的含义

分别拖曳水平标尺上的 4 个滑动块可以直接调整段落左边或右边的缩进量，如图 3-2-6 所示。按住 Alt 键拖曳标记可以进行微调。其作用如下：

- 首行缩进：拖曳后可改变光标所在段落首行的左缩进量；
- 悬挂缩进：拖曳后可改变光标所在段落除首行外所有文本行的左缩进量；
- 左缩进：拖曳后可改变光标所在段落所有文本行的左缩进量；
- 右缩进：拖曳后可改变光标所在段落所有文本行的右缩进量。

根据以上叙述，即可完成样品排版要求中的第 4 项设置。

4. 复制格式

对于要求同样格式、不同文字或者段落的文本，用户不需要一一设置格式，使用格式刷一刷即可。利用“常用”工具栏中的“格式刷”按钮，能将一部分文字按另一部分文字的格式进行自动修改，操作步骤如下。

⑴ 选中所需格式的源文字内容，单击“格式刷”按钮。

⑵ 将鼠标指针移动到目标文字，拖曳要更改格式的文字，则目标文字的格式会被源文字的格式取代。

⑶ 如果双击“格式刷”按钮，则鼠标指针将保持刷子形状，使得用户可以在多个目标文字处复制格式。完成复制后，再次单击“格式刷”按钮才可以取消“格式刷”复制格式的作用。

5. 边框和底纹

在 Word 2003 中，用户可以把边框加到页面、文本、表格和表格的单元格、图形对象以及图片上，并可以为段落和文本添加底纹，为图形对象应用颜色或进行纹理填充。

⑴ 添加边框。

选定要添加边框的文本或段落，单击【格式】→【边框和底纹】打开图 3-2-7 所示对话框。在“设置”选项组中选择边框外观；在“线型”“颜色”和“宽度”列表框中选择边框的线型、颜色和粗细；在“应用于”下拉列表框中选择边框将应用于“文字”或段落。

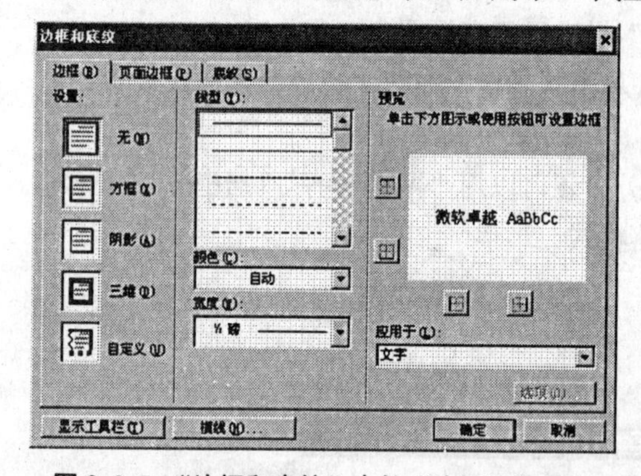

图 3-2-7 “边框和底纹”中的“边框”选项卡

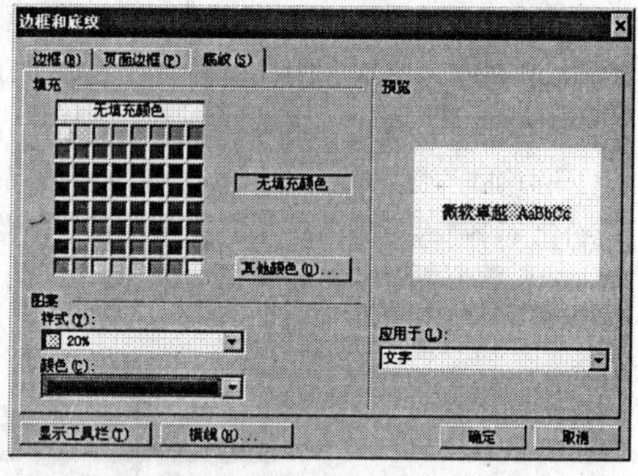

图 3-2-8 “边框和底纹”中的“底纹”选项卡

⑵ 添加底纹。

选定要添加底纹的文本或段落，单击【格式】→【边框和底纹】命令打开图 3-2-8 所示的对话框。在“填充”和“图案”选项组的颜色列表中选择填充颜色和填充颜色上的底纹样式；在其“颜色”下拉列表框中选定图案颜色；在“应用于”下拉列表框中选择底纹将应用于“文字”或“段落”。边框和底纹设置效

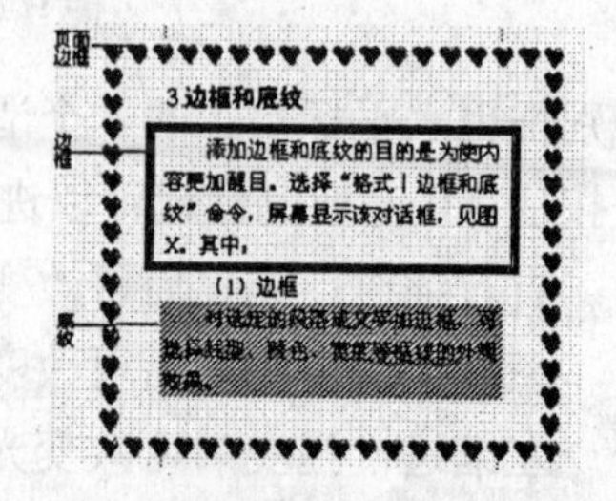

图 3-2-9 “边框和底纹”设置效果

果如图 3-2-9 所示。

6. 插入图片

参照下节 3.3 所述。

通过以上的制作步骤，就可以设计出附录中样品 1 中的学校简介

提示:

(1) 如果工具栏中没有出现“着重号”按钮，则可以单击【视图】→【工具栏】→【其他格式】命令来显示“其他格式”工具栏;

(2) 单倍行距为该行中最大尺寸文本或图形的高度再加一小段额外间距，该额外间距取决于所用字体;

(3) 段落之间的实际距离等于前一段设置的段后间距和后一段设置的段前间距的最大值加上行距，因为在按 Enter 键形成段落时将自动换行。

3.3 样品 2——交专风采 1

3.3.1 样品说明

Word 2003 不仅具有强大的文字编辑功能，而且还具有编辑图片、边框和底纹等功能。利用这些功能可以制作出颜色鲜艳、形式活泼、图文并茂的文档。本节将介绍如何插入剪贴画和图片，以及编辑图片、表格的编辑与高级操作等方法，附录中样品 2 所示为“交专风采 1”宣传样张。

排版要求：

按照样例进行图片、表格、文字的创建和编辑。

3.3.2 知识点

制作一份宣传海报是一项比较繁杂的工作。制作时版面一定要清晰，尽量采用通俗易懂的文字、图案。本样品将涉及到的知识点如下：

- 插入和编辑剪贴画和图片；
- 插入文本框、艺术字、自选图形；
- 表格的创建与编辑；
- 计算和排序表格中的数据；
- 表格的高级操作。

3.3.3 制作步骤

1. 插入剪贴画和图片

执行菜单【插入】→【图片】→【剪贴画】命令，弹出【剪贴画】任务窗格，单击“管理剪辑”超链接，打开“收藏夹-Microsoft 剪辑管理器”对话框，在“收藏集列表”中单击 Office 收藏集列表中相应项，如图 3-3-1 所示，找出所需图片插入到文档中即可。

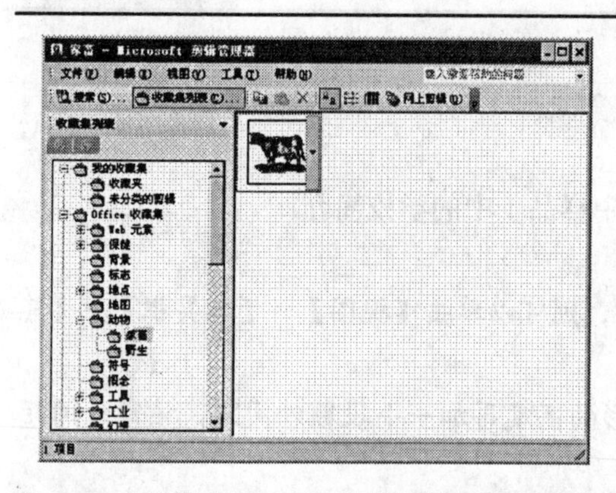

图 3-3-1“收藏夹-Microsoft 剪辑管理器”对话框

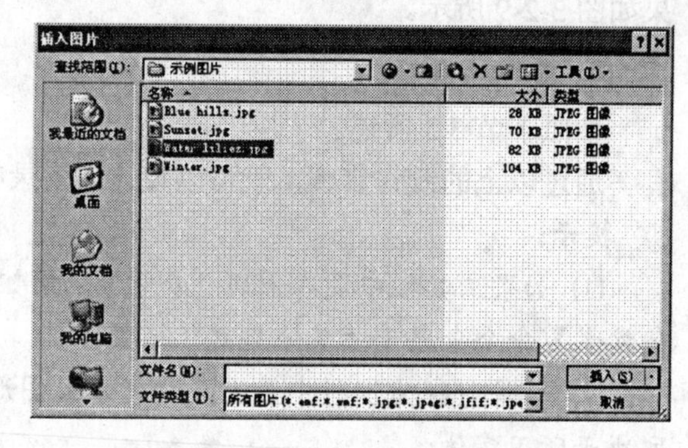

图 3-3-2 “插入图片”对话框

插入图片时执行菜单【插入】→【图片】→【来自文件】命令，弹出如图 3-3-2 所示的“插入图片”对话框，选择相应的图片文件插入即可。在样品 2 中所需的图片均来自交专校园网。

图片在文档中的层次位置。

嵌入型：图片处于“文本层”，作为一个字符出现在文档中，其周边控制点为“实心”小方块。

浮于文字上方：此时图片处于“文本上层”，其周边控制点为“空心”小方块。

衬于文字下方：此时图片处于“文字下层”，可实现水印的效果。

无论是“实心”还是“空心”小方块，统称为尺寸控点。

2. 编辑剪贴画和图片

⑴ 调整剪贴画和图片的大小和位置。

操作步骤如下：

① 单击剪贴画（或图片），将鼠标移到尺寸控点上，拖曳鼠标即可调整其大小；

② 如果要移动剪贴画（或图片），选中后使用鼠标将其拖曳到新的位置即可；

③ 如果要删除剪贴画（或图片），则选中后按 Delete 键即可。

⑵ 使用“图片”工具栏编辑剪贴画和图片。

单击【视图】→【工具栏】→【图片】菜单命令，或者选中要编辑的图片，均可调出“图片”工具栏，如图 3-3-3 所示。其中包括“插入图片”“颜色”“增加对比度”“降低对比度”“增加亮度”“降低亮度”“裁剪”“向左旋转 90°”“线型”“压缩图片”“文字环绕”“设置图片格式”“设置透明色”“重设图片”等按钮，可以根据需要对图片进行相应的处理。

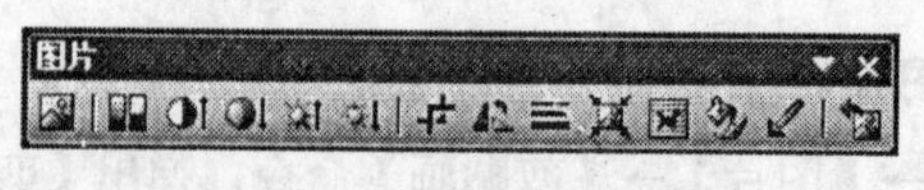

图 3-3-3 “图片”工具栏

⑶ 使用“设置图片格式”对话框编辑剪贴画和图片。

选中剪贴画（或图片），单击鼠标右键弹出如图 3-2-4 所示的快捷菜单，单击“设置图片格式”命令，弹出“设置图片格式”对话框，如图 3-3-5 所示，可以使用颜色与线条、大小、版式及图片选项卡的各种功能进行图片的编辑与处理。图 3-3-5 所显示的是版式选项卡，根据需要可以设置图片的环绕方式及对齐方式。

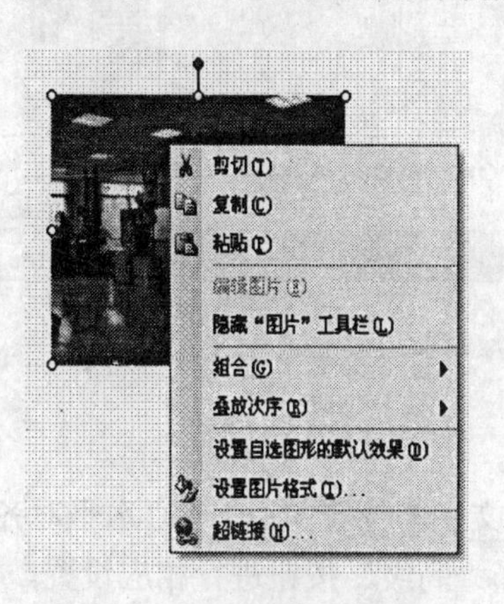

图 3-3-4 “图片”的快捷菜单

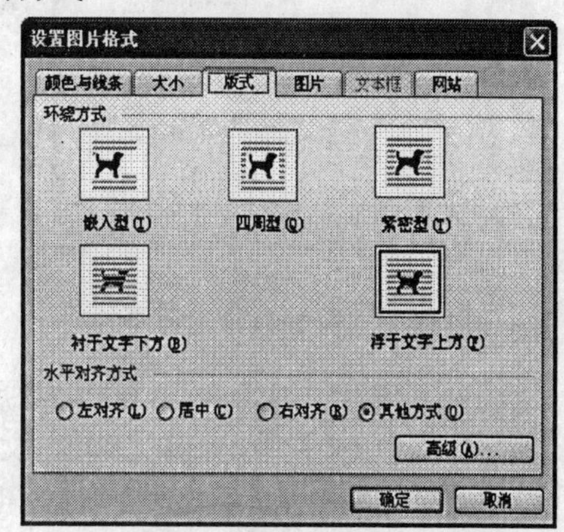

图 3-3-5 “设置图片格式”对话框

3. 文本框

文本框是指一种可以移动、调节大小、编辑文字和图形的容器。使用文本框，可以在文档的任意位置放置多个文字块，或者使文字按照与文档中其他文字不同的方向排列。文本框不受光标所能达到范围的限制，使用鼠标拖曳文本框可以移动到文档的任何位置。

(1) 创建和编辑文本框。

创建和编辑文本框的操作步骤如下。

① 在文档中插入文本框，单击【插入】→【文本框】→【横排或竖排】命令，如图 3-3-6 所示文本框的两种形式。

② 在文本框中可以键入文字或者插入图片。

③ 将鼠标移到文本框的边框上，单击鼠标右键，调出快捷菜单。单击“设置文本框格式”菜单命令，调出“设置文本框格式”对话框。选中“颜色与线条”选项卡，如图 3-3-7 所示，在“填充”栏、“线条”栏进行相应设置。

图 3-3-6 文本框的两种形式

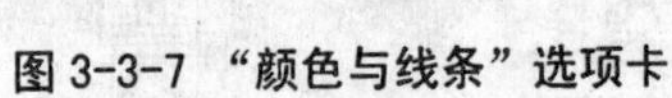

图 3-3-7 “颜色与线条”选项卡

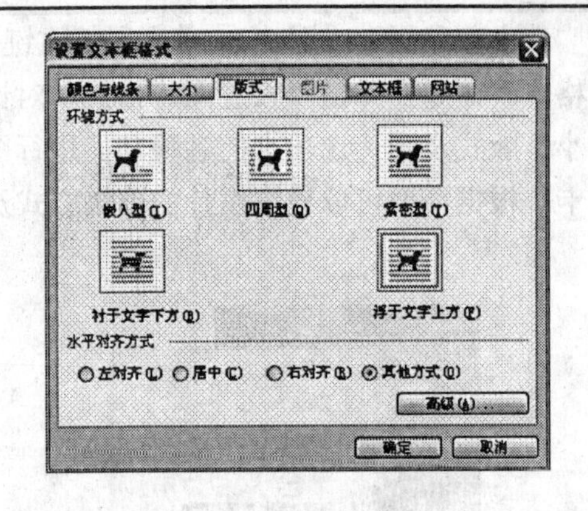

图 3-3-8 “版式”选项卡

④ 选中“版式”选项卡，如图 3-3-8 所示。

在“环绕方式”栏中，选择文本框与文档中其他文字的位置关系。在“水平对齐方式”栏中，选择文本框在文档中的水平位置。也可以选择“高级”按钮进行相应设置。

⑵ 编辑文本框内容。

在文本框中插入图片的方法与在文档中插入图片的方法一样，而且文本框会根据插入图片的大小自动调整其本身的大小，以便能显示整个图片。

改变文本框中文字方向的方法如下。

将光标移动到要改变文字方向的文本框内，单击【格式】→【文字方向】命令，调出“文字方向-文本框”对话框，如图 3-3-9 所示。在其中的“方向”栏中选择即可。在“预览”栏中，可以查看文字的显示效果。如图 3-3-10 所示为一种文字方向效果。

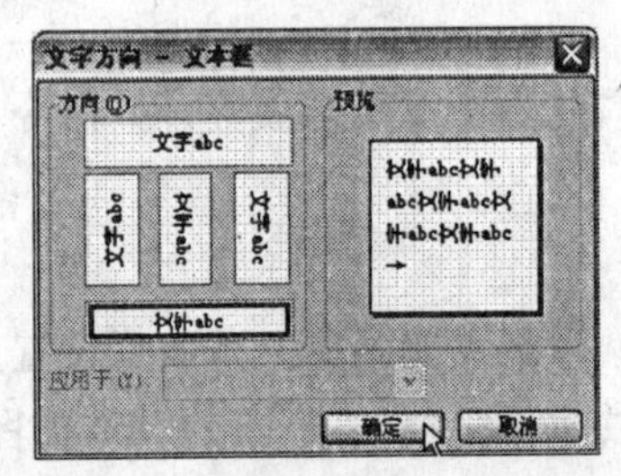

图 3-3-9 “文字方向-文本框”对话框

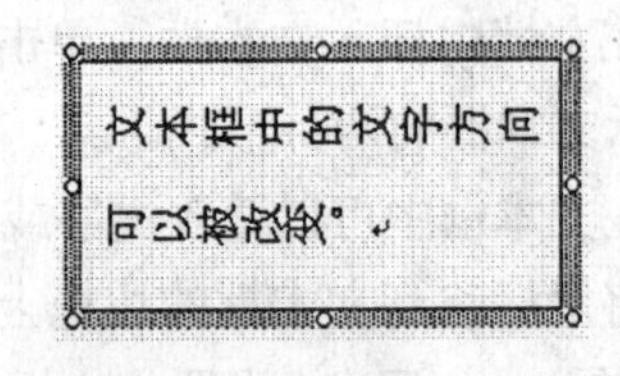

图 3-3-10 一种“文字方向”效果

⑶ 链接文本框。

用户可以使用文本框将文档中的内容以多个文字块的形式显示出来。这种效果是分栏功能所不能达到的，其操作方法如下。

① 在文档中插入 4 个文本框，排列为 2 行 2 列的形式。

② 选中第一行第一列的文本框，单击“文本框”工具栏中 “创建文本框链接”按钮。

③ 将鼠标移到第二行第一列的文本框中，单击鼠标左键，创建一个链接，如图 3-3-11 所示。

④ 再选中第二行第一列的文本框，使用同样的方法，链接第二行第二列的文本框。最后再选中第二行第二列的文本框，链接第一行第二列的文本框。

⑤ 在第一行第一列的文本框中输入文本或者复制已写好的文本，当文本框被写满后，文本会自动排到第二行第一列的文本框中，然后是第二行第二列的文本框中，最后是第一行第二列的文本框中，如图 3-3-12 所示。

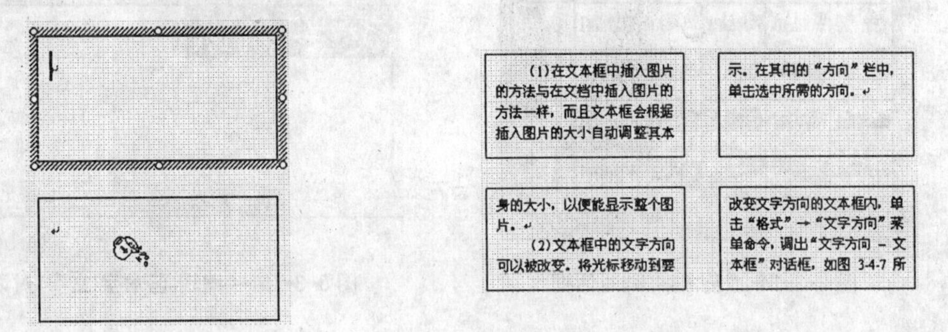

图 3-3-11 创建一个链接　　　　图 3-3-12　用 4 个链接文本框显示文档内容

在样品 2 中多次用到文本框，其中两个文本框的设计效果如图 3-3-13 所示：

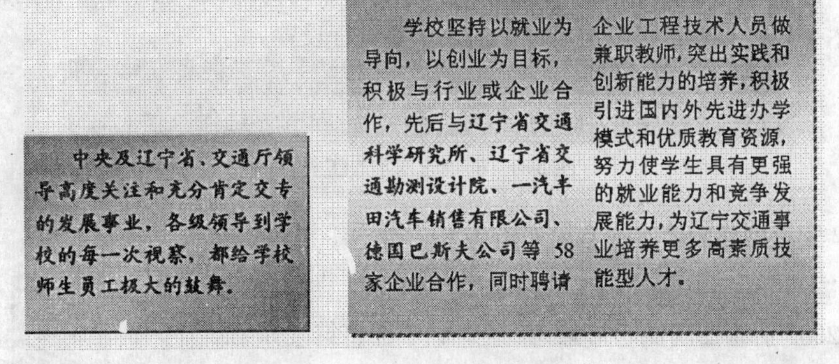

图 3-3-13　文本框设计效果

在右图中将两个文本框内容放在第三个文本框中，起到了分栏的作用。

4. 艺术字

艺术字是具有特殊效果的文字，可以有各种颜色、使用各种字体、带阴影、倾斜、旋转和延伸，还可以变成特殊的形状。

⑴ 插入艺术字。

插入艺术字的操作方法如下。

① 选中插入艺术字的位置，单击【插入】→【图片】→【艺术字】命令，调出“艺术字库”对话框，选中所需要的艺术字样式，如图 3-3-14 所示。

② 单击“确定”按钮，调出“编辑‘艺术字’文字”对话框，如图 3-3-15 所示。在“文字”文本框内键入要插入的文字，选择字体和字号。单击“确定”按钮，在光标处插入艺术字。

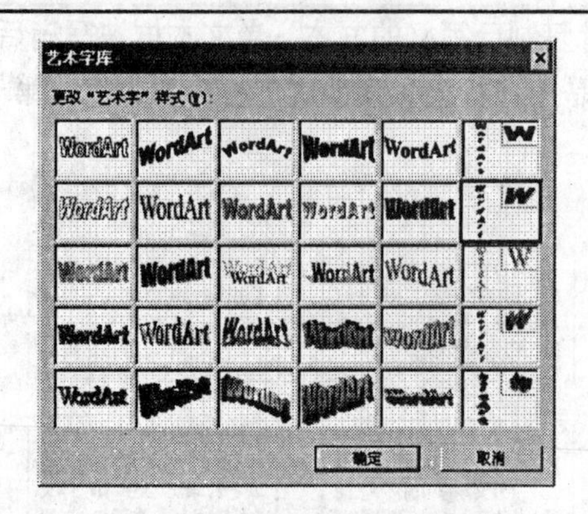

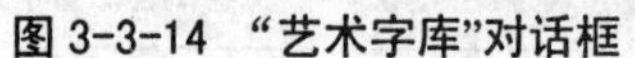
图 3-3-14 “艺术字库”对话框

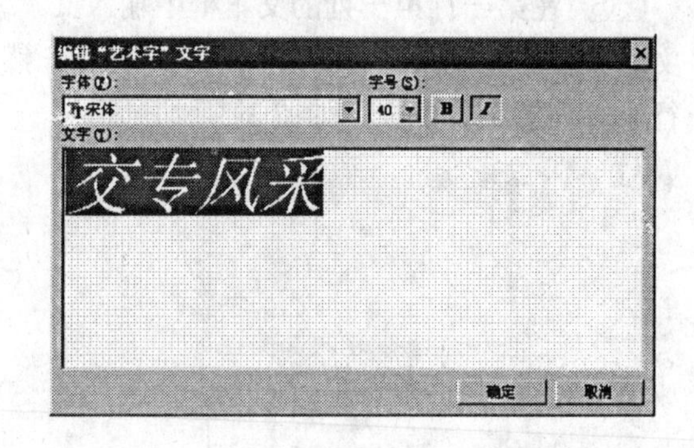

图 3-3-15 “编辑‘艺术字’文字”对话框

⑵ 设置艺术字。

单击【视图】→【工具栏】→【艺术字】命令，调出“艺术字”工具栏，如图 3-3-16 所示。其中包括插入艺术字、编辑文字、艺术字库、设置艺术字格式、艺术字形状、文字环绕、艺术字字母高度相同、艺术字竖排文字、艺术字对齐方式、艺术字字符间距等按钮，使用“艺术字”工具栏，可以对已创建的艺术字进行设置。

图 3-3-16 “艺术字”工具栏

样品 2 中所创建的艺术字效果如图 3-3-17 所示。

5. 自选图形

Word 2003 的绘图功能非常强大、全面，下面将继续介绍一些常用的绘图操作方法。

图 3-3-17 “艺术字”效果

⑴ 插入自选图形。

单击【插入】→【图片】→【自选图形】命令调出“自选图形”工具栏，或单击【视图】→【工具栏】→【绘图】命令调出“绘图”工具栏，利用该工具栏可以绘制各种图形。

⑵ 填充图形。

在“绘图”工具栏中，单击“填充颜色”按钮 ，可以选择所需的颜色填充图形的内部。单击其中的“填充效果”菜单命令，调出“填充效果”对话框，可以对图形内部的填充效果进行编辑。填充图形的操作方法如下。

① 在“渐变”选项卡中，可以对图形内部的填充颜色、透明度、底纹样式和变形方式进行编辑，使原本单一颜色具有层次感，如图 3-3-18 所示。

② 在“纹理”选项卡中，可以对图形内部填充纹理，如图 3-3-19 所示。

③ 在“图案”选项卡中，可以给图形内部的填充颜色增加图案，使图形的填充效果更加生动。如图 3-3-20 所示。

图 3-3-18 “渐变”选项卡

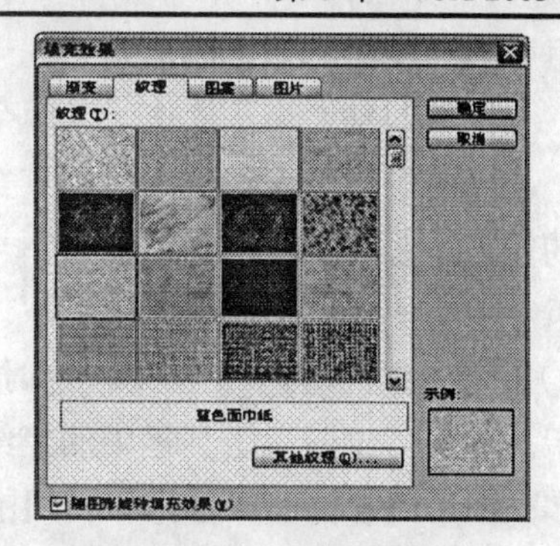

图 3-3-19 “纹理”选项卡

④ 在“图片”选项卡中，可以给图形内部填充图片，使图形更加个性化，如图 3-3-21 所示。

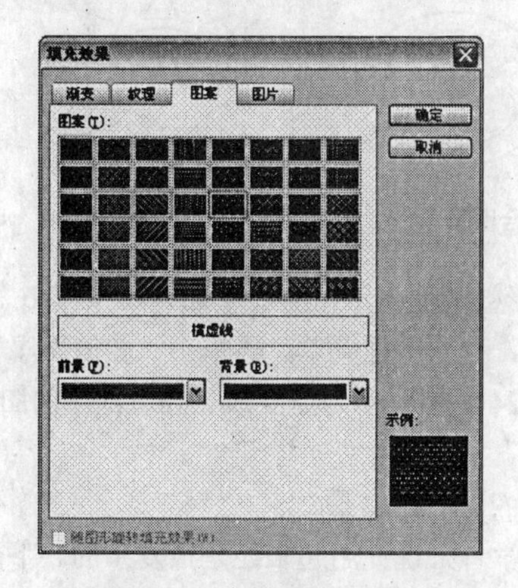

图 3-3-20 “图案”选项卡

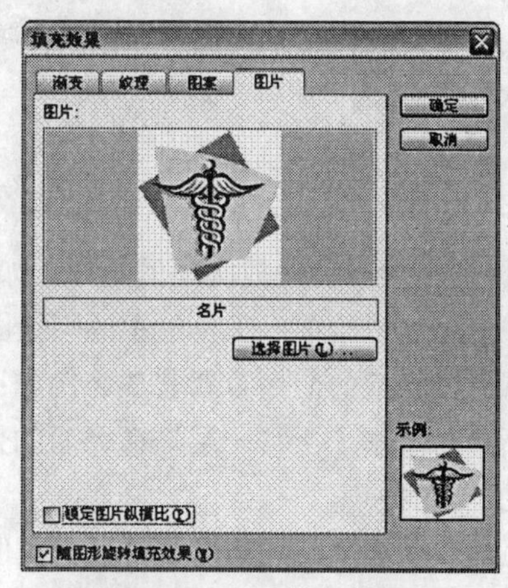

图 3-3-21 “图片”选项卡

⑶ 编辑图形。

编辑图形的操作方法如下。

① 按住 Shift 键，再单击所需的各个图形，一次可选中多个图形。

② 选中要移动的图形，再用鼠标拖曳图形即可移动图形。如果按住 Alt 键的同时拖曳图形，则可以精确、微调图形的位置。

③ 按下 Ctrl 键拖曳图形可以复制图形。

④ 对于一些图形来说，在选中后图形中会有一个或者多个黄色菱形句柄。用鼠标拖曳句柄，可改变原图形的形状。如图 3-3-22 所示为拖曳句柄改变原有太阳形图形的形状。

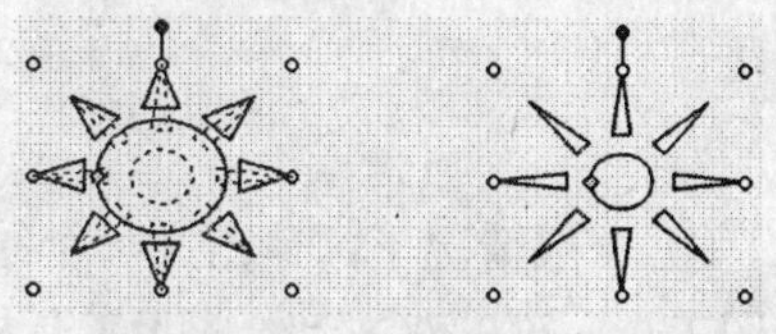

图 3-3-22 改变图形的形状

⑤ 双击需要设置属性的图形，调出“设置自选图形格式”对话框。利用它可以设置图形的颜色、填充颜色和线条的粗细、线型以及旋转度、与文字位置关系等。

⑷ 组合和叠放图形。

组合图形就是将几个图形组合在一起，形成形式上的一个图形，来进行移动、旋转、翻转、着色和调整大小等操作。当两个图像有重叠部分时，存在着谁在顶层，谁在底层的问题，顶层图形会覆盖底层图形相重叠的部分。当多个图形有重叠部分时，还存在谁在第几层的问题，总是上一层图形覆盖下一层图形相重叠的部分。

组合和叠放图形的操作方法如下。

① 选中要组合的多个图形，这时各个图形周围都有 8 个圆形小句柄，如图 3-3-23 左图所示。单击"绘图"工具栏中的"绘图"按钮，调出下拉菜单，再单击"组合"命令，此时多个图形组合为一个图形，其周围只有 8 个圆形小句柄，如图 3-3-23 右图所示。取消组合可单击"绘图"按钮，调出下拉菜单，再单击"取消组合"命令(也可以单击右键实现上述操作)。

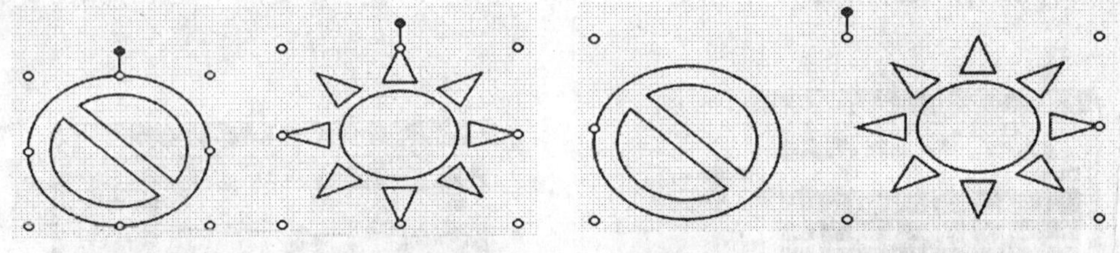

图 3-3-23　组合图形

② 选中要移动叠放次序的图形，如果该图形被其他图形覆盖在下面，可按 Tab 键循环选中。单击"绘图"工具栏中的"绘图"按钮，调出下拉菜单，再单击"叠放次序"命令，图形按相应的命令重新叠放。例如：图 3-3-24 左图所示为需要改变叠放次序的图形，右图所示为单击"上移一层"命令后的效果。

⑸ 绘图技巧。

虽然 Word 的绘图功能非常强大，但是对初学者来说使用起来还是很复杂的。下面介绍一些小技巧，掌握了这些技巧可提高绘图效率和质量。

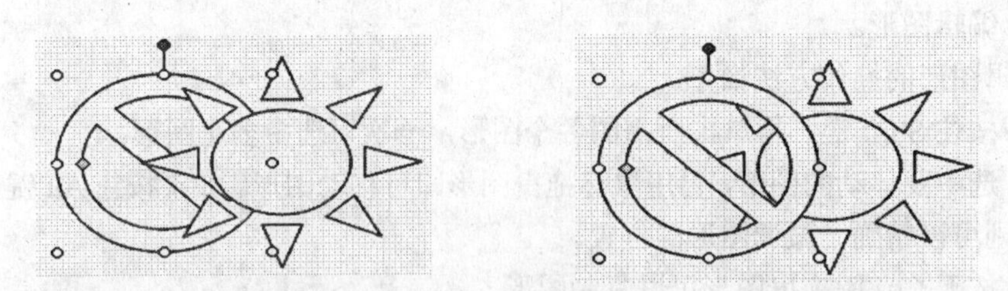

图 3-3-24　叠放图形

① 一般情况下，单击某一个绘图按钮后只能使用一次。如果需要连续多次使用同一绘图工具，可以双击"绘图"工具栏中相应的按钮，此时按钮会一直处于按下状态。当不再需要使用该工具时，可以单击该按钮或者按 Esc 键。如果接着换用其他的按钮，则可以直接单击要使用的按钮，即可同时取消原来多次使用的绘图按钮。

② 在 Word 2003 中使用"绘图"工具栏画图时，会出现一个绘图画布，如图 3-3-25 所示。所谓绘图画布就是一个区域，用户可在该区域上绘制多个图形和文本框，并且作为

一个单元移动和调整大小。

在大多数情况下，不需要使用绘图画布。如果要取消绘图画布，则单击【工具】→【选项】命令，调出“选项”对话框，选中“常规”选项卡，如图 3-3-26 所示。取消选中“插入‘自选图形’时自动创建画布”复选框，再单击“确定”按钮，即可关闭绘图画布。

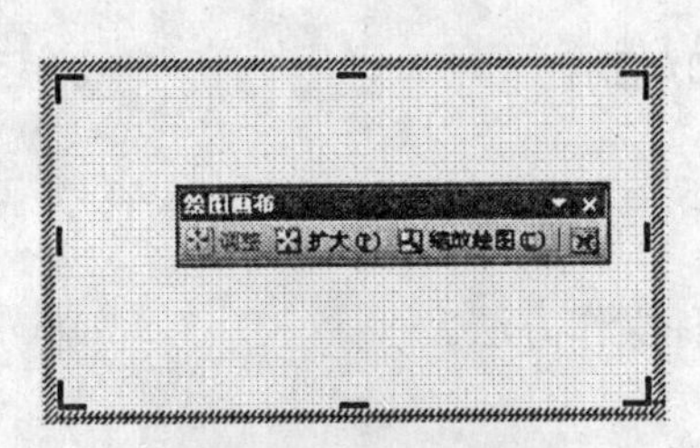

图 3-3-25　绘图画布

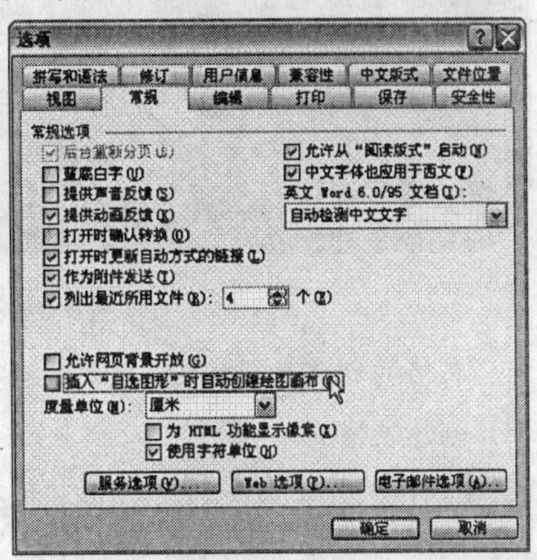

图 3-3-26　“选项”对话框的“常规”选项卡

③ 使用“绘图”工具栏制作图形时，用户经常要操作几个步骤才能找到所需的命令或者图形，过程烦琐容易出错。菜单浮动功能可以把用户常用的菜单像工具栏一样浮动在文档上方，使用非常方便。例如：单击“绘图”按钮，调出下拉菜单，将鼠标移动到“叠放层次”菜单命令的下一级菜单的最上方，如图 3-3-27 左图所示。用鼠标拖曳菜单到文档任意处，松开鼠标左键，菜单变成为“叠放层次”工具栏，如图 3-3-27 右图所示。

④ 按住 Shift 键，单击“绘图”工具栏中的“矩形”按钮，拖曳鼠标绘制出的图形为正方形。按住 Ctrl 键拖曳鼠标绘制出一个从起点向四周扩张的矩形。按住 Shift+Ctrl 组合键可以绘制出从起点向四周扩张的正方形。

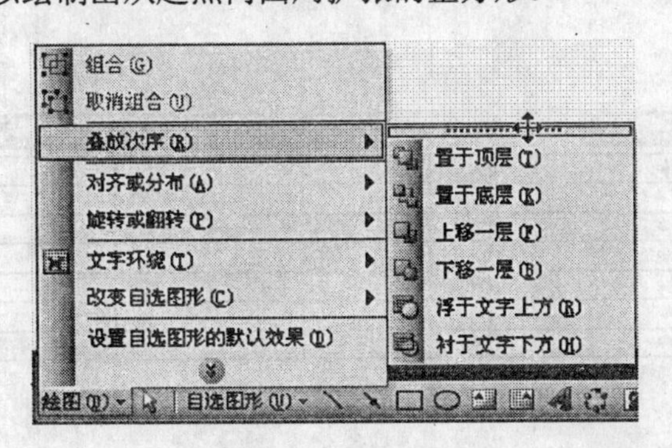

图 3-3-27　浮动菜单

⑤ 按住 Shift 键，单击“绘图”工具栏中的“椭圆”按钮，拖曳鼠标绘制出的图形为圆形。按住 Ctrl 键拖曳鼠标绘制出一个从起点向四周扩张的椭圆形。按住 Shift+Ctrl 组合键可以绘制出从起点向四周扩张的圆形。

在样品 2 中，图 3-3-28 所示就是在自选图形中填充图片后所做出的圆角图片。

图 3-3-28　组合后的圆角图片

6. 表格的创建与编辑

(1) 创建表格。

创建表格的方法有多种，这里介绍最基本的两种操作方法。

① 使用“常用”工具栏创建表格。

使用“常用”工具栏中的“插入表格”按钮，可以快速简单地创建表格，但是行的高度和列的宽度为固定值，不能自行设置。操作步骤如下。

将光标移动到要插入表格的位置，单击“常用”工具栏中的“插入表格”按钮，会调出一个 4×5 的网格。向右下方拖曳鼠标，选择好所需的行、列数后，如图 3-3-29 所示。松开鼠标左键，表格创建完成，光标会自动移动到表格左上角第一个单元格内，如图 3-3-30 所示。

② 使用“插入表格”对话框创建表格，操作步骤如下：

将光标移动到要插入表格的位置，单击【表格】→【插入】→【表格】命令，调出“插入表格”对话框，如图 3-3-31 所示。

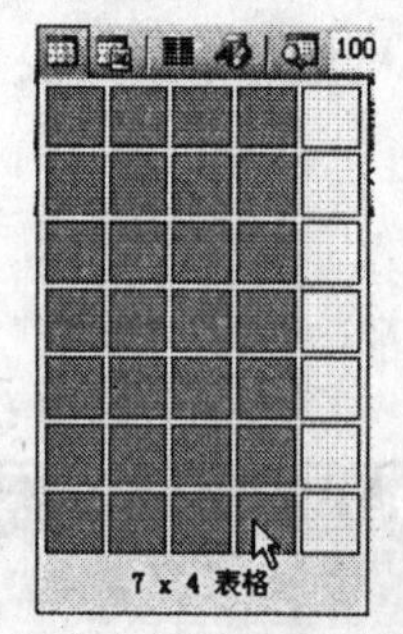

图 3-3-29　“插入表格”按钮

图 3-3-30　7×4 的表格

在“表格尺寸”栏中输入表格的列数和行数，或在“‘自动调整’操作”栏中进行相应设置即可。

另外还可以手工绘制表格，方法是单击【表格】→【绘制表格】命令，弹出“表格和边框”工具栏，按照要求利用“绘制表格”按钮绘制所需要的表格。

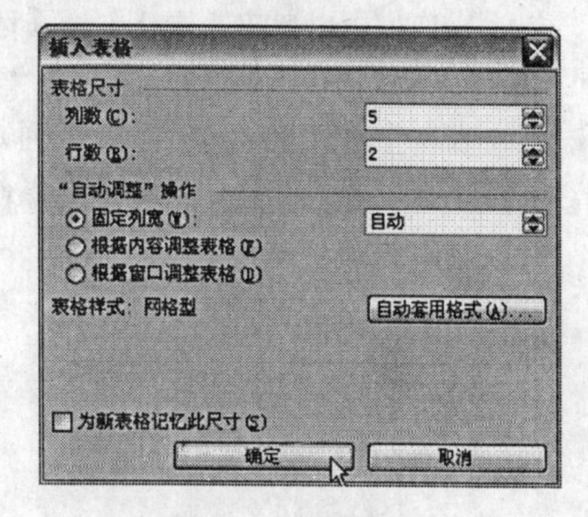

图 3-3-31 “插入表格”对话框

(2) 表格部分插入与删除。

① 表格的选定。

选定表格或其中的部分，可以通过鼠标或键盘来操作，方法如下。

- 选中表格：将鼠标移动到表格上，表格左上方会出现表格移动控点，单击该控点可以选中整个表格，如图 3-3-32 所示。

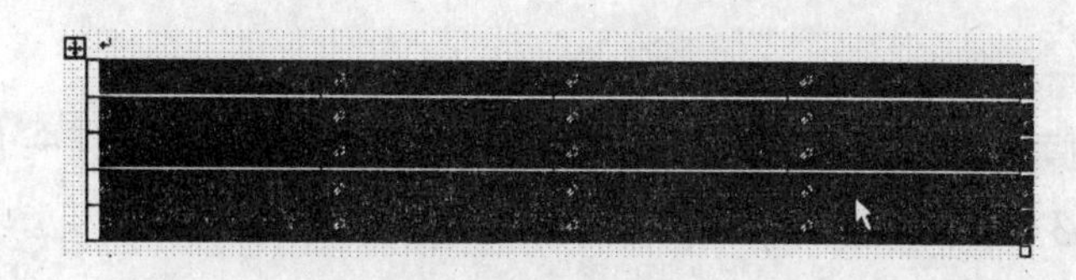

图 3-3-32 选中表格

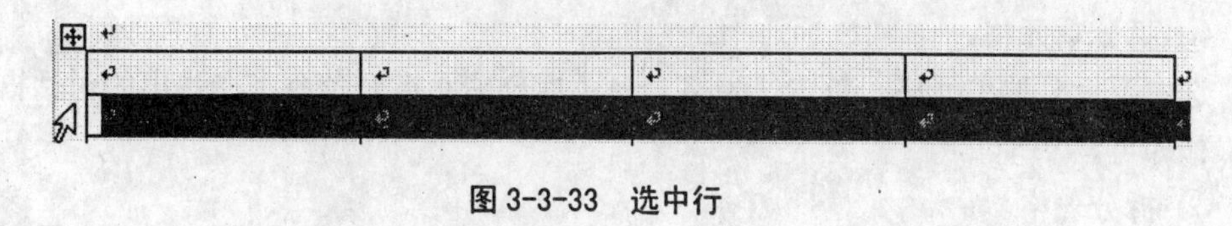

图 3-3-33 选中行

- 选中行：将鼠标移动到要选中行左边的空白选定区上，单击鼠标选中该行，如图 3-3-33 所示。垂直拖曳鼠标可以选定多个行。
- 选中列：将鼠标移动到要选中列的上方，单击鼠标选中该列，如图 3-3-34 所示。水平拖曳鼠标可以选中多个列。

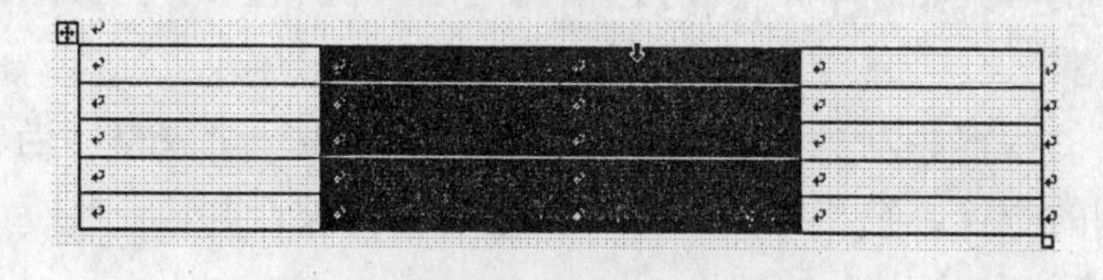

图 3-3-34 选中列

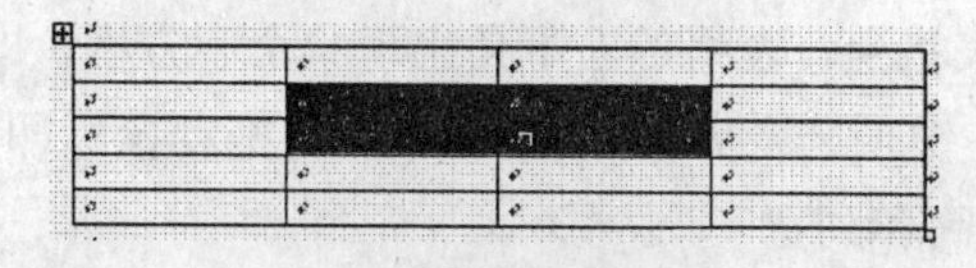

图 3-3-35 选中单元格

- 选中单元格：将鼠标移动到要选中单元格内偏左的位置，单击鼠标选中该单元格，拖曳鼠标可以选中多个单元格，如图3-3-35所示。

以上操作也可以单击【表格】→【选择】命令完成上述操作。

② 插入单元格、行或列。

选中表格中单元格（或某行或某列），单击【表格】→【插入】命令弹出级联菜单如图3-3-36所示，单击相应的命令进行操作即可。

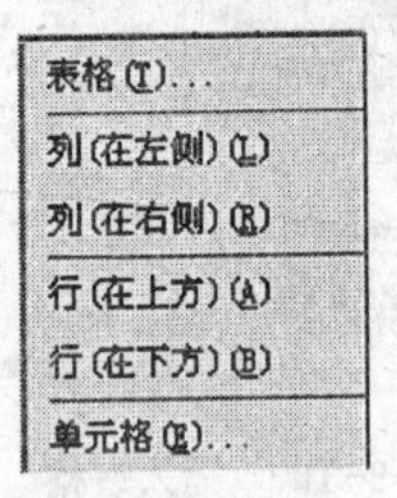

图 3-3-36 “插入”命令的级联菜单

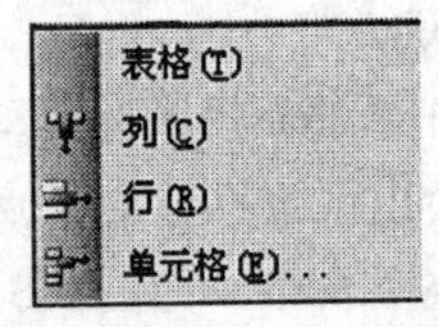

图 3-3-37 “删除”命令的级联菜单

③ 删除单元格、行或列。

选中表格中要删除的单元格（或某行或某列），单击【表格】→【删除】命令弹出级联菜单如图3-3-37所示，单击相应的命令即可进行删除操作。

⑶ 表格的拆分与合并。

表格的拆分可分为拆分单元格和拆分表格两种。

① 拆分单元格。

选中要拆分的单元格，单击【表格】→【拆分单元格】命令，在弹出的对话框进行相应操作即可。

② 拆分表格。

拆分表格将光标移到要拆分的位置，单击【表格】→【拆分表格】命令，即可完成表格的拆分。

表格的合并也可分为合并单元格和合并表格两种。

③ 合并单元格。

选中要合并的单元格，单击【表格】→【合并单元格】命令，即可完成单元格的合并。

④ 合并表格。

只有当表格的内容相互关联时，才可将它们合并为一个表格。当表格处于相邻的位置时，删除表格间的空行、空格或文字时，两个表格将被合并。

⑷ 调整表格的尺寸。

① 缩放表格。

将光标指针指到表格上，表格的右下角出现一个小方框，即为表格缩放控点，将鼠标移到此处，按住鼠标左键使之变为“十字”形状，再拖动鼠标即可按比例改变表格的大小。

② 设置表格的行高和列宽。

将鼠标移动到要改变高度的行的横线上，拖曳鼠标调整高度，虚线表示调整后的高度，如图 3-3-38 所示。松开鼠标左键即可改变该行的高度。同样也可以调整列的宽度，如图3-3-39所示。

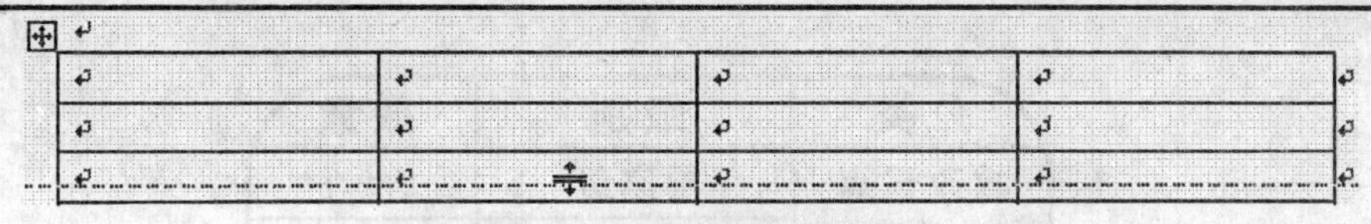

图 3-3-38 设置表格的行高

图 3-3-39 设置表格的列宽

使用标尺也可以设置表格的行高和列宽，只要将光标移动到表格内，把鼠标指针移至垂直（或水平）标尺的行（列）标记上，拖曳鼠标可改变行高列宽。

⑸ 在表格中键入文字。

在表格中键入文字的方法与在文档中键入文字的方法完全一致。在键入文字过程中表格会依据键入文字的大小、内容的多少，自动加大行高列宽。如果表格的位置及内容不符合要求，也可以进行表格的移动、复制和粘贴操作。

⑹ 表格的边框和底纹。

使用“边框与底纹”对话框，不仅可以设置文字和段落的边框和底纹，还可以设置表格和单元格的边框和底纹，其操作方法如下。

选中表格或者单元格后，单击【格式】→【边框和底纹】命令，调出“边框和底纹”对话框，其他操作如 3.2 节中边框和底纹操作的叙述。

本样品中所用表格设计如表 3-3-1 所示。

表 3-3-1　　教学成果列表

分类	级别	数量
教改试点专业	国家级	2
	省级	4
示范专业	省级	5
精品课程	国家级	3
	省级	16
教学成果	省级一等奖	2
	省级二等奖	4
	省级三等奖	3

样品中圆角表格的制作技巧：先做出表 3-3-1 所示的表格后，去掉外框线，再插入自选图形中基本形状的圆角矩形图，设置其透明并且放在表格上层，调整其位置，如图 3-3-40 所示。

分类	级别	数量
教改试点专业	国家级	2
	省级	4
示范专业	省级	5
精品课程	国家级	3
	省级	16
教学成果	省级一等奖	2
	省级二等奖	4
	省级三等奖	3

图 3-3-40 样品中的圆角表格

7. 计算表格中的数据

为了方便用户使用表格中的数据计算，Word 对表格的单元格进行了编号，每个单元格都有一个唯一编号。编号的原则是：表格最上方一行的行号为 1，向下依次为 2，3，4，… 表格最左一列的列号为 A，向右依次为 B，C，D，…单元格的编号由列号和行号组成，列号在前，行号在后。

⑴ 求数据的和。

求一行或一列数据和的操作方法如下。

① 将光标移动到存放结果的单元格。若要对一行求和，将光标移至该行右端的空单元格内；若要对一列求和，将光标移至该列底端的空单元格内。

② 单击“表格和边框”工具栏中的“自动求和”按钮，结果如图 3-3-41 所示。

③ 如果该行或列中含有空单元格，则 Word 将不对这一整行或整列进行累加。如果要对整行或整列求和，则在每个空单元格中输入零。

	第一季度（辆）	第二季度（辆）	第三季度（辆）	第四季度（辆）	全年（辆）
桑塔纳	183	156	170	200	709
捷达	133	130	140	157	

图 3-3-41 求数据的和

⑵ 数据的其他计算方法。

除了求和外，还可以对选中的某些单元格进行平均值、减、乘、除等复杂的运算，操作步骤如下。

① 将光标移动到要放置计算结果的单元格，一般为某行最右边的单元格或者某列最下边的单元格。

② 单击【表格】→【公式】命令，调出“公式”对话框，如图 3-3-42 所示。

③ 在“公式”文本框中键入计算公式，其中的符号“＝”不可缺少。指定的单元格若是独立的则用逗号分开其编号；若是一个范围，则只需要键入其第一个和最后一个单元格的编码，两者之间用冒号分开。例如：=AVERAGE(LEFT)表示对光标所在单元格左边的所有数值求平均值；=SUM(B1:D4)表示对编号由 B1 到 D4 的所有单元格求和，也就是求单元格 B1、C1、D1、B2、C2、D2、B3、C3、D3、B4、C4 和 D4 的数值总和。

④ 在“数字格式”下拉列表框中选择输出结果的格式。在“粘贴函数”下拉列表框中选择所需的公式，输入到“公式”文本框中。

⑤ 设置好公式后，单击“确定”按钮，插入计算结果。如果单元格中显示的是大括号和代码，例如：{=AVERAGE(LEFT)}，而不是实际的计算结果，则表明 Word 正在显示域代码。要显示域代码的计算结果，按快捷键 Shift+F9 即可。

⑥ 如图 3-3-42 所示为求平均值的公式，单击“确定”按钮，结果如图 3-3-43 所示。

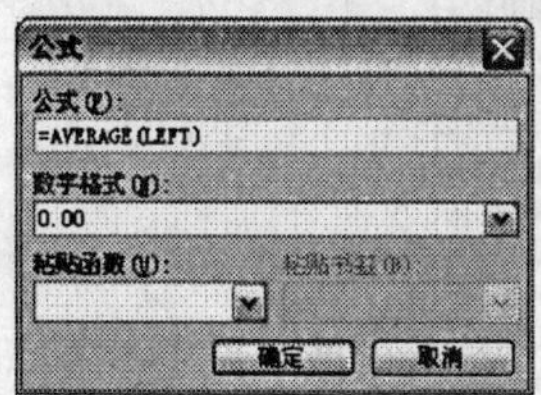

图 3-3-42“公式”对话框

	第一季度（辆）	第二季度（辆）	第三季度（辆）	第四季度（辆）	平均每月（辆）
桑塔纳	183	156	170	200	177.25
捷达	133	130	140	157	

图 3-3-43 求平均值

(3) “公式”对话框。

用户通过使用“公式”对话框，可以对表格中的数值进行各种计算。计算公式既可以从“粘贴函数”下拉列表框中选择，也可以直接在“公式”文本框中键入。

① 在“粘贴函数”下拉列表框中有多个计算函数，带一对小括号的函数可以接受任意多个以逗号或者冒号分隔的参数。参数可以是数字、算术表达式或者书签名。

② 用户可以使用操作符与表格中的数值任意组合，构成计算公式或者函数的参数。操作符包括一些算数运算符和关系运算符，如加（+）、减（–）、乘（*）、除（/）、百分比（%）、乘方和开方（^）、等于（=）、小于（<）、小于等于（<=）、大于（>）、大于等于（>=）和不等于（<>）。

8. 排序表格中的数据

排序是指将一组无序的数字按从小到大或者从大到小的顺序排列。Word 可以按照用户的要求快速、准确地将表格中的数据排序。

(1) 排序的准则。

用户可以将表格中的文本、数字或者其他类型的数据按照升序或者降序进行排序。排序的准则如下。

① 字母的升序按照从 A 到 Z 排列，字母的降序按照从 Z 到 A 排列。

② 数字的升序按照从小到大排列，数字的降序按照从大到小排列。

③ 日期的升序按照从最早的日期到最晚的日期排列，日期的降序按照从最晚的日期到最早的日期排列。

④ 如果有两项或者多项的开始字符相同，Word 将按上边的原则比较各项中的后续字符，以决定排列次序。

⑵ 使用“表格和边框”工具栏排序。

单击“常用”工具栏中的“表格和边框”按钮，调出“表格和边框”工具栏后，可以对表格进行简单的排序。操作方法如下。

① 将鼠标移动到表格中作为排序标准的列中。

② 单击“表格和边框”工具栏中的“升序”按钮 或者“降序”按钮，整个表格将按该列的升序或者降序重新排列。图 3-3-44 所示的是按第三季度销量降序排列的结果。

本市全年汽车销售统计图表

季度 销数 车品牌	第一季度（辆）	第二季度（辆）	第三季度（辆）	第四季度（辆）
桑塔纳	183	156	185	200
捷达	133	130	170	157
别克	148	130	145	163
本田雅阁	183	190	140	208
奥迪	120	102	132	149
马自达	103	99	111	127

图 3-3-44 第三季度销量降序排列的结果

⑶ 使用“排序”对话框排序。

Word 2003 提供了“排序”对话框帮助用户进行多标准的复杂排序，操作步骤如下。

① 将鼠标移动到表格中，单击【表格】→【排序】命令，调出“排序”对话框，如图 3-3-45 所示。

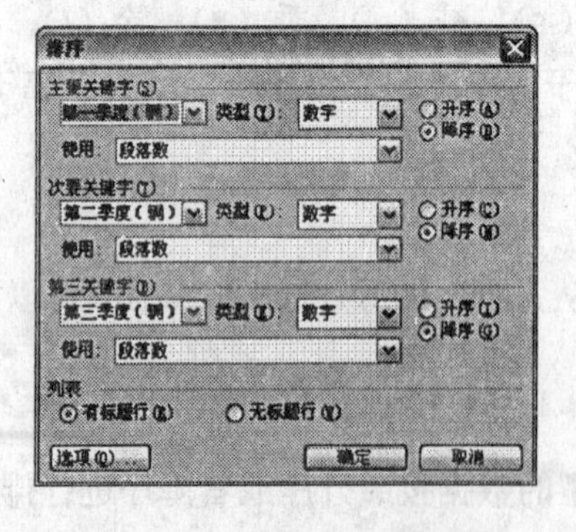

图 3-3-45“排序”对话框

本市全年汽车销售统计图表

季度 销数 车品牌	第一季度（辆）	第二季度（辆）	第三季度（辆）	第四季度（辆）
本田雅阁	183	190	140	208
桑塔纳	183	156	185	200
别克	148	130	145	163
捷达	133	130	170	157
奥迪	120	102	132	149
马自达	103	99	111	127

图 3-3-46 排序效果

② 在“主要关键字”栏中选择排序首先依据的列，例如第一季度。在其右边的“类型”下拉列表框中选择数据的类型。选中“升序”或者“降序”单选钮，表示按照升序或者降序排列。

③ 分别在“次要关键字”栏和“第三关键字”栏中选择排序次要和第三依据的列，

例如第二季度和第三季度。在其右边的“类型”下拉列表框中选择数据的类型。选中“升序”或者“降序”单选钮，表示按照升序或者降序排列。

④ 在“列表”栏中，选中“有标题行”单选钮，可以防止对表格中的标题行进行排序。如果没有标题行，则选中“无标题行”单选钮。

⑤ 单击“确定”按钮，进行排序。排序时，先按“主要关键字”栏中的设置进行排序。如果两项或多项的数据一样，则按“次要关键字”栏中的设置排序。如果仍然有两项或多项数据一样，则按“第三关键字”栏中的设置排序。采用图 3-3-45 所示的排序设置，进行排序的效果如图 3-3-46 所示。

⑷ 特殊排序。

前面介绍的排序方法，都是以一整行进行排序的。如果只要求对表格中单独一列排序，而不改变其他列的排列顺序，操作步骤如下。

① 选中要单独排序的列，然后单击【表格】→【排序】命令，调出“排序”对话框。

② 单击其中的“选项”按钮，调出“排序选项”对话框，如图 3-3-47 所示。

③ 选中“仅对列排序”复选框，单击“确定”按钮，返回“排序”对话框。

④ 再次单击“确定”按钮，完成排序。如图 3-3-48 所示为只对表格中的“第三季度”列进行排序的效果。可以看出，第三季度列与第一列中的汽车名称不对应了。

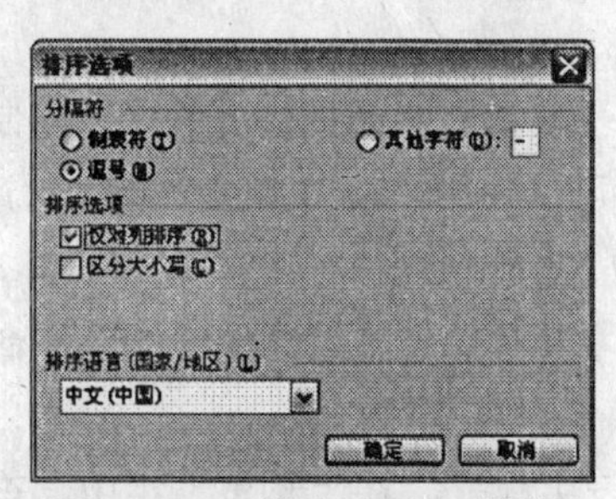

图 3-3-47 “排序选项”对话框

本市全年汽车销售统计图表

车辆数 季度 / 品牌	第一季度（辆）	第二季度（辆）	第三季度（辆）	第四季度（辆）
桑塔纳	183	156	111	200
捷达	133	130	132	157
别克	148	130	140	163
本田雅阁	183	190	145	208
奥迪	120	102	170	149
马自达	103	99	185	127

图 3-3-48 只对第三季度列排序的效果

9. 表格的高级操作

⑴ 表格自动套用格式。

套用 Word 2003 提供的格式，可以给表格添加边框、颜色以及其他的特殊效果，使表格具有非常专业化的外观。

① 将光标移到表格中，单击【表格】→【表格自动套用格式】命令或单击“表格和边框”工具栏中的“表格自动套用格式”按钮，调出“表格自动套用格式”对话框，如图 3-3-49 所示。

② 在“类别”和“表格样式”列表框中，选择表格格式的类别和所需的表格样式。

③ 在“将特殊格式应用于”栏中，选择表格的标题行、首列、末行和末列是否应用选中格式中的特殊设置。通过“预览”栏可以清楚地查看表格的效果。

④ 单击“新建”按钮，调出“新建样式”对话框，可以新建一个表格样式。单击“删

除”按钮，可以删除选中的表格样式。单击“修改”按钮，调出“修改样式”对话框，可以修改当前选中的表格样式。单击“默认”按钮，将选中的表格样式设置为默认表格样式。

⑤ 完成设置，单击“应用”按钮。如图 3-3-50 所示为“流行型”表格的样式。

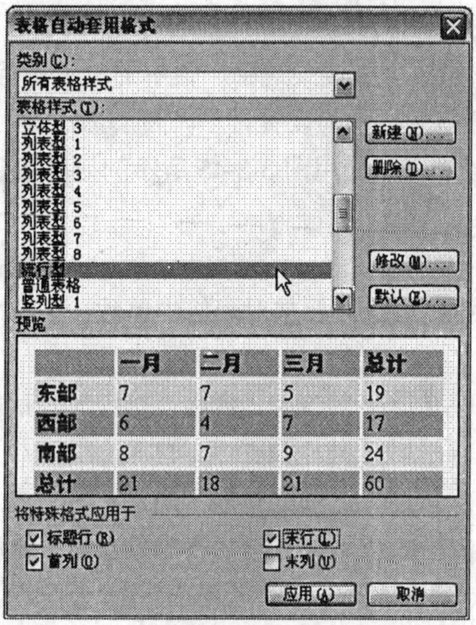

图 3-3-49“表格自动套用格式”对话框

	第一季度（辆）	第二季度（辆）	第三季度（辆）	第四季度（辆）
桑塔纳	183	156	170	200
捷达	133	130	140	157
别克	148	130	145	163
本田雅阁	183	190	185	208
奥迪	120	102	132	149.
马自达	103	99	111	127

图 3-3-50“流行型”表格

⑵ 绘制斜线表头。

表头是表格中用来标记表格内容的分类，一般位于表格左上角的单元格中。绘制斜线表头的操作方法除了使用“表格和边框”工具栏，还可以使用“插入斜线表头”对话框。操作方法如下。

① 将光标移动到要插入表头的单元格中，单击【表格】→【绘制斜线表头】命令，调出“插入斜线表头”对话框，如图 3-3-51 所示。

② 在“表头样式”下拉列表框中，选择所需的表头样式。在“预览”栏中，查看表头的效果。在“字体大小”下拉列表框中，选择字号。在“行标题”文本框中，键入表格首行的内容类别。在“数据标题”文本框中，键入表格中数据的类别。在“列标题”文本框中，键入表格首列的内容类别。图 3-3-52 所示为“样式二”的表格表头效果。

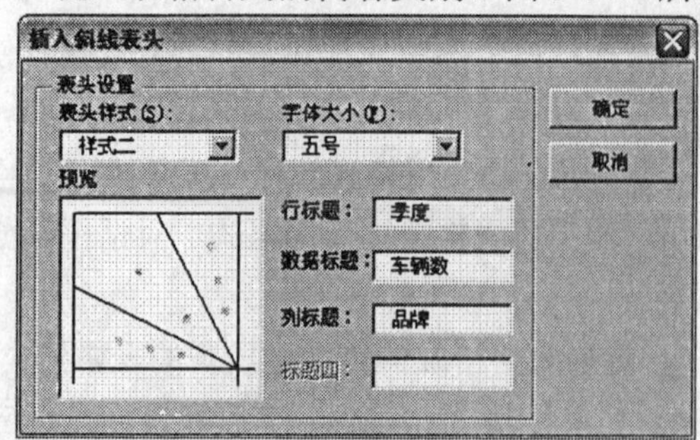

图 3-3-51“插入斜线表头”对话框

车辆数/季度/品牌	第一季度（辆）	第二季度（辆）
桑塔纳	183	156
捷达	133	130

图 3-3-52“样式二”表格表头

⑶ 重复表格标题。

有时候表格中的统计项目很多，表格过长可能会分在两页或者多页显示，从第 2 页开始，表格就没有标题行了。这种情况下，查看表格数据时很容易混淆。在 Word 中可以使用“标题行重复”来解决这个问题。

选中表格的标题行，单击【表格】→【标题行重复】命令，其他页中的表格首行就会重复表格标题行的内容。

通过以上介绍的制作步骤，就可以设计出样品 2 所示交专风采 1。

根据以上所介绍的内容，同样也可以做出交专风采 2 的样品。

3.4 样品 3——专业介绍

3.4.1 样品说明

道桥系是辽宁省交通高等专科学校的重点系之一，利用 Word 2003 所学知识，做出相应的宣传作品，一是可以让学生了解本专业的内涵，二是让学生熟练掌握 Word 2003 图文混排的功能和技巧。附录中样品 3 所示为“道路桥梁工程系”专业介绍。

排版要求：按照样例进行图片、图表、文字的创建和编辑。

3.4.2 知识点

在样品 3 制作过程中，将涉及到的知识点介绍如下：

- 插入图片、文本框、艺术字、自选图形；
- 文档的分栏；
- 组织结构图；
- Microsoft Graph 图表。

3.4.3 制作步骤

插入图片、文本框、艺术字、自选图形的方法参照 3.3 节中的介绍。

1. 文档的分栏操作

分栏就是将一段文字分成并排的几栏，文字内容只有当填满第一栏后才移到下一栏。分栏广泛应用于报纸、杂志等排版中。Word 2003 的分栏功能可以指定所需的分栏数量，调整分栏的宽度，在分栏间添加竖线等。其步骤如下。

① 先选定需要进行分栏的文档内容。

② 单击【格式】→【分栏】命令打开如图 3-4-1 所示的“分栏”对话框。

其中，“预设”选项组中提供了分栏样式；“栏数”文本框中可以调整分栏的栏数（上限为 11 栏）；“分隔线”复选框可以在栏间插入竖线；“宽度和间距”选项组中，可以为每个宽度文本框中设置每栏宽度，在“间距”文本框中设置每栏之间的距离；“应用于”下拉列表框中可以选择应用范围。如图 3-4-2 所示为分 4 栏的文字效果。

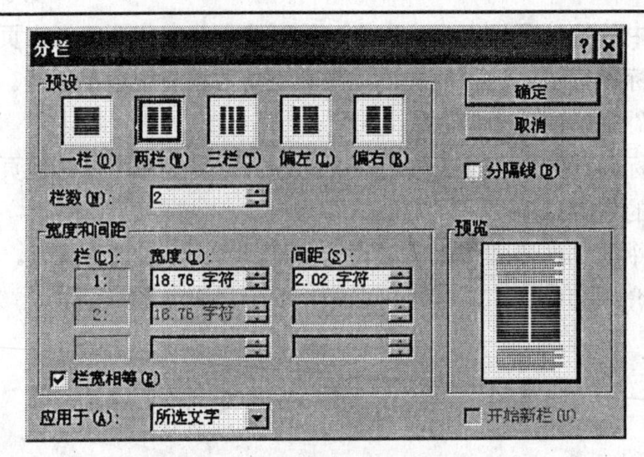

图 3-4-1 “分栏” 对话框

道桥系是我校的重点系之一，已有 55 年的历史，为省内外培养了大批交通建设人才。广泛分布在施工一线、交通管理和科研院所，在省内外享有很高的知名度和良好的声誉。道桥系现有 4 个专业：道路桥梁工程技术专业（国家级教学改革试点专业）、高等级公路维护与管理专业、道路桥梁工程检测技术专业及公路监理专业。在校生 1045 人。

图 3-4-2 分 4 栏的文字效果

2. 组织结构图

组织结构图是表明一个单位各级部门、人员之间隶属关系的示意框图。在文件中插入组织结构图的方法如下：

先选中插入位置，单击【插入】→【图片】→【组织结构图】命令，弹出如图 3-4-3 所示的组织结构图。

其中在“组织结构图”工具栏中，有“插入形状”“版式”“选择”等列表框，如图 3-4-4 所示，根据需要可以对组织结构图进行相应编辑和修改，同时还可以按照工具栏中的“自动套用格式”和“文字环绕”按钮提供的样式美化组织结构图。

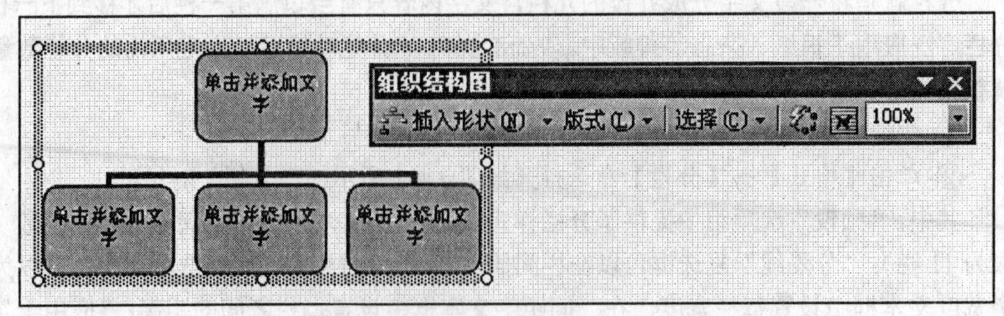

图 3-4-3 组织结构图

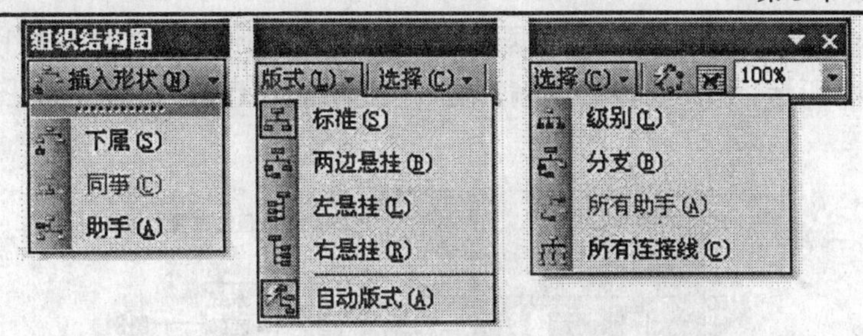

图 3-4-4“插入形状”“版式”“选择”列表框

通过上面知识的介绍，样品 3 中制作完成后的组织结构图如图 3-4-5 所示。

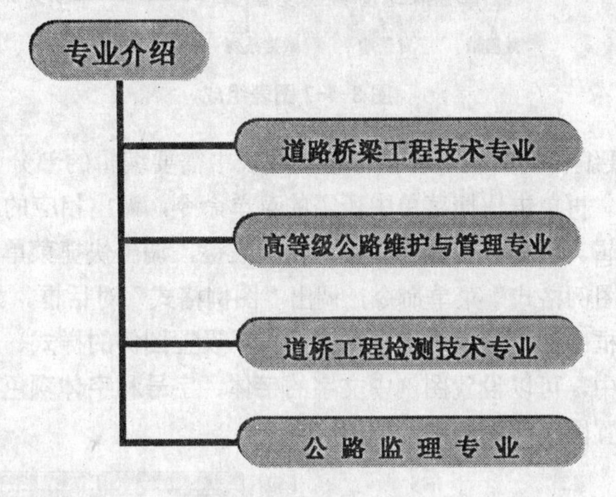

图 3-4-5 样品 3 中专业介绍组织结构图

3. Microsoft Graph 图表

使用 Microsoft Graph 图表，可以将表格内容用图表的形式表达，这样可以更直观地表示一些统计数字，让文章显得更加生动。其操作方法如下。

⑴ 虽然图表是和表格紧密联系的，但是用户也可以不创建表格直接产生图表。单击【插入】→【图片】→【图表】命令，Word 会自动产生一个默认的数据表和相应的图表，如图 3-4-6 所示。在“数据表”中修改文字或者数据，图表也会自动作出相应的调整。

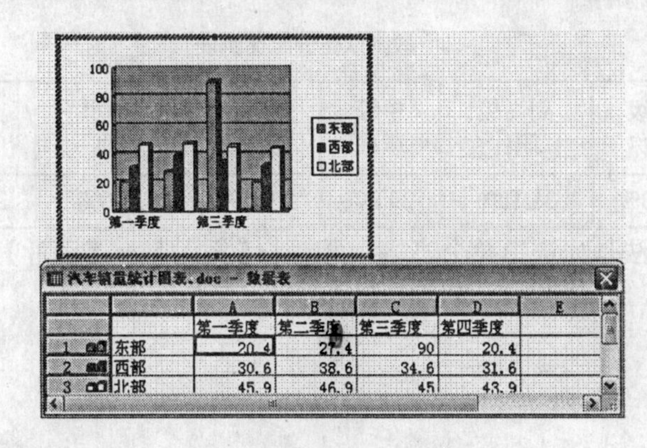

图 3-4-6 图表和数据表

⑵ 图表是由数值轴、背景墙、数据系列、分类轴、图例和数值轴主要网格线 6 部分组成，如图 3-4-7 所示。用户可以分别编辑这 6 个部分，设计出独具特色的图表（参照第 3 章内容）。

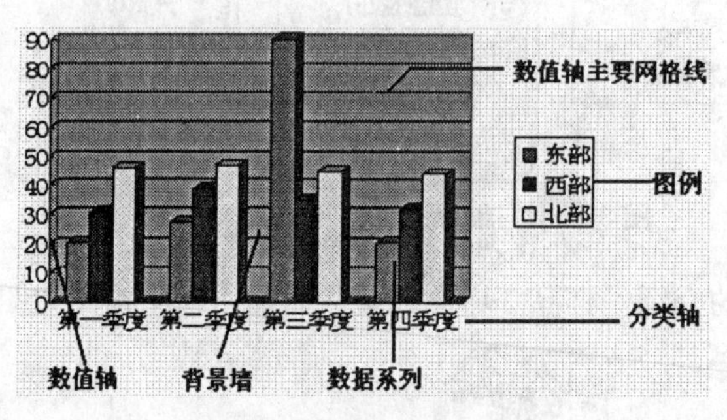

图 3-4-7 图表组成

⑶ 双击选中要编辑的图表，将鼠标移到图表中需要编辑的部分，单击鼠标右键，调出相应的快捷菜单。再单击快捷菜单中所需的菜单命令，调出相应的对话框，修改图表的设置，完成图表编辑。例如：在图例上单击鼠标右键，调出快捷菜单，如图 3-4-8 左图所示。再单击“设置图例格式”菜单命令，调出“图例格式”对话框，如图 3-4-8 右图所示。“图例格式”对话框中的“图案”选项卡中，可以设置图例的样式、颜色和填充效果等。在“字体”选项卡中，可以设置图例中文字的字体、字号和字体颜色等格式。在“位置”选项卡中，可以设置图例在图表中的位置。

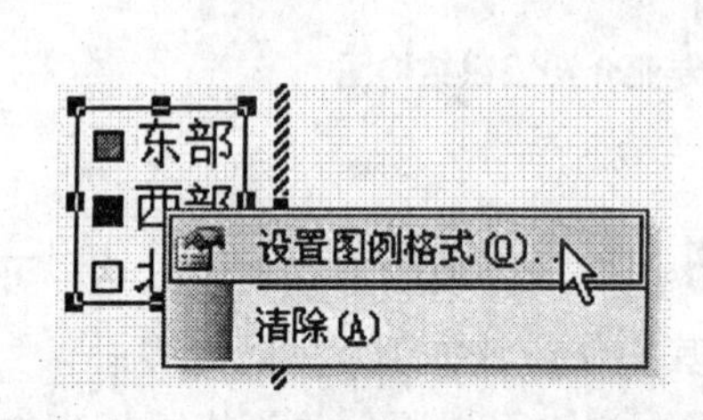

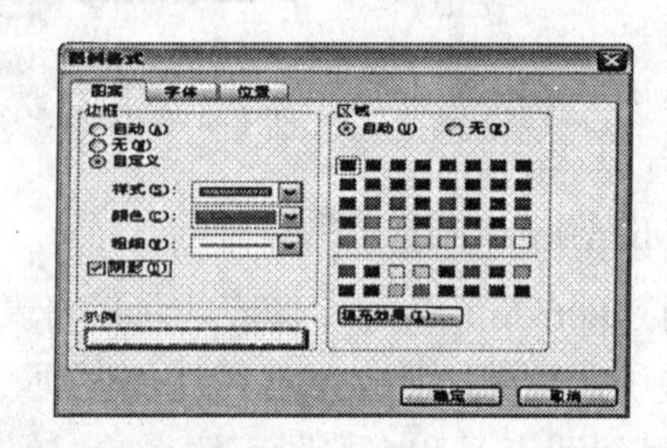

图 3-4-8 “图例格式”对话框

在样品 3 中，“教师队伍现状”就是用图表表示的，它所使用的数据如表 3-4-1 所示。

表 3-4-1　　教师队伍分配比例表

职称 学历	高级 职称	副高级 职称	中级 职称	初级 职称	“双师型” 教师	硕士	博士
百分比	2.30%	35.10%	29.8%	22.8%	71.90%	26.30%	3.50%

插入图表的方法是先选中整个表格，再单击【插入】→【图片】→【图表】命令，结果如图 3-4-9 所示。

G:\Doc1.doc - 数据表

		A	B	C	D	E	F	G
	职称学历	高级职称	副高级职称	中级职称	初级职称	“双师型”	硕士	博士
1	百分比	2.30%	35.10%	29.80%	22.80%	71.90%	26.30%	3.50%
2								
3								

图 3-4-9 “教师队伍现状” 初始图表

运用插入图表的知识，通过对图表的编辑，就完成了该图表的制作，如图 3-4-10 所示。

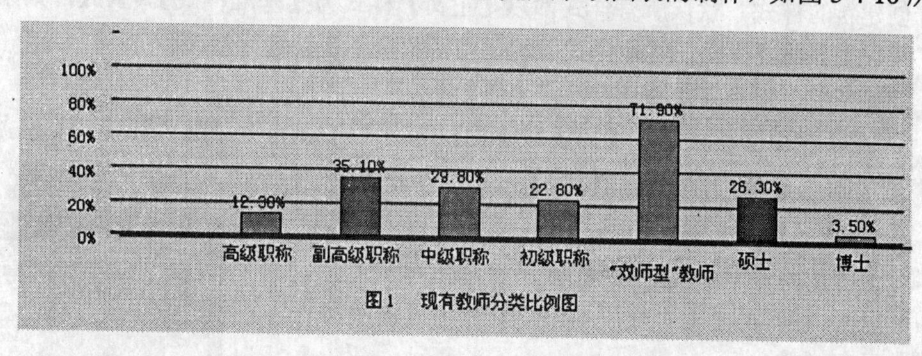

图 3-4-10 “教师队伍现状” 编辑后的图表

综上所述，在样品 3 的制作过程中，多次用到绘图工具栏中的“阴影样式”按钮，使得样品的整体效果更加美观。

3.5 其 他

3.5.1 样式与模板

Word 2003 系统提供的样式功能可以提高文档的编辑排版效率，而模板可以帮助用户快速创建特定格式的文档。

1. 样 式

所谓样式就是由多个格式排版命令组合而成的集合，或者说，样式是一系列预置的排版指令。当希望文档中多处文本使用同一格式设置时，可以使用 Word 2003 的样式来实现它，而不必对文本的字符和段落格式逐个设置。因此，使用样式可以极大提高工作效率。

样式分为内置样式和自定义样式两种，内置样式是 Word 2003 系统自带的、通用的样式，而自定义样式是用户自己定义的样式。两种样式在使用和修改时没有什么区别，只是内置样式不允许被删除。样式还可分为两种类型，即段落样式和字符样式。段落样式应用于整个段落，包括字体、行间距、对齐方式、缩进格式、制表位、边框和编号等。字符样式可以应用于任何文字，包括字体、字号和文字效果等。

每个样式都有自己的名称，这就是样式名。单击打开【格式】工具栏中的【样式】下拉列表框正文，这里列出了 Word 中已有的样式名，每一个样式名都代表一个样式，如果单击【其他】选项或选择菜单【格式】→【样式和格式】命令，会在窗口的右侧弹出【样式和格式】任务窗格，可以在其中进行查看、新建、删除或修改样式的操作。

(1) 应用样式。

先选定要应用样式的文本，打开【格式】工具栏中的【样式】下拉列表或在【样式和格式】任务窗格中，直接单击要应用的样式名称，即可将选定文本设置成样式指定的格式。

(2) 新建样式。

在 Word 中创建新样式时，可以选择一个最接近需要的【基准样式】，然后在此基础上设计创建新的样式。默认所有样式都以【正文】样式为【基准样式】。因此，如果用户修改了【正文】格式样式，其他样式中的某些格式也将自动进行修改。

创建新的自定义样式的具体操作步骤如下。

① 单击菜单【格式】→【样式和格式】，在窗口右侧打开【样式和格式】任务窗格。

② 在任务窗格中单击【新样式】按钮，打开【新建样式】对话框，如图 3-5-1 所示。

③ 在【名称】文本框中输入新样式的名称；在【样式类型】下拉列表中选择“段落”或“字符”选项。

④ 在【样式基于】下拉列表中选择一个可作为创建基准的已有样式。

⑤【后续段落样式】是为应用本段落样式的段落之后的段落设置一个默认样式。也就是说，当将某个段落设置本样式后，按 Enter 键，下一段落的样式将为什么样式。

⑥ 在【格式】选项区可以通过相应按钮设置样式的格式组成。

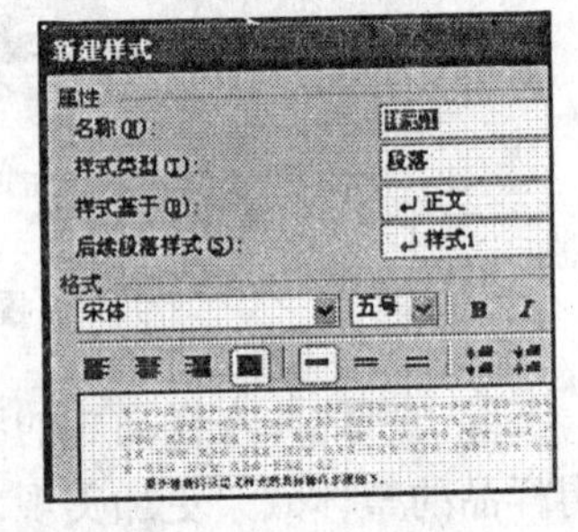

图 3-5-1 （新建样式）对话框

⑦ 单击【格式】按钮，在打开菜单列表中可以选择样式的字体、段、制表位、语言、图文框以及编号等格式设置组成，并可以设置将来执行样式设置操作的快捷键。

⑧ 如选中【添加到模板】复选框，则新建的样式将添加到创建该文档时所使用的模板中。否则只把新建的样式加入到当前文档中。

⑨ 如选中【自动更新】复选框，并对样式格式做了修改，则系统自动更新样式，并自动修改当前文档中使用本样式的文本的格式。

⑩ 为新建的样式设置完所有格式后，单击【确定】按钮，完成新样式的创建。

新样式创建完成后，将出现在【格式】工具栏的【样式】下拉列表中，在以后的格式排版中便可以使用了。

⑶ 修改样式。

在 Word 2003 中，对内置样式和自定义样式都可以进行修改。修改样式后，系统会自动对文档中使用该样式设置的文本的格式进行重新设置。修改样式的操作步骤如下。

① 单击菜单【格式】→【样式和格式】命令，打开【样式和格式】任务窗格。

② 在【请选择要应用的格式】列表框中查找要修改的样式名，如果要修改的样式名不在列表内，可单击打开任务窗格底部的【显示】下拉列表框，选择【所有样式】，再在上面的列表中查找。

③ 找到后将鼠标指向该样式名，单击样式名右侧的下拉箭头，在弹出的菜单列表中选择【修改】，或直接鼠标右击样式名，在弹出的快捷菜单中选择【修改】命令，打开【修改样式】对话框对样式进行修改。

修改样式的后期过程与创建样式基本相同，这里不再详细介绍。修改完成后单击【确定】按钮即可。

此外，通过对文档中已使用样式设置的文本重新设置格式，同样可以达到修改相应样式的目的。

⑷ 删除样式。

当文档中不再需要某个自定义样式时，可以从样式列表中删除它，而原来文档内使用该样式的段落将改用【正文】样式格式设置。删除样式方法如下。

① 打开【样式和格式】任务窗格，在【请选择要应用的格式】列表中，鼠标右击要删除的样式名。

② 在弹出的快捷菜单中选择【删除】，即可将所选的样式删除。

2. 使用模板

模板是一种特殊类型的文档（其扩展名为 DOT），它包含了在新建文档时使用的正文、图形、样式和宏以及文档排版时的页面设置等内容。实际上，模板就是某种文档的通用样式。在日常工作中有时要制作一些文档，比如公文、报告、论文、个人简历等，Word 2003 系统专为用户提供了这些文档的模板。用户只要在创建文档时引用相应的模板，建立文档后只要在里面添加内容即可省时、省力、快速地制作出最终文档。

使用模板创建文档的操作步骤如下。

① 单击【文件】→【新建】命令，打开【新建文档】任务窗格；

② 在【新建文档】任务窗格中选择【本机上的模板】选项，打开【模板】对话框；

③ 在【模板】对话框中选择相应模板，单击【确定】即可完成新文档的创建。

有时使用模板创建文档，系统会自动打开创建该文档的向导，这时按提示操作即可。使用模板创建文档内容较完整，也有较好的格式设置，用户只要在此基础上修改即可。

3.5.2 公式编排

使用 Word 2003 的公式编辑器，可以在 Word 文档中加入分式、微分、积分以及 150 多个数学符号，从而创建复杂的数学公式。下面举例说明利用公式编辑器输入公式的方法。

假如要在文档中输入公式 $X=\frac{\sqrt{\alpha+\beta}}{c^2}$，操作步骤如下。

① 在文档中单击要插入公式的位置。

② 依次单击菜单【插入】→【对象】→【新建】选项卡。

③ 单击【对象类型】框中的【Microsoft 公式 3.0】选项。

④ 单击【确定】按钮启动公式编辑器，窗口中出现公式编辑框和【公式】工具栏，如图 3-5-2 所示。

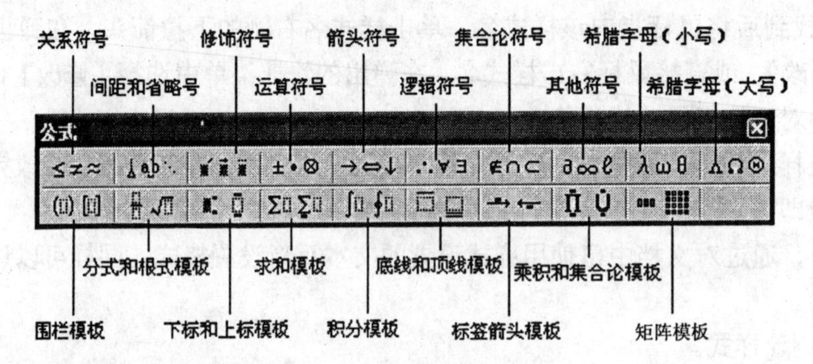

图 3-5-2 公式编辑器

该工具栏提供了两排工具按钮，上面一排为【符号】按钮，单击其中的每一个按钮都能打开一个符号列表，从中可以选择插入一些特殊的符号，如希腊字母、关系符号等；下面一排为【模板】按钮，提供了编辑公式所需的各种不同的模板样式，如分式、根式、上标和下标等。

⑤ 在公式编辑框中由键盘输入【X=】。

⑥ 在【公式】工具栏中，单击【分式和根式模板】→选择【分式】模板，则在【X=】右边出现分式符，并在上面和下面各出现一个虚线方框，称为插槽。

⑦ 将插入点定位于分子插槽内，然后单击【希腊字母（小写）】→选择希腊字母【α】→键盘输入【+】，同样输入希腊字母【β】。

⑧ 单击分式的分母插槽→键盘输入【c】→【下标和上标模板】→选择上标模板【第一行第一个】→在字母【c】右上方输入上标 2。

⑨ 输入完毕，用鼠标在公式编辑区外的任意位置单击，退出公式编辑状态。

如果对所编辑的公式不满意，只要双击要修改的公式，启动公式编辑器进行修改即可。

3.5.3 页眉及页脚的制作

页眉和页脚分别位于文档页面的顶部或底部的页边距中，常用来插入标题、页码、日期等内容。页眉和页脚只有在页面视图或打印预览中才是可见的。

单击【视图】→【页眉和页脚】命令，就会进入如图 3-5-3 所示的“页眉/页脚”编辑状态 。此时，Word 会自动打开【页眉和页脚】工具栏。该工具栏提供了许多用来创建和编辑“页眉/页脚”的工具按钮，如图 3-5-3 所示。

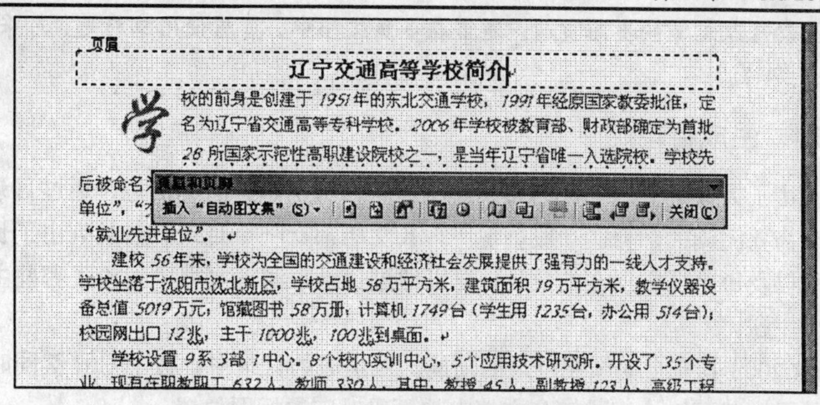

图 3-5-3 进入"页眉/页脚"编辑状态

用户可以使用这些按钮添加页眉或页脚。之后点击工具栏上的【关闭】按钮即可完成简单的"页眉/页脚"的设置。

在多页文档如书籍、杂志、论文中，同一章的页面采用章标题作为页眉，不同章的页面页眉不同，这可以通过每一章作为一个节，每节独立设置页眉页脚的方法来实现。

1. 页眉的制作方法

在各个章节的文字都排好后，设置第一章的页眉，然后跳到第一章的末尾，菜单栏上选"插入|分隔符"，分节符类型选"下一页"，不要选"连续"，若是奇偶页排版根据情况选"奇数页"或"偶数页"。这样就在光标所在的地方插入了一个分节符，分节符下面的文字属于另外一节了。光标移到第二章，这时可以看到第二章的页眉和第一章是相同的，鼠标双击页眉 Word 会弹出页眉页脚工具栏， 工具栏上有一个"同前"按钮，这个按钮按下来本节的页眉与前一节相同，我们需要的是各章的页眉互相独立，因此把这个按钮调整为"弹起"状态，然后修改页眉为第二章标题，完成后关闭工具栏。其余各章的制作方法相同。当然也可采用插入"域"的办法，这样会更简单方便。

2. 页脚的制作方法

页脚的制作方法相对简单。通常正文前还有扉页和目录等，这些页面是不需要编页码的，页码从正文第一章开始编号。首先，确认正文的第一章和目录不属于同一节。然后，光标移到第一章，点击【视图】→【页眉页脚】弹出页眉页脚工具栏，切换到页脚，确保"同前"按钮处于弹起状态，插入页码，这样正文前的页面都没有页码，页码从第一章开始编号。

3. 页眉和页脚的删除

【视图】→【页眉页脚】，首先删除文字，然后点击页眉页脚工具栏的"页面设置"按钮，在弹出的对话框上点"边框"，在"页面边框"选项卡中，边框设置为无，应用范围为"本节"；"边框"选项卡的边框设置为"无"，应用范围为"段落"。切换到"页脚"，删除页码。

注意：页眉段落默认使用内置样式"页眉"，页脚使用"页脚"样式，页码使用内置字符样式"页码"。如页眉页脚的字体字号不符合要求，修改这些样式并自动更新即可，不需要手动修改文章的页眉页脚。通常在多页文档中，页眉使用章标题，可采用插入“域”的办法。

3.5.4 生成目录

目录用于为读者提供有关内容、层次结构、引用等方面的信息，通过目录，读者可以快速找到需要阅读的部分。一般情况下，长文档都有一个目录，目录列出了长文档中各级标题名称以及每个标题所在的页码，可以通过目录来浏览文档中讨论了哪些主题并迅速定位到某个主题。

Word 2003 具有自动编制目录的功能。在生成的目录中，按下 Ctrl 键同时单击目录中的某个页码，就可以快速跳转到文档中该页码对应的标题位置。

1. 自动编制目录

在插入目录之前，应该确定需要哪些标题插入为目录，这些标题必须以样式来定义，而且同一级别的标题必须使用相同的样式。最好使用 Word 2003 内置的标题样式（【标题 1】到【标题 9】）。自动为文档编制目录的方法如下。

⑴ 在文档中，将内置标题样式（【标题 1】到【标题 9】）应用到要包括在目录中的标题上。

⑵ 单击要插入目录的位置。一般在文档的开头部分。

⑶ 单击菜单【插入】→【引用】→【索引和目录】→在【索引和目录】对话框中选择【目录】选项卡，如图 3-5-4 所示。

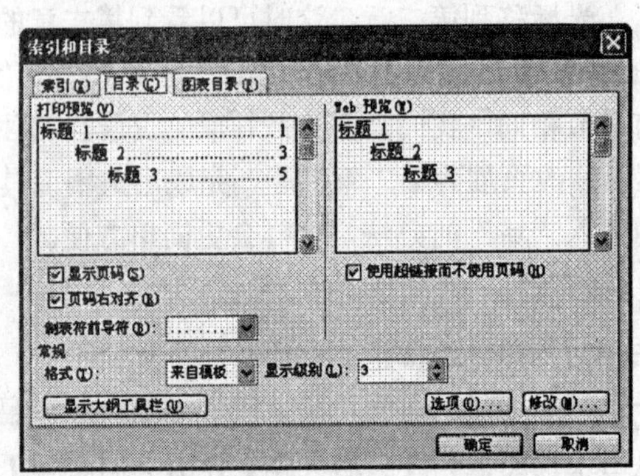

图 3-5-4 【索引和目录】对话框

⑷ 单击【常规】选项区中【格式】下拉列表框右侧箭头在下拉列表中选择一种编制目录的风格。

⑸ 如果选择【来自模板】格式，则创建的目录按照内建的默认目录样式来格式化目录。如果不满意，可以单击【修改】按钮来修改内建的目录样式。

⑹ 如选中【显示页码】复选框，表示在目录中每一个标题后面显示页码。

⑺ 如选中【页码右对齐】复选框，表示目录中的页码右对齐。

⑻ 在【显示级别】列表框内可以指定目录中显示的标题层数。

⑼ 单击【制表符前导符】下拉列表框右侧箭头可以在下拉列表中选择标题与页码之

间的分隔符，默认是【…】。

⑽ 单击【确定】按钮，系统将搜索整个文档的标题以及标题所在的页码，把它们编制成为目录插入到文档中。

2. 修改目录

自动编制好的目录被插入到文档中后，可以像编辑文档中任意文本一样来编辑目录中的文本。如果对目录的格式或目录页码的前导符格式不满意，也可以重新对其进行修改。修改目录格式的操作步骤如下。

⑴ 如前所示打开【索引和目录】对话框并单击选择【目录】选项卡。

⑵ 从【格式】下拉列表框中选择【来自模板】格式，然后单击【修改】按钮，打开【样式】对话框。

⑶ 在【样式】对话框中的【样式】列表框中单击选择要修改的样式，然后单击【修改】按钮打开【修改样式】对话框。

⑷ 对所选择的目录样式格式进行修改。修改结束后，单击【确定】按钮，返回【样式】对话框。再在【样式】对话框中单击【确定】按钮逐步返回【索引和目录】对话框。

⑸ 单击【确定】按钮，返回文档结束对目录格式的修改。

3. 更新目录

在目录编制完成后，如果在文档中进行了增加或删除文本操作，并引起页码变化，或在文档中标记了新的目录项时，都需要更新目录。更新目录操作步骤如下。

⑴ 选定需要进行更新的目录。

⑵ 按 F9 键，打开【更新目录】对话框，如图 3-5-5 所示。

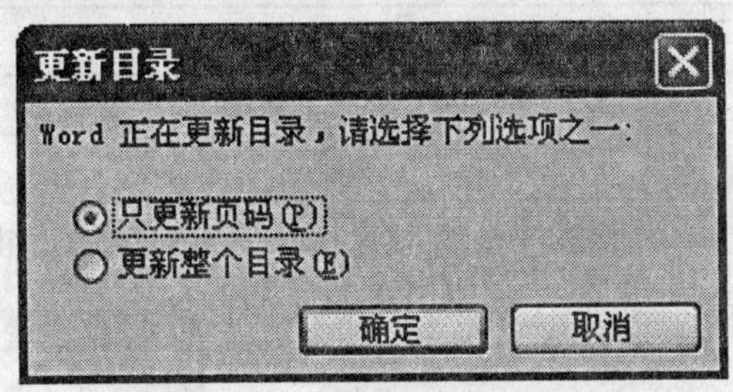

图 3-5-5 (更新目录)对话框

⑶ 在【更新目录】该对话框中，如选择【只更新页码】单选按钮，则只以文档当前状态更新目录中的页码，并保留目录的格式。如选择【更新整个目录】单选按钮，则重新编辑更新后的目录。

⑷ 单击【确定】按钮。系统将按照新设置更新目录。在更新过程中，系统将询问是否要替换当前目录，若选择【是】，则替换当前的目录，若选择【否】，将在另外的位置上插入新目录，并保留原目录。

3.5.5 图表的自动编号与引用

在长文档中，通常会有很多图或表，图表的自动编号会节省很多时间。

1. 图的自动编号的方法

插入图后，在图上右击鼠标，“题注”→“新建标签”，图 3-5-，位置为所选项目下方，确定。同一章只在第一次插入图时需要新建标签，以后只需选中图，右击鼠标，题注，点击标签右侧下拉菜单，选择图 3-5-，确定即可。

在文字中要引用图标，先将要引用的图标标号建为书签，选中文字“图 3-5-1”，【插入】→【书签】→书签名：图 351，添加。在要引用的文字处，点鼠标，【插入】→【引用】→【交叉引用】→【引用类型】→书签，选择相应的书签（图 351）即可。如图 3-5-6，通过这个例子，我们可以很方便地添加或者删除一个或几个图，图号及引用处都会自动改变。

图表 1

图 3-5-6 图的自动编号

2. 表格的自动编号与引用

表格的自动编号与图类似，先插入表格，选中表格，右击鼠标，“题注”→“新建标签”，表 3-5-，位置为所选项目上方，确定。同一章只在第一次插入表格时需要新建标签，以后就只需选中表格，右击鼠标，题注，点击标签右侧下拉菜单，选择表 3-5-，确定即可。

在文字中要引用表格，应选中表格的编号，如“表 3-5-1”，【插入】→【书签】→书签名，表 351，添加。在要引用表格的文字处单击鼠标，【插入】→【引用】→【交叉引用】→【引用类型】→书签，选择相应的书签，表 351。如表 3-5-1 所示。

表 3-5-1　　表格样式

这样以后如果再插入或者删除表格后，表号及引用处都会自动改变，不用手动修改。

3.5.6 文档保护

Word 2003 提供了文档的多种保护方式，可以设置密码保护，也可以设置文档保护。

1. 为文档设置密码保护

在 Word 中可以为文档设置文件打开密码和文件修改密码，设置密码后将拒绝未经授权的用户对文档进行打开或修改。设置文档密码保护步骤如下。

(1) 单击【工具】→【选项】命令，打开“选项”对话框，选择“安全性”选项卡，如图 3-5-7 所示。

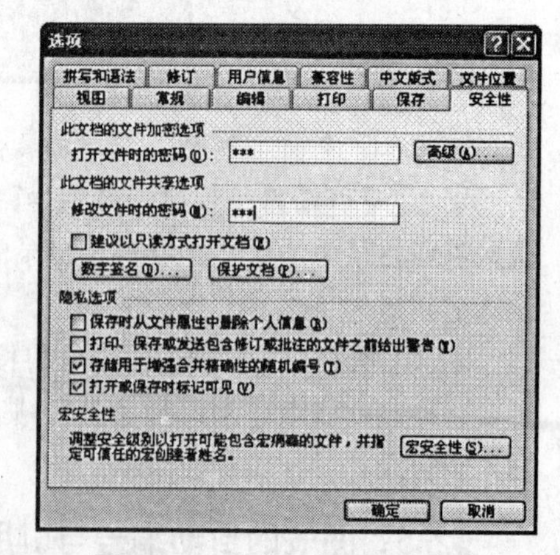

图 3-5-7 为文档设置保护密码

(2) 在“打开文件时的密码”文本框中输入并确认一个限制打开文档的密码。设置此密码后，再次打开该文档时，只有给出正确的密码才能打开文档。

⑶ 在“修改文件时的密码”文本框中输入并确认一个限制文档修改的密码。设置此密码后，再次打开该文档时如果不输入修改密码将提示以只读方式打开，即不能保存对文档的修改（当然可以将修改后的文档另存一份）。

⑷ 单击“确定”按钮，关闭对话框，密码设置生效。

如果要删除密码，选中“打开文件时的密码”或“修改文件时的密码”文本框中的内容并删除，再单击“确定”按钮即可删除密码。

2. 保护文档

Word 2003 的“保护文档”功能除了提供以前版本的修订保护、批注保护、窗体保护之外，还新增了对文档格式的限制、对文档的局部进行保护等功能。启用“保护文档”后，不需要输入密码就可以打开文件，但是不允许更改文件内容。

⑴ 设置文档的格式限制功能来保护文档格式。

① 单击菜单【工具】→【保护文档】命令，打开“保护文档”任务窗口。

② 在“保护文档”任务窗口中，选中“限制对选定的样式设置格式”复选框，单击【设置】按钮，如图 3-5-8 所示。

③ 在弹出的“格式设置限制”对话框中，选中“限制对选定的样式设置格式”复选框，然后在对话框中选择需要进行格式限制的样式，并清除文档中不允许设置的样式，如图 3-5-9 所示。

④ 单击【确定】按钮，在弹出的警告对话框中单击【是】按钮。

例如，我们在“格式设置限制”对话框中取消对“标题 1 ”样式的勾选，确定后，全部应用了“标题 1”样式的区域格式将会被清除，而其他格式则保留。

⑤ 在“保护文档”窗格中单击【是，启动强制保护】。

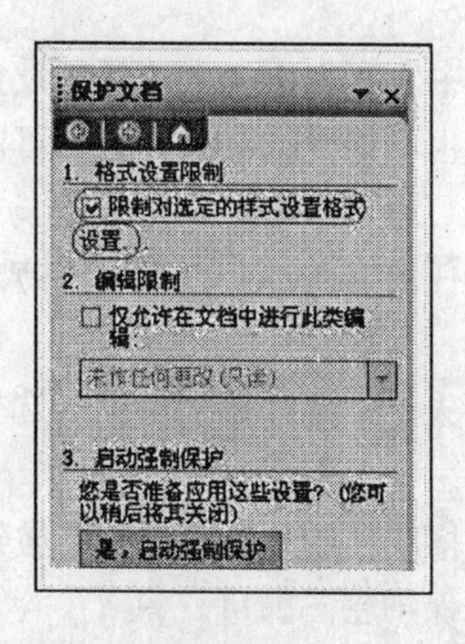

图 3-5-8　保护文档任务窗格

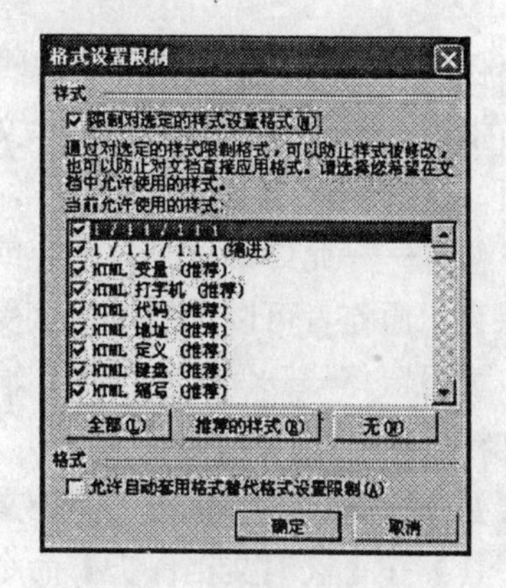

图 3-5-9　格式设置限制

⑥ 在“启动强制保护”对话框中的“新密码（可选）”框中键入密码，确认该密码后单击【是】即可启动文档格式限制功能。

⑵ 设置文档的局部保护。

文档的局部保护可以将部分文档指定为无限制（即允许用户编辑）。具体方法是：

① 选定需要进行编辑的（无限制的）文本，按住 Ctrl 键可选中不连续的内容。

② 在“编辑限制”的“仅允许在文档中进行此类编辑”列表中选中“未做任何更改（只读）”，防止用户更改文档，如图 3-5-10 所示。

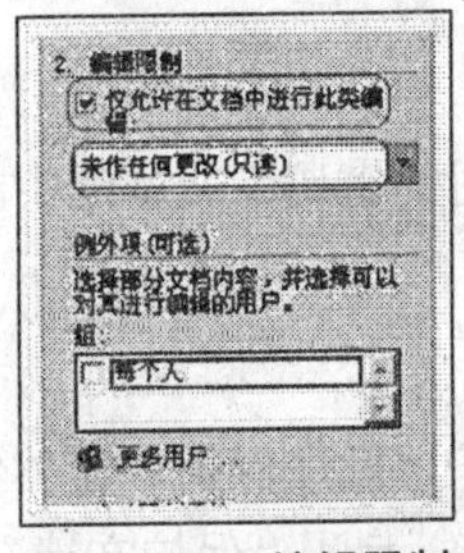

图 3-5-10 编辑限制

图 3-5-11 添加用户

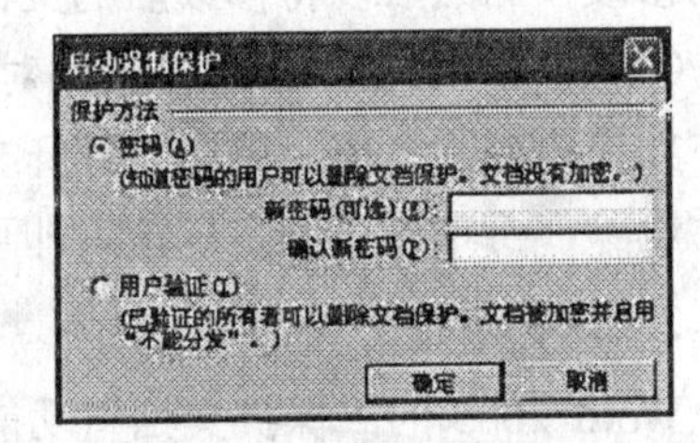

图 3-5-12 启动密码保护

③ 在“例外项”中选择可以对其编辑的用户。

如果允许打开文档的任何人编辑所选部分，则选中“组”框中的“每个人”复选框；

如果允许特定的个人编辑所选部分，单击“更多用户”，然后输入用户名（可以是 Microsoft Windows 用户帐户或电子邮件地址），用分号分隔，单击“确定”，如图 3-5-11 所示。

④ 对于允许编辑所选部分的个人，请选中其名字旁的复选框，最后单击“是，启动强制保护”，并输入保护密码。

提示：若要给文档指定密码，以便知道密码的用户能解除保护，请选中“密码”单选按钮并键入和确认密码。若要加密文档，使得只有文档的授权拥有者才能解除保护，请单击“用户验证”，如图 3-5-12 所示。

这样，只有选定区域的文本可以编辑（突出显示），而其他没有选中的区域就不能进行编辑。

在“保护文档”任务窗格的“编辑限制”列表中还有如下 3 个选项（设置方法同上）：

- 批注——不允许添加、删除文字或标点，也不能更改格式，但是可以在文档中插入批注；
- 修订——允许修改文件内容或格式，但是任何修改都会以突出的方式显示，并作为修订保存，原作者可以选择是否接受修订；
- 填写窗体——保护窗体后，输入点光标消失，不允许直接用鼠标选择文字，也无法更改文档。

如果要停止保护，可单击“保护文档”任务窗格底部的【停止保护】按钮，或者单击菜单【工具】→【取消文档保护】命令，输入文档保护密码即可。

3. 窗体设计

在实际生活中有许多表单需要填写，例如“请假单”“问卷调查”“反馈表”等，通常情况下，这些表单制作完成后需要打印出来，然后再进行填写，但是这样的表单难以统计和管理填写情况。

通过 Word 2003 的窗体设计，便可以实现在线的电子表单填写了。设计 Word 表单的操作步骤如下。

⑴ 首先，利用 Word 创建一个可供填写信息的表单文档，如图 3-5-13 所示。

⑵ 单击菜单【视图】→【工具栏】→【窗体】命令，打开“窗体”工具栏，如图 3-5-14 所示，“窗体”工具栏中主要包括“文字型窗体域”“复选框型窗体域”和“下拉型窗体域”3 种形式。

⑶ 将光标停留在要填写“班级”的单元格内，单击“窗体”工具栏中的【文字型窗体域】按钮，这样在光标所在的单元格中就插入了一个“文字型窗体域”。如果文字型窗体域处于激活状态，则在插入“文字型窗体域”的位置上会显示出域底纹，反映在文档中则是一小块灰色的标记。

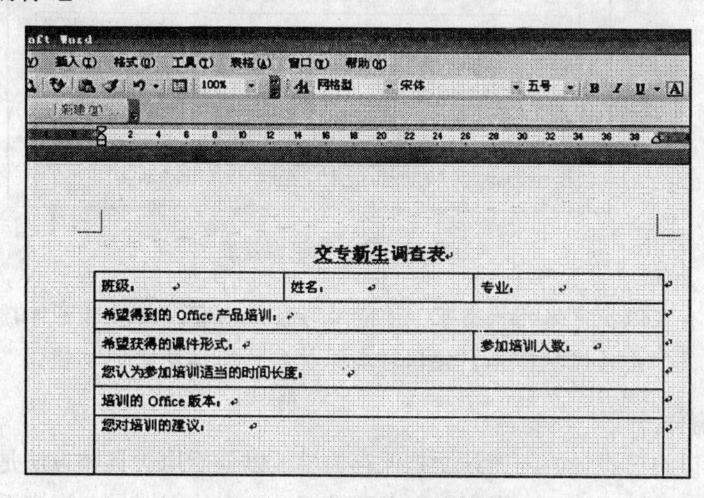

图 3-5-13 使用 Word 编辑调查表

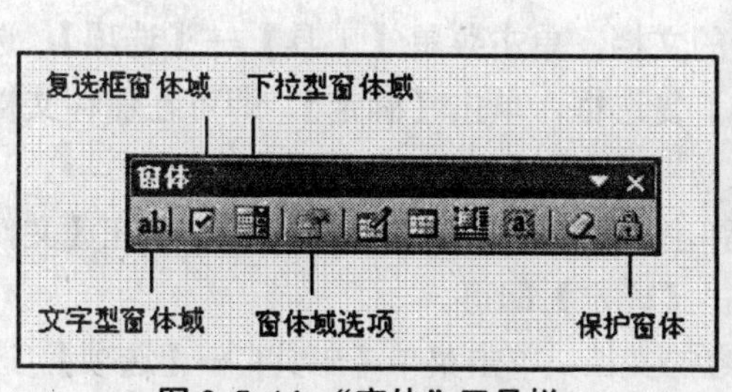

图 3-5-14 “窗体”工具栏

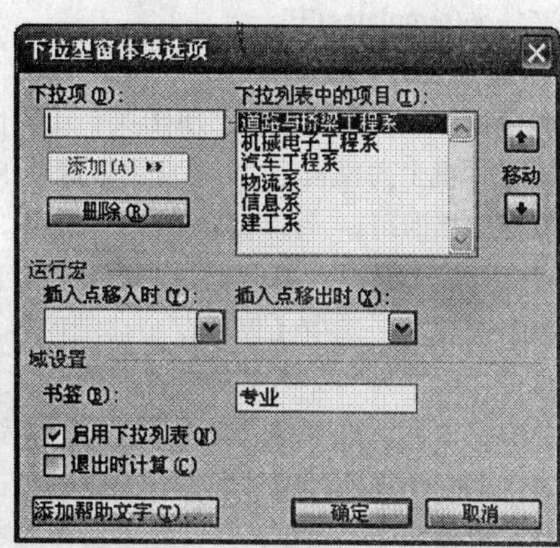

图 3-5-15 下拉型窗体域选项

⑷ 将光标置于需要填写“专业”的单元格，单击“窗体”工具栏中的【下拉型窗体域】按钮，这样在光标所在的单元格中就插入了一个“下拉型窗体域”。单击“窗体”工具栏的【窗体域选项】按钮，可以打开“下拉型窗体域选项”对话框，如图 3-5-15 所示。

⑸ 在对话框中的“下拉项”文本框中，输入相关的选择项目。每输入一个选项，可

以单击【添加】按钮，将输入项添加到“下拉列表的项目”列表中。在“下拉列表的项目”列表中选中某个选项，然后单击列表侧的上下箭头按钮，可以在列表框中移动选项到合适的位置。

⑹ 按照同样的方法完成调查表中其他区域的窗体制作。

这样，一个电子调查表就完成了。单击“窗体”工具栏上的【保护窗体】按钮，此时窗体处于保护状态，这样不仅可以做到避免文档的格式被破坏，更重要的是用户只可以在窗体里输入信息，不能在窗体以外的地方输入，可以使文档更加规范，如图 3-5-16 所示。

图 3-5-16　电子调查表

提示：只有在保护窗体的状态下，才能填写窗体内容。要修改窗体，首先要解除对所选窗体的保护。单击【保护窗体】按钮可在保护和解除保护之间切换。

⑺ 保存窗体。

通常，可以将已设计好的窗体文档保存为模板以备后用。具体方法是单击【文件】→【另存为】命令，设置“保存类型”为文档模板，将窗体文档另存为模板文档，并保存到默认文件夹(templates)中。

⑻ 使用窗体模板。

利用窗体模板新建文档：单击菜单【文件】→【新建】命令，在【新建文档】任务窗格单击【本机上的模板】，在【常用】选项卡中，打开已创建的窗体模板，填写窗体域内容，保存文档即可。

仅保存窗体数据：打开已填写窗体内容的文档，单击菜单【工具】→【选项】，选择【保存】选项卡，选中【仅保存窗体域内容】复选框，单击【确定】，即可在保存文档时只保存窗体数据为纯文本文件以备后用。

首次将窗体数据保存成文本文件时，将弹出【文件转换】对话框，也可以在【文件转换】对话框中选择保存窗体数据的方式，单击【确定】即可。

打印窗体域中的数据：打开包含窗体内容的文档，单击菜单【工具】→【选项】，选择【打印】选项卡，选中【仅打印窗体域内容】，单击【确定】→【打印】即可。

3.5.7　邮件合并

Word 的邮件合并特性可将一个主文档同一个收件人列表合并起来，最终生成一系列输出文档。在此需要明确以下几个基本概念。

1. 主文档

是一个经过特殊标记的 Word 文档，它是用于创建输出文档的蓝图。其中包含了基本的文本，这些文本在所有输出文档中都是相同的，比如信头、主体以及落款等。另外还有一系列指令（称为合并域），用于插入在每个输出文档中都要发生变化的文本，比如收件人的姓名和地址等。

2. 收件人列表

它是一个数据源文件，其中包含了用户希望合并到输出文档的数据。Word 2003 中几乎支持任何类型的数据源进行邮件合并，其中主要包括 Word 表格、Excel 工作表、Outlook 联系人列表和 Access 数据库。

3. 邮件合并的最终产品

邮件合并的最终产品是一系列输出文档，有些文本在所有输出文档中都是相同的，而有些会随着文档的不同而发生变化。

利用【邮件合并】功能可以创建信函、电子邮件、传真、信封以及标签等文档。下面我们使用邮件合并功能制作一个补考通知单文档。

⑴ 首先建立主文档，输入通知单的固定的基本内容，对于被通知人的姓名、补考科目和考试地址则不必输入。

⑵ 建立数据源文档，以 Word 表格的形式列出所有被通知人的姓名、补考科目和考试地址，保存该文件。

⑶ 打开主文档，单击菜单【工具】→【信函与邮件】→【邮件合并】命令，在窗口右侧打开【邮件合并】任务窗格。

⑷ 选择文档类型。这里选择默认的【信函】类型，单击【下一步】。

⑸ 选择开始文档。这里选择【使用当前文档】，单击【下一步】。

⑹ 选择收件人。这里选择【使用现有列表】，单击【浏览】，打开第 ⑵ 步建立好的数据源文档，将弹出【邮件合并收件人】对话框，如图 3-5-17 所示。在这里可以对被通知人信息进行编辑、查找等。单击【确定】→【下一步】。

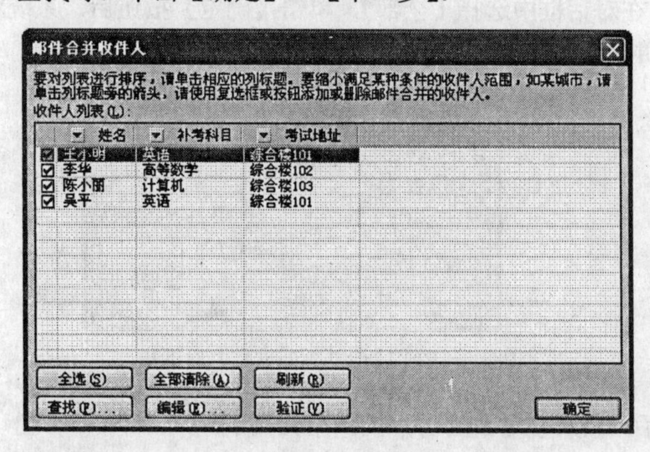

图 3-5-17 【邮件合并收件人】对话框

(7) 撰写信函。回到主文档的编辑状态，完成合并域的插入。单击菜单【工具】→【信函与邮件】→【显示邮件合并工具栏】命令，打开【邮件合并】工具栏，如图 3-5-18 所示。

图 3-5-18 【邮件合并】工具栏

(8) 把光标定位在要插入姓名的地方，单击【插入合并域】按钮→选择【姓名】→【插入】，即可完成姓名合并域的插入。使用同样方法在主文档的正确位置分别插入【补考科目】和【考试地址】合并域。结果如图 3-5-19 所示。在【邮件合并】任务窗格中单击【下一步】。

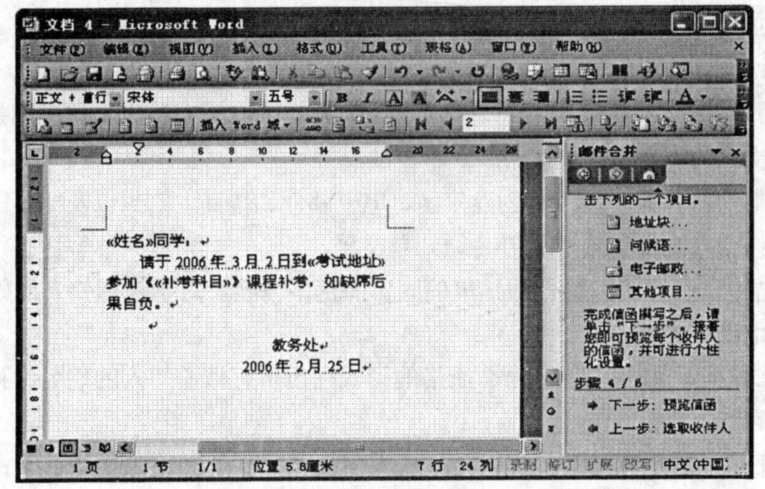

图 3-5-19 插入合并域

(9) 预览信函。这里可以预览合并结果或使用工具栏中的【查看合并数据】按钮查看合并情况，还可以更改收件人列表。在【邮件合并】任务窗格中单击【下一步】。

(10) 完成合并。这里可以选择将合并结果输出到打印机或输出到新文档。单击【编辑个人信函】或工具栏上【合并到新文档】按钮，将弹出【合并到新文档】对话框，如图 3-5-20 所示。在对话框中选择【全部】，单击【确定】按钮后，系统将自动新建一个文档存放全部的合并结果。

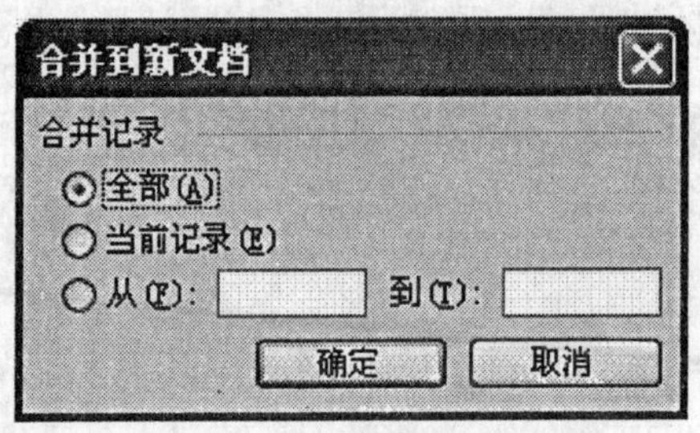

图 3-5-20 【合并到新文档】对话框

打开新文档后，便可以看到合并后的结果文档了。

3.6 样品——利用邮件合并制作一批录取通知单

在日常工作中，经常需要处理大量的日常报表和信件，如邀请函、工资条或者是学校一年一度的新生录取通知单等。这些报表、信件的主要内容基本相同，只是具体数据有所变化，这些数据经常保存在 Microsoft Word、Microsoft Access、Microsoft Excel 中，难道只能一个一个地复制粘贴吗？其实，借助 Word 2003 中提供的“邮件合并”功能完全可以轻松、准确、快速地完成数据整合应用的任务。

图 3-6-1 所示的就是一个合并了数据源后的录取通知单，该文档中的新生姓名、系别等信息都是从一个已存在的 Word 表格中自动读取过来的。利用这样的一个录取通知单文档，用户只需要专注于 Word 文档的制作，而不必因为新生名单的改变而对文档作丝毫的改动。

图 3-6-1 合并了数据源后的录取通知单

3.6.1 知识点

在本例中，首先利用前面章节中所学的知识制作一个普通的录取通知单。然后使用 Word 提供的“邮件合并”功能将新生信息表中的数据合并到录取通知单中，这一合并过程将是本案例重点讲述的内容。

本样品所涉及到的知识点概括如下：

- 字符与段落格式的设置；
- 制表位的使用；
- 页面设置；
- 文本框的使用；
- 背景水印的设置；
- 邮件合并。

3.6.2 制作步骤

使用邮件合并功能之前需要先建立主文档和数据源文档，在本例中主文档为 Word 制作的录取通知单文档，数据源文档是利用 Word 表格制作的新生信息表。

步骤 1：制作主文档录取通知单

录取通知单不同于其他活动的通知，它往往代表学校的形象。因此，录取通知单的制作要求正规并且美观大方。下面就介绍制作一个录取通知单的方法。

⑴ 首先要先确定录取通知单的尺寸。

单击菜单【文件】→【页面设置】命令，将纸张宽度设置为“21 厘米”，纸张高度设置为“9.5 厘米”，上、下页边距设置为“2 厘米”，如图 3-6-2 所示。

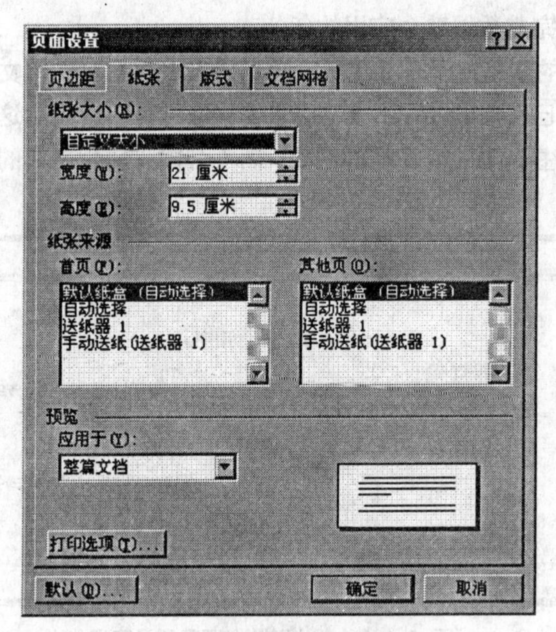

图 3-6-2　录取通知单的页面设置

⑵ 输入录取通知单的固定文本内容并进行字符、段落格式设置，样文如下：

> **录取通知书**
>
> 同学:
>
> 你已被我院 系正式录取，报名时请带上你的准考证和学费 元，务必在 9 月 5 日前到校报道！
>
> 报道地点：校图书馆二楼。
>
> 辽宁省交通高等专科学校招生办
>
> 2007-8-10

设置要求：

- 标题设置为黑体、小二号字、居中显示；
- 正文为宋体、五号、左右缩进 1 字符、首行缩进 2 字符；
- 落款要求利用居中制表位在 31 字符位置处进行居中对齐。

(3) 为录取通知单添加页面边框。

单击菜单【格式】→【边框和底纹】命令，打开“边框和底纹”对话框并选择“页面边框”选项卡，设置“方框”，颜色为“灰-25%”，宽度为“3 磅”及线型，如图 3-6-3 所示。

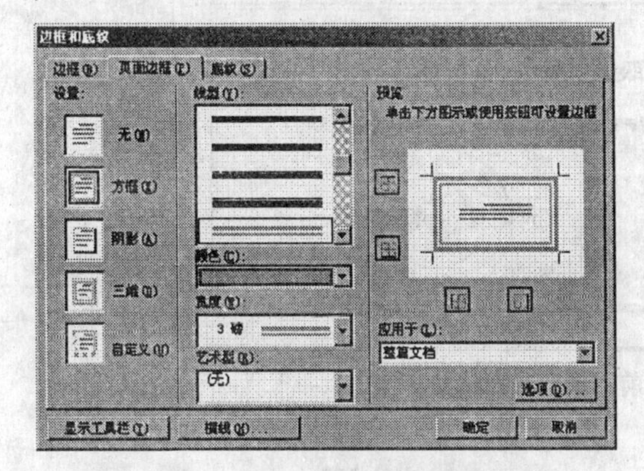

图 3-6-3 录取通知单的页面边框设置

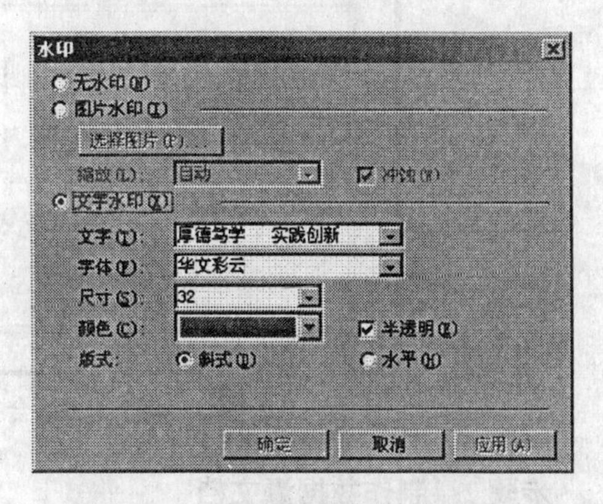

图 3-6-4 录取通知单的水印设置

(4) 设置录取通知单的水印背景。具体操作如下。

单击菜单【格式】→【背景】→【水印】命令，打开“水印”对话框，设置文字内容为学校校训“厚德笃学 实践创新”，华文彩云 32 号字，版式为“斜式”，颜色为“灰-50% 半透明”，如图 3-6-4 所示。

(5) 在落款处插入校徽图案的水印效果。

单击菜单【插入】→【文本框】→【横排】命令，拖动鼠标在页面中绘制出一个文本框，鼠标右击该文本框，在弹出的快捷菜单中选择【设置文本框格式】，在“颜色与线条”选项卡中将填充颜色设置为“填充效果”中的“图片”，选择校徽图片，设置透明度为 50%；线条颜色设置为“无线条颜色”，如图 3-6-5 所示。在“版式”选项卡中设置图片环绕方式为“衬于文字下方”。拖动鼠标将制作好的文本框移动到落款处。

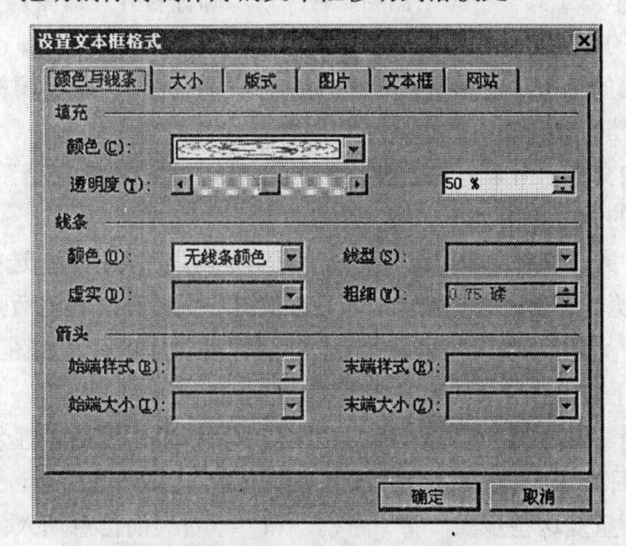

图 3-6-5 “设置文本框格式”对话框

⑹ 保存文件，完成的录取通知单如图 3-6-6 所示，但此时该文档还没有合并数据，即没有将新生信息整合到录取通知单文档中。

图 3-6-6　合并前的录取通知单

步骤 2：制作数据源文档

在本例中，使用 Word 表格制作新生信息表，表格内容如表 3-6-1 所示。

表 3-6-1　　新生信息表

姓名	系别	学费
江璐	道桥	4500
汪珊	信息	5000
李畅	机械	4200
刘飞	物流	4000

保存制作的表格，将其作为录取通知单的数据源文档。

步骤 3：利用邮件合并功能完成数据的合并

下面的工作就是将新生信息表中的相应数据读取出来，并自动添加到录取通知单文档中。依次单击菜单“工具”→“信函与邮件”→“邮件合并”命令，在 Word 窗口右侧将会出现邮件合并的任务窗格。按以下步骤进行邮件合并操作。

⑴ 选择文档的类型，使用默认的“信函”即可，之后在任务窗格的下方单击“下一步：正在启动文档”。

⑵ 选择开始文档。由于主文档已经打开，选择“使用当前文档”作为开始文档即可，之后在任务窗格的下方单击“下一步：选取收件人”。

⑶ 选择收件人，即指定数据源。我们使用的是现成的数据表，选择“使用现有列表”，单击下方的“浏览”选项，选择数据表所在位置并将其打开。在随后弹出的“邮件合并收件人”对话框中，我们可以对数据表中的数据进行编辑和排序，如图 3-6-7 所示。完成之后在任务窗格的下方单击“下一步：撰写信函”。

⑷ 撰写信函。这是最关键的一步。在文档中直接单击要插入姓名的位置，单击任务窗格的“其他项目”，打开“插入合并域”对话框，如图 3-6-8 所示，选择“姓名”字段，并单击“插入”。重复这些步骤，将“系别”和“学费”的信息填入。插入合并域后的文

档如图 3-6-9 所示。完成之后在任务窗格的下方单击“下一步：预览信函”。

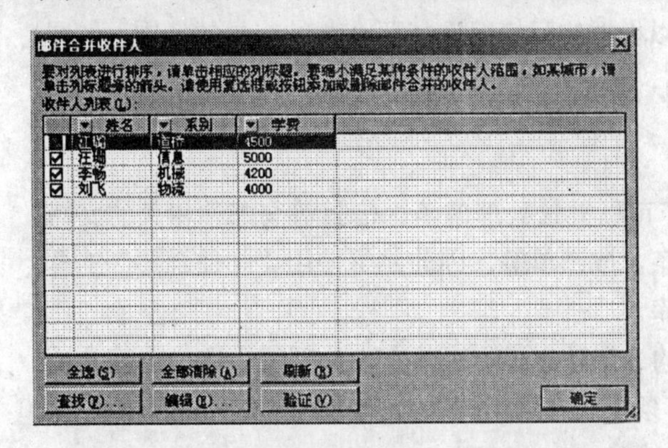

图 3-6-7 “邮件合并收件人”对话框

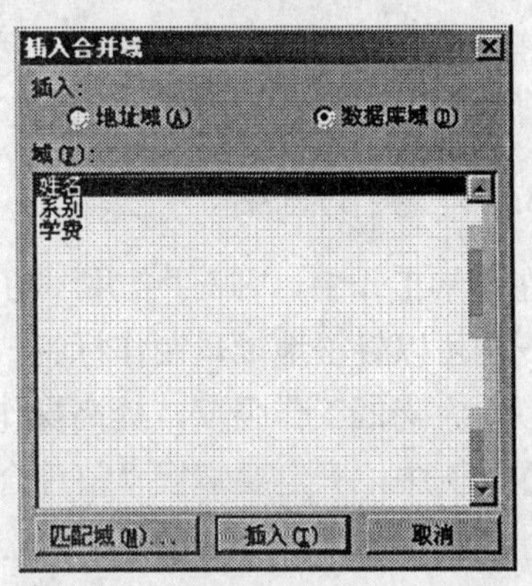

图 3-6-8 “插入合并域”对话框

图 3-6-9 “插入合并域”的录取通知单

(5) 预览信函，可以看到一封一封已经填写完整的信函。如果在预览过程中发现了什么问题，还可以进行更改，如对收件人列表进行编辑以重新定义收件人范围，或者排除已经合并完成的信函中的若干信函。完成之后在任务窗格的下方单击“下一步：完成合并”。

图 3-6-10 合并到新文档

(6) 完成合并，可根据个人要求选择“打印”或“编辑个人信函”。“编辑个人信函”，它的作用是将这些信函合并到新文档，可以根据实际情况选择要合并的记录的范围，如图 3-6-10 所示。之后可以对这个文档进行编辑，也可以将它保存下来留备后用。

3.6.3 实例总结

在日常工作中，“邮件合并”功能除了可以批量处理信函、信封等与邮件相关的文档外，一样可以轻松地批量制作标签、工资条、成绩单等。因此熟练使用“邮件合并”工具栏可以大大降低工作强度，提高操作的效率。

在本例中，一定要掌握“邮件合并”的 3 个基本过程。只有充分理解了这 3 个基本过程，才能抓住了邮件合并的“纲”，从而有条不紊地运用邮件合并功能解决实际问题。

邮件合并的 3 个过程是：

- 建立主文档；
- 准备好数据源；
- 把数据源合并到主文档中。

实训 1 Word 排版练习

一、实训目的与要求

参考所给样文完成相应的操作，掌握制作 Word 文档的排版技巧。

二、实训内容与步骤指导

参考样文所示的页面样式，制作《辽宁交通高等专科学校简介》。以“wd11.doc”为文件名保存到用户目录下。

长文档设置要求如下。

⑴ 页面设置：16 开纸。

⑵ 制作封面(第一页头二行)，要求封面无页码和页眉，其他可自行设计。

⑶ 设置文档中使用的样式：

● 文档中的每一章节的大标题，采用“标题 1”样式，章节中的小标题，按层次分别采用“标题 2”~“标题 4”样式；

● 文档中的其他文字，采用“正文首行缩进 2”样式；

⑷ 将文档分节：插入分节符（下一页）将不同的章节分为独立的一节。

⑸ 在正文内容前插入目录。

⑹ 设置页眉：除封面和目录外，奇偶页的页眉不同，偶数页页眉是“辽宁省交通高等专科学校”左对齐，在右侧插入一个图片；奇数页页眉是本章标题右对齐，图片在左侧；每一章的首页都没有页眉和页脚。

⑺ 设置页脚：目录和正文部分采用不同的页码格式，（例如目录用罗马数字，正文用阿拉伯数字），并且都从 1 开始编号。偶数页码一律在页面底端的左侧，奇数页码一律在页面底端的右侧。

操作步骤如下。

⑴ 打开素材文件夹中的 jz.doc 文件，按要求进行页面设置（默认是 A4 纸）。

提示：为了使文档在阅读时更清晰，可以在页面设置中调整字与字、行与行之间的间距，而不必增大字号。

方法：在“页面设置”对话框中选择“文档网格”选项卡，选中“指定行和字符网格”，在“字符”设置中，默认为“每行 39”个字符，可以适当减小，例如改为“每行 37”个字符。同样，在“行”设置中，默认为“每页 44”行，可以适当减小，例如改为“每页 42”行。这样，文字的排列就均匀清晰了。

⑵ 按要求设置文档中的使用样式。

方法：先选中整篇文档（Ctrl+A），设置段落格式中的“首行缩进 2 字符”；再按如下方法设置各级标题样式（以设置标题 1 样式为例）。

● 选中“一、学校当前概况”，设置标题 1 样式（当然如果内置的标题样式不符合要求，可以点击下拉框中的“修改”来完成），之后双击格式刷，鼠标拖过其他的章节标题，即完成了全部标题 1 样式的设置，单击取消格式刷。

- 或者按住键盘的 Ctrl 键，同时选中不相邻的章节标题，设置标题 1 样式即可。

(3) 将文档分节，使不同的章节变为独立的一节（没有分节的整篇文档只有 1 节）。

方法：将光标定位在分节位置，插入“分节符（下一页）”即可。例如，作为封面的 2 行文字应独立 1 节：依次单击第 2 行的段落标记处→【插入】→【分隔符】→分节符类型（下一页）→【确定】即可。

(4) 参考所给样式制作封面，如图 3-7-1 所示。

图 3-7-1　封面

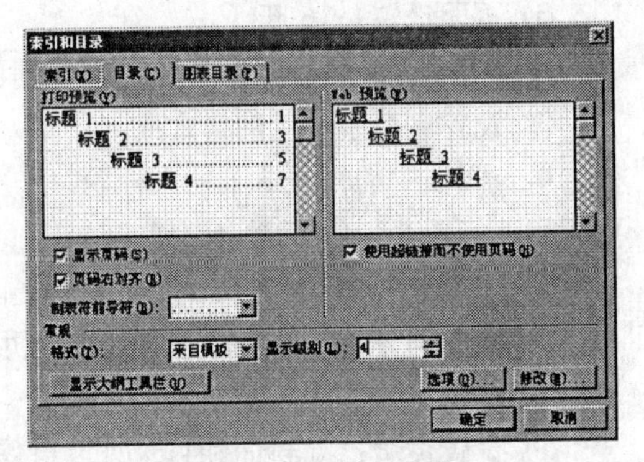

图 3-7-2　插入目录

(5) 插入目录。

方法：单击正文开始处（第一部分标题 1 之前），插入一新页（即插入一分页符），光标移到新页的开始，添加“目录”二字，并设置好格式。新起一段落，单击【插入】→【引用】→【索引和目录】，打开索引和目录对话框如图 3-7-2 所示。选择目录选项卡，设置显示级别为 4，单击【确定】即可。当然也可以对生成的目录进行美化，如对字体的格式化，加入一些项目符号等，参看附录所示。

注意：目录也应独立 1 节，在目录尾部插入一个分节符（下一页）。

(6) 按要求设置页眉。

第 1 节：封面无页眉和页脚。

其余各节：奇偶页的页眉不同，偶数页页眉是“辽宁交通高等专科学校”左对齐；奇数页页眉是本章标题右对齐；此外，每节的首页都没有页眉和页脚（目录除外）。

第 1 步：单击【文件】→【页面设置】→【版式】选项卡，选中“奇偶页不同”和“首页不同”复选框，“预览”应用于“整篇文档”，如图 3-7-3 所示。

第 2 步：按 Ctrl+home 键，单击【视图】→【页眉和页脚】，打开“页眉和页脚”工具栏，按要求输入页眉即可。

首页页眉“-第 1-3 节-”：因首页无页眉，所以不输入文本，单击“页眉和页脚”工具栏中的“显示下一项”；

首页页眉-第 2 节：单击“页眉和页脚”工具栏中的“链接到前一个”取消“与上一节相同”提示，输入文字“目录”即可。继续单击“显示下一项”；

偶数页页眉-第 3 节：单击“链接到前一个”按钮取消“与上一节相同”提示，输入文本“辽宁交通高等专科学校”、设置左对齐，单击“显示下一项”；

奇数页页眉-第 3 节：单击“链接到前一个”按钮取消“与上一节相同”提示，单击“插入”，“域”，选择域名 styleRef，域属性样式为“标题 1”，如图 3-7-4 所示，确定即可显示章节标题文字，设置为右对齐。

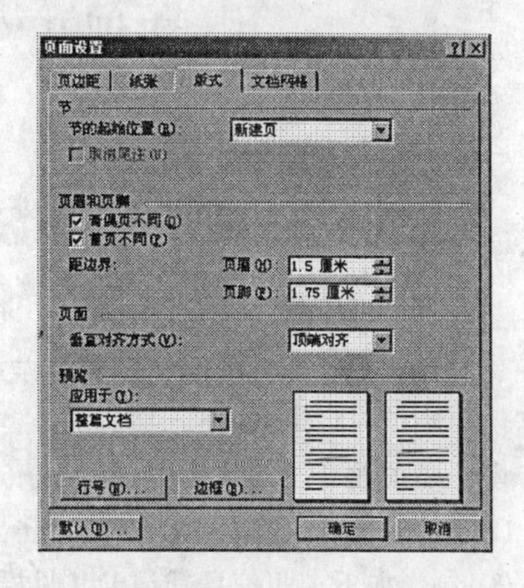

图 3-7-3　页面设置中的“页眉和页脚”设置

因其他各节设置与 3 节相同（即采用默认设置“与上一节相同”），不必继续设置，关闭“页眉和页脚”工具栏即可。

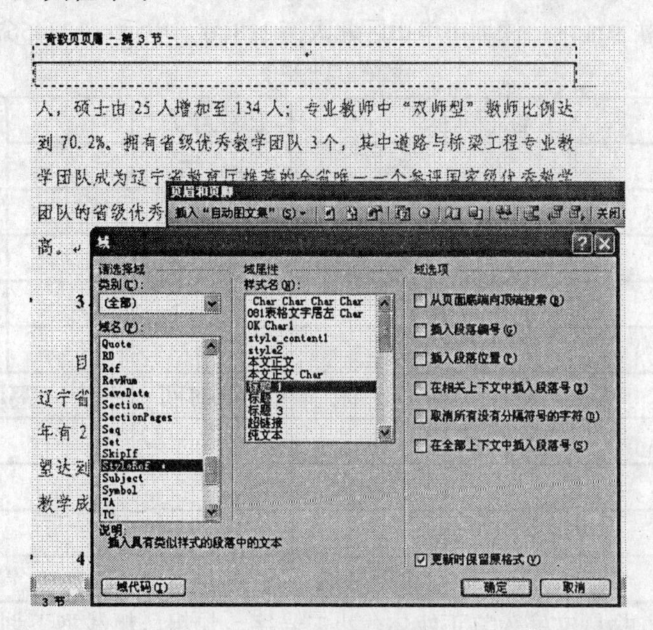

图 3-7-4　效果图

实训 2 Word 表格应用

一、实训目的与要求

按照所给样文完成相应的操作，掌握制作 Word 复杂表格的排版技巧以及表格计算的基本方法。

二、实训内容与步骤指导

（一）按图 3-7-5 所示的效果图样式制作《求职信息登记卡》。以“wdbg1.doc”为文件名保存到用户目录下。

操作要求如下。

⑴ 页面设置：自定义大小 21×16；页边距：上、下、左、右各为 2.5 厘米。

⑵ 制作如下求职信息登记卡（见样表 1），并在其中填入相应信息。（王某，男 生于 1975 年 5 月 1 日，毕业于北京大学计算机专业，1992 年 9 月入学，1996 年 7 月毕业。1996—1999 年在“蔚蓝广告公司”从事 IC 设计，1999—2006 年在“卧龙软件公司”从事数据库管理系统的设计与维护工作。现欲到银行系统从事计算机系统分析师工作，希望月收入在 8000 元左右。联系地址：深圳市南山区北大街 118 号，电话：123456789。）

样表 1： 求职信息登记卡

<table>
<tr><td>姓 名</td><td></td><td>性 别</td><td></td><td>出生年月</td><td></td><td rowspan="2">贴照片处</td></tr>
<tr><td>通讯地址</td><td colspan="3"></td><td>电 话</td><td></td></tr>
<tr><td rowspan="4">学 历</td><td colspan="2">学校名称</td><td>系 别</td><td>入学时间</td><td>毕肄业</td><td>毕肄业日期</td></tr>
<tr><td colspan="2"></td><td></td><td></td><td></td><td></td></tr>
<tr><td colspan="2"></td><td></td><td></td><td></td><td></td></tr>
<tr><td colspan="2"></td><td></td><td></td><td></td><td></td></tr>
<tr><td rowspan="4">经 历</td><td colspan="2">单位名称</td><td>职 称</td><td>任职时间</td><td colspan="2">离职原因</td></tr>
<tr><td colspan="2"></td><td></td><td></td><td colspan="2"></td></tr>
<tr><td colspan="2"></td><td></td><td></td><td colspan="2"></td></tr>
<tr><td colspan="2"></td><td></td><td></td><td colspan="2"></td></tr>
<tr><td>应征职务</td><td colspan="2"></td><td>希望待遇</td><td colspan="3"></td></tr>
</table>

⑶ 标题设置：标题文字为方正姚体、小二号字、加粗、粗线型下划线、居中格式，段前间距 1 行、段后为 0.5 行。

⑷ 表格内容设置：所有标题部分为：宋体、小四号字、加粗、水平垂直居中格式，后填入信息部分为：楷体、小四号字、两端对齐格式，边框与底纹、行高与列宽、文字颜色等设置请参看图 3-7-5 所示。

⑸ 为表格页面添加页眉，页眉文字“市人才交流中心求职登记”并插入任意一张图片。

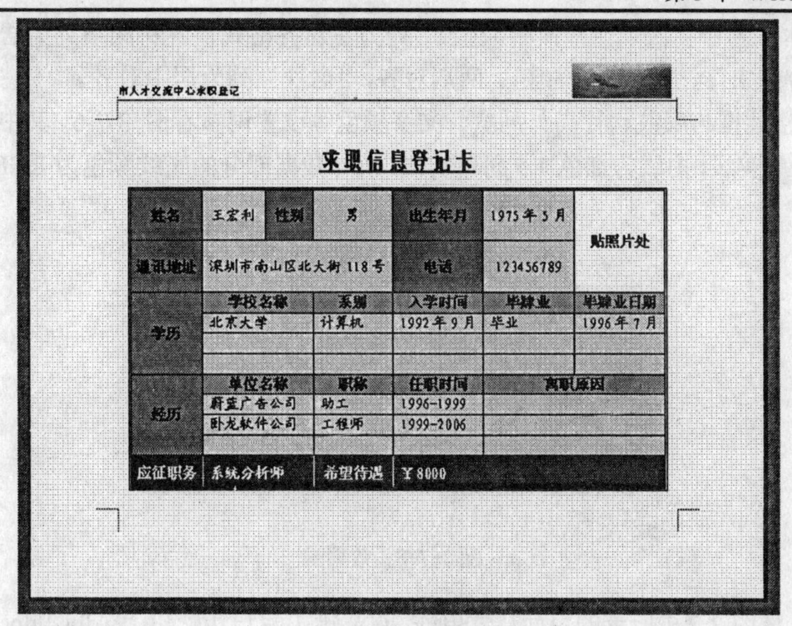
市人才交流中心求职登记

求职信息登记卡

姓名	王宏利	性别	男	出生年月	1975 年 5 月	贴照片处
通讯地址	深圳市南山区北大街 118 号			电话	123456789	
学历	学校名称		系别	入学时间	毕肄业	毕肄业日期
	北京大学		计算机	1992 年 9 月	毕业	1996 年 7 月
经历	单位名称		职称	任职时间	离职原因	
	蔚蓝广告公司		助工	1996-1999		
	卧龙软件公司		工程师	1999-2006		
应征职务	系统分析师		希望待遇	￥8000		

图 3-7-5 效果图

（二）按图 3-7-6 所示的页面样式制作《学生成绩报告单》。以 wdbg2.doc 为文件名保存到用户目录下。

操作要求如下。

⑴ 页面设置：自定义大小，宽度 21 厘米，高度 14 厘米。

⑵ 制作如下学生成绩报告单（见样表 2），并计算出学生的总分和平均分。

样表 2：　　　　2005-2006 第一学期期末成绩单

学号	**姓名**	**高等数学**	**计算机**	**英语**	**总分**	**平均分**
001	林小龙	89	78	90		
002	张 玮	81	67	56		
003	张宏亮	78	98	68		
004	赵 玫	90	95	87		
005	李 辉	100	89	87		
006	杨 楠	56	87	98		
007	**王晓艺**	**89**	**78**	**100**		

⑶ 修改表格：在“平均分”的右侧插入一列“名次”，在表尾插入两行以便计算单科成绩的最高分和最低分。

⑷ 按照学生总分由高到低对表格（不含后两行）排序，添入名次，再按学号升序恢复原表顺序，并统计出单科成绩的最高分和最低分。

⑸ 标题设置：标题文字为黑体、小三号字、加粗、居中格式，段前及段后间距设置为 0 行。

⑹ 表格内容设置：所有标题部分为：宋体、五号字、加粗、居中格式；添入数据部

分为：宋体、五号字，“学号”与“姓名”列为左对齐格式，各科成绩列为居中对齐；统计数据部分：宋体、五号字、加粗、两端对齐，“名次”列为居中对齐。

⑺ 表格边框与底纹、行高与列宽、文字颜色等设置请参看图 3-7-6 ,其中表格外框为蓝色 2.5 磅单实线，内线为红色 1.5 磅单实线，统计数据部分的底纹颜色为 RGB（255，230，200）。

2007-2008 第一学期期末成绩单

学号	姓名	高等数学	计算机	英语	总分	平均分	名次
001	林小龙	89	78	90	257	85.7	4
002	张玮	81	67	56	204	68.0	7
003	张宏亮	78	98	68	244	81.3	5
004	赵玫	90	95	87	272	90.7	2
005	李辉	100	89	87	276	92.0	1
006	杨楠	56	87	98	241	80.3	6
007	王晓艺	89	78	100	267	89.0	3
单科最高分		100	98	100			
单科最低分		56	67	56			

图 3-7-6　效果图

（三）按图 3-7-7 所示的页面样式制作 2008 年 1 月日历。以“wdbg4.doc”为文件名保存到用户目录下。

操作要求如下。

⑴ 页面设置：A4 纸，横向；页边距为上、下各 1 厘米，左、右各 2 厘米。

⑵ 艺术字：文字“祝宝贝幸福一生”设置为艺术字，艺术字样式为第 3 行第 4 列；字体为华文行楷；形状为左牛角形。

⑶ “1 月”与日历两个文本框均采用阴影设置，请选择适当的阴影样式；“2008”与“照片”文本框应设置为无填充颜色和无线条颜色；“星期”文本框填充颜色为灰-25%，透明 50%。

⑷ 日历采用 8 行 7 列表格输入，但表格应设置为无框线，表格中内容要水平垂直居中，其中公历数字为 32 号字，农历利用插入域来完成并设置为 10 号字，如“eq \o(\s\up 20(元),\s\up 8(旦),\s\down 4(节))”或者“eq \o(\s\up 16(廿),\s\up 2(四))”，其他字体、颜色等设置请参看图 3-7-7 自行设置。

图 3-7-7　实训效果

⑸ 图片：在样文所示的位置插入任意一张图片，在日历右侧添加一个文本框并在其中插入任意一张照片。

⑹ 背景：“羊皮纸”。

操作步骤提示如下。

⑴ 页面设置：A4 纸，横向，页边距为上、下各 1 厘米，左、右各 2 厘米。

⑵ 在页面中插入一个文本框，右击该文本框，选择“设置文本框格式”，设置文本框大小为高度 15 厘米，宽度 25 厘米；利用“绘图”工具栏为文本框设置阴影样式 6。

⑶ 在文本框内插入一个 7 列 8 行的表格，调整表格大小如图 3-7-8 所示，将第一行合并单元格，设置表格属性为左对齐，表格无边框。

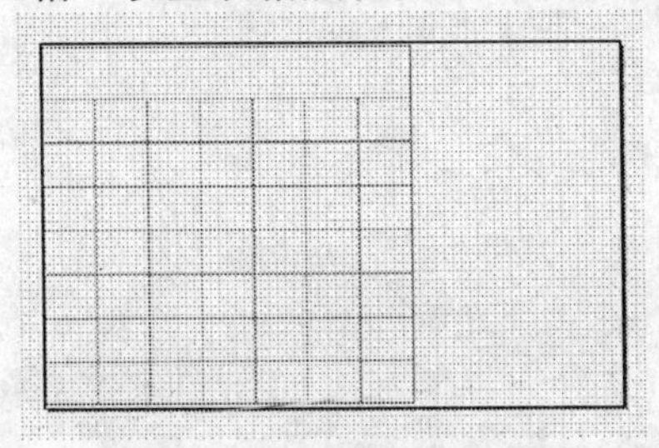

图 3-7-8　文本框内的表格

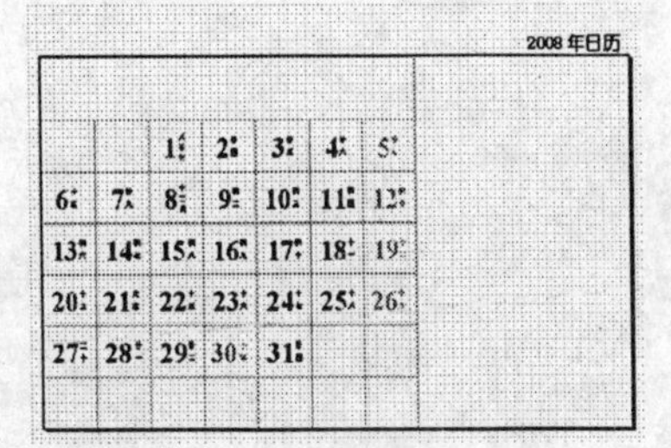

图 3-7-9　表格中的日历

⑷ 选中表格设置单元格内容为水平垂直居中，输入表格内容如图 3-7-9 所示。

表格中公历数字为 32 号字，农历为 10 号字，利用插入域来完成，如“eq \o(\s\up 20(元),\s\up 8(旦),\s\down 4(节))”或者“eq \o(\s\up 16(廿),\s\up 2(四))”，字体、颜色请自行设置。

⑸ 添加“星期”文本框：在表格第一行位置插入一个文本框，设置文本框填充颜色为灰-25%，透明 50%；在文本框内插入 31 列 1 行表格，并设置表格底纹为黑、白相间。在文本框内设置制表位，分别为 3.6，9.9，16.2，22.5，28.8，35.1，41.4 字符处居中制表符，按 TAB 依次输入星期文字，并设置段前 6 磅，段后 0 行。效果如图 3-7-10 所示。

图 3-7-10　“星期”文本框

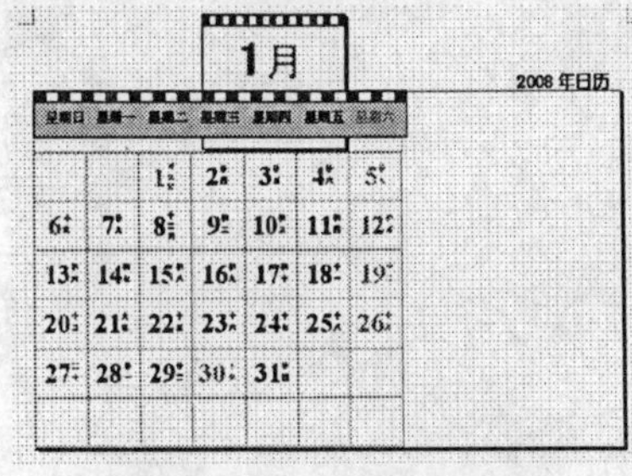

图 3-7-11　“1 月”文本框

⑹ 添加“1 月”文本框：在样文所示位置插入一个文本框并设置阴影样式 6，在其中插入 24 列 1 行表格并设置底纹的黑、白相间。输入文字“1 月”，设置为 48 号字、居中显示，字体颜色自行设置。右击文本框，选择“叠放次序”，连续两次“下移一层”，如图 3-7-11 所示。

⑺ 其他设置：在样文所示位置插入照片、艺术字、图片及“2008”文本框。

- “2008”文本框：设置无填充颜色和无线条颜色，文字为方正舒体、72 号字、青绿色；
- 照片：在日历右侧插入一个文本框，并设置无填充颜色和无线条颜色，在其中插入任意一张照片；
- 艺术字：文字“祝宝贝幸福一生”设置为艺术字，艺术字样式为第 3 行第 4 列；字体为华文行楷；形状为左牛角形。

⑻ 最后设置页面背景为“羊皮纸”，效果如图 3-7-7 所示。

⑼ 可以将设置好的日历文档保存为模板文件，方法是：单击菜单【文件】→【另存为】命令，选择保存类型为“文档模板”，输入文件名“日历”即可。

⑽ 应用“日历”模板创建新的日历，方法是：单击菜单【文件】→【新建】命令，打开【新建文档】任务窗格，选择【本机上的模板】选项，打开【模板】对话框，在【模板】对话框中选择“日历”模板，单击【确定】即可打开刚才建立的日历文档，可以在此基础上修改来建立其他月份的日历。

第 4 章 Excel 2003 的基本操作

Excel 2003是当前最流行的电子表格处理软件之一，也是Office 2003办公套装软件的一个重要组成部分。它继承了以往版本的所有优点，提供了若干简化操作程序和改善工作方式的工具。用户将体验到使用它的高效和快捷。本章主要介绍Excel 2003的基本使用方法，包括创建工作表；公式、函数的使用；数据的管理；工作表格式的设置；如何由工作表中的数据创建图表等。

4.1 Excel 2003 入门

4.1.1 Excel 2003 的窗口组成及基本概念

1. Excel 2003 的窗口组成

Excel 的启动、退出、新建文件、保存文件、打开文件等基本操作与Word相似，刚启动Excel 2003 后，系统自动打开一个空工作簿（book1.xls），窗口如图4-1-1所示。窗口中央为工作表。

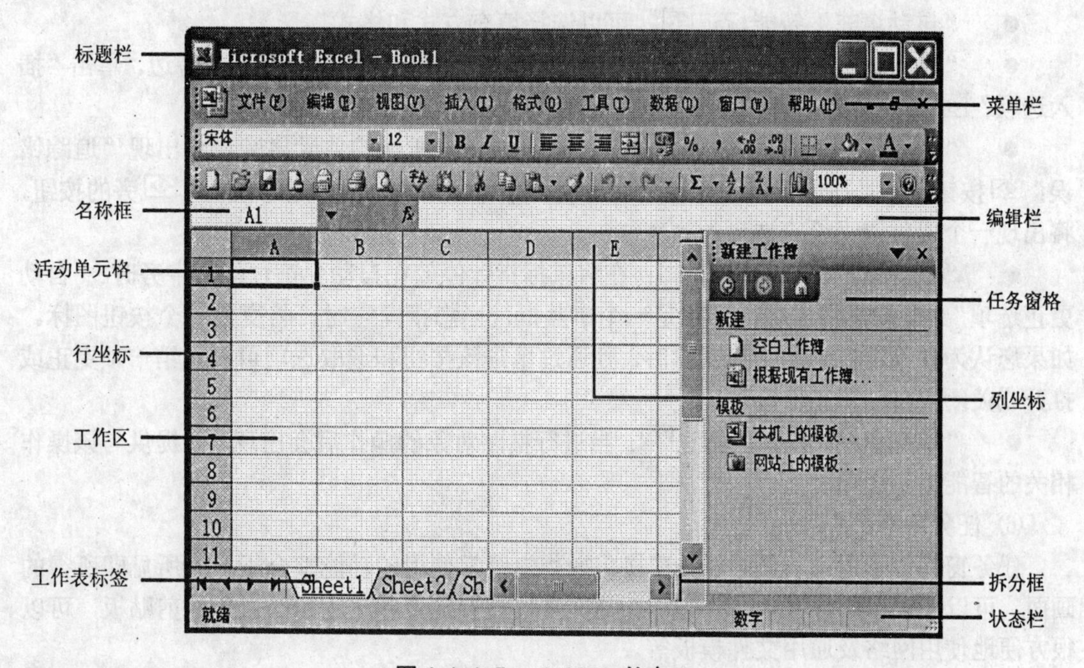

图 4-1-1 Excel 2003 的窗口

(1) 标题栏。

窗口的最顶端为标题栏，显示应用程序名Microsoft Excel，以及当前打开工作簿的名称。在 Excel 2003 中，改变窗口的大小、调整窗口的位置，菜单栏和工具栏的操作和使用、滚动条等问题，与Windows下的应用程序类似，请参考前面章节。

(2) 编辑栏。

在默认情况下，“格式”工具栏下面显示编辑栏，用来显示活动单元格的数据或使用的公式。编辑栏左侧为名称框，用来定义单元格或区域的名字，或者根据名字查找单元格或区域。如果没有定义名字，在名称框中显示活动单元格的地址名称。

当在单元格中键入内容时，除了在单元格中显示外，还在编辑栏右侧的编辑区中显示。有时单元格的宽度不能显示单元格的全部内容，则通常在编辑区中编辑内容。编辑区还可以用来编辑各种函数和公式。

⑶ 状态栏。

最底部一栏为状态栏，状态栏用来显示当前有关的状态信息，准备输入单元格内容时，在状态栏中会显示“就绪”字样。同时状态栏中有时还会显示一些信息，如当检查数据汇总时，可以不必输入公式或函数，只要选择这些单元格，就在状态栏的“自动计算区”中显示求和结果。而当要计算的是选择数据的平均值、个数、最大值或最小值等时，只要在状态栏的“自动计算区”中单击鼠标右键，即可在快捷菜单中选择需要的选项。

⑷ 拆分框。

如果要同时查看工作表的两个部分，可按所需的方向拖动或双击拆分框。如果要删除拆分，用鼠标双击或拖回拆分框即可。

⑸ 智能标记。

Excel的智能标记为操作提供了一系列提示，可以帮助用户快速选择正确操作。

- “自动填充”智能标记：可以选择填充方式和格式。
- “插入选项”智能标记：按钮出现在插入的单元格、行或列的旁边。单击“插入选项”旁的箭头，将出现一个格式选项列表。
- “错误检查选项”智能标记：在公式错误所在的单元格旁，将出现“追踪错误”按钮，并且在单元格的左上角将出现一个绿三角。单击“追踪错误”旁的按钮，将出现一个提供错误检查选项的列表。
- “自动更正”智能标记：在将鼠标指针停放在自动更正过的文字旁时，“自动更正选项”按钮将出现，开始是一个小蓝框，当您指向它时，将变为一个按钮图标。如果您认为并不需要自动更正文本时，则通过单击该按钮和选取选项可以撤销一项更正或打开或关闭“自动更正”选项。
- “剪切和粘贴”智能标记：当进行粘贴对象的操作后会出现，并提供与该操作相关的智能提示选项。

⑹ 任务窗格。

任务窗格位于窗口右侧。任务窗格将操作中经常使用的功能整合于一个所见即所得的画面，可以直接取用、搜寻、打开和新建文件，直接检查和应用24个对象的剪贴板，可以很方便地使用网络及通用文件模板等。

2. 几个重要的术语

⑴ 工作簿（Book）。

每个Excel文档都是一个工作簿，每个工作簿由若干张工作表（Sheet）所构成，最多可包含255个表。默认情况下，新工作簿名称为Book1.xls，同时打开3个工作表，分别为：Sheet1、Sheet2、Sheet3。

⑵ 工作表（Sheet）。

是工作簿里的一页，由单元格组成，与我们所见到的账目表非常类似。单元格用于存储数字、文本和公式等。工作表不仅仅存储数字和文本，还能存储图形对象，如图表和图形等。通常把相关的工作表放在一个工作簿里。每个工作表的网格由65536行（1～65536）、256列（A～IV）构成。

⑶ 单元格。

工作表中行列交叉形成的格，是Excel中操作的基本单位。

⑷ 单元格地址。

单元格地址由列坐标+行坐标（例：A3）构成，为区分不同工作表的单元格，要在地址前加上工作表名称（例：Sheet2！A3)。

⑸ 活动单元格。

正在使用的单元格（黑色粗边框）称为活动单元格。要输入、处理数据的单元格必须是活动单元格。移动活动单元格的方法如下：

- 鼠标单击，这是最常用的方法；
- 按键盘上的方向键将光标移到某个单元格中；
- 用鼠标单击编辑栏的名称框，输入要定位的单元格地址（如E34)，按回车即可直接定位到单元格E34；
- 用Enter键控制垂直方向，Tab键控制水平方向。

4.1.2 工作簿的建立

一般情况下，当启动Excel软件后，Excel就默认新建了一个空白工作簿，此时可直接进行表格的编辑操作。

1. 新建空白文档

当建好一个工作簿后，若需要再新建一个空白工作簿文件时，可选择【文件】→【新建】，单击【空白工作簿】

2. 根据现有文档新建

如果需要编辑一个与现有Excel文件结构相似或内容相近的新文件时，则可以通过已有的Excel文件来创建一个新的工作簿文件。可选择【文件】→【新建】，单击【根据现有工作簿…】，选择现有工作簿后，单击【创建】按钮。

3. 根据模板创建新文档

通过模板新建的文档，这种创建文档的方法方便快捷而且很实用。可选择【文件】→【新建】，然后可根据【本机上的模板】或【网站上的模板】建立，其文档的基本内容及格式都基本上编辑好了，用户只需在相应的位置输入相关的内容即可。

4.1.3 表格的数据输入

表格的一般结构包括表格的说明内容、数据区和统计区三部分。本节以职工档案表为例讲述表格数据的输入。

在Excel中，如果向单元格中键入数据，应先选中要添加数据的单元格，当某个单元格被选中时，单元格的四周将出现黑框，同时，在编辑栏左面的“名称”列表框中将显示该单元格的名称。这时就可以输入数据了，输入的内容在单元格和编辑栏中同时显示出来。

如果要删除刚刚键入的单元格中的内容，Esc键或单击编辑栏中的“取消”（✖）按钮即可。如果要保留单元格中键入的数据，只要选中其他的单元格或单击编辑栏中的“输入”（✔）按钮。

在向单元格中键入数据时，当数据长度超过单元格长度时，如果下一个单元格不为空，Excel将以常规尺寸显示单元格的部分数据，但单元格的数据仍然以键入的全部内容为准，要查看单元格中的完整数据，可选中单元格后，在编辑栏中阅读。

在Excel的单元格中输入数据可以是常量、公式和函数。常量数据包括数值、文本、日期和时间等。Excel能够识别并根据单元格中数据的格式，以不同方式存储和显示单元格数据。

例如：新建工作簿，从sheet1的A1单元格开始输入图4-1-2所示的表格的数据，保存文件名为“职工档案”。

	A	B	C	D	E	F	G	H	I
1	职工档案								
2	职工编号	部门	姓名	性别	出生日期	职务	参加工作时间	职称	联系电话
3	0001	道桥系	刘文新	男	1954-4-17	系主任	1978-6-1	副教授	89708755
4	0002	道桥系	白成飞	男	1966-9-28	教师	1990-8-1	讲师	89708757
5	0003	道桥系	贾青青	女	1969-4-1	教师	1992-7-1	讲师	89708757
6	0004	机电系	马平安	男	1963-11-11	系主任	1985-7-1	教授	89708781

图 4-1-2　建立表格样例

可以看到，表格中的职工编号、部门、姓名等文本格式数据是左对齐显示，日期格式的数据是右对齐显示。在Excel中不同格式的数据默认采用不同的显示方式。

1. *工作表中输入数据*

(1) 输入文本格式的数据。

在Excel中，除了数值和日期型数据外，Excel将其余输入的数据均作为文本数据，文本指当作字符串处理的数据，由字母、数字或其他字符组成。

如果要输入的文本数据全部由数字组成（如编号、邮政编码、身份证号码、电话号码等），需要输入时，应在数字前加一个西文单引号“’”，如编号0002输入时键入’0002,以区别数值格式的数据。

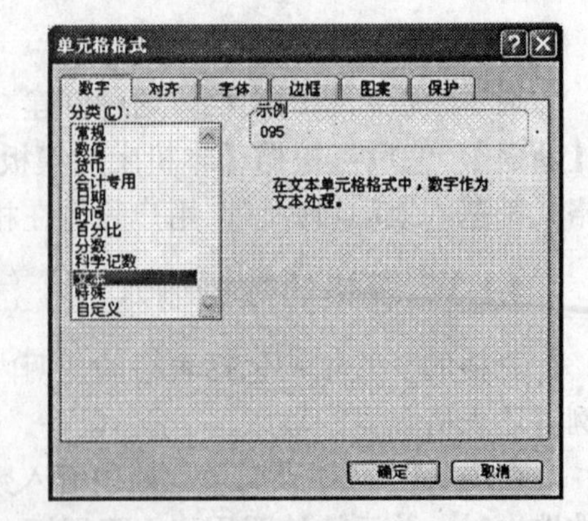

图 4-1-3　“单元格格式”对话框

如果在输入文本格式的数字时没有键入“’”，而是直接键入0002，Excel将该数据作为数值格式的数据对待，结果是舍去数字前面的0，并且右对齐单元格。如果希望在输入这类数据时不键入“’”，又不会将该数据作为数值格式的数据对待，可以在输入数据之前，定义单元格数据的格式为文本格式。方法是：单击【格式】→【单元格】，打开【单元格格式】对话框，在对话框的【分类】列表框中选中【文本】，再单击【确定】即可将该数据指定为文本格式的数据。如图4-1-3所示。

提示：

① 键入“'”方式比较适合于个别单元格数据的输入，先定义单元格格式为文本较适合于单元格区域的数据输入。

② 一旦单元格的格式被定义为文本格式，输入数字数据时，就无需键入“'”。

③ 键入的“'”一定是西文，不可为中文。数据输入完毕单击编辑栏中的“✔”或者选中其他单元格时，键入的“'”将不出现在单元格中。

④ 在默认状态下，文本格式数据在单元格内左对齐显示。

(2) 输入数值格式的数据。

数值格式的数据可以是整数（如123）、小数（如12.34）、分数（如1/2），并且可以在数值中出现数学符号，如“+”“－”“/”“%”“E”“$”“￥”等符号。在默认状态下，所有数值在单元格中均右对齐。

在输入数值格式的数据时，输入的内容将以默认的格式显示，如果数据的格式包括两位小数，当输入123时，单元格中将显示123.00。

数值的格式，如小数点后保留小数位以及千位分隔符，可以在键入数据之前或之后进行设置。方法是：选中要设置的单元格（或区域），打开“单元格格式”对话框。在对话框中的“分类”列表框中选择“数值”，然后在右面的“小数位数”中设置小数位数，如果在数据中使用千位分隔符，选中“使用千位分隔符”选项，最后单击“确定”按钮即可，如图4-1-4所示。

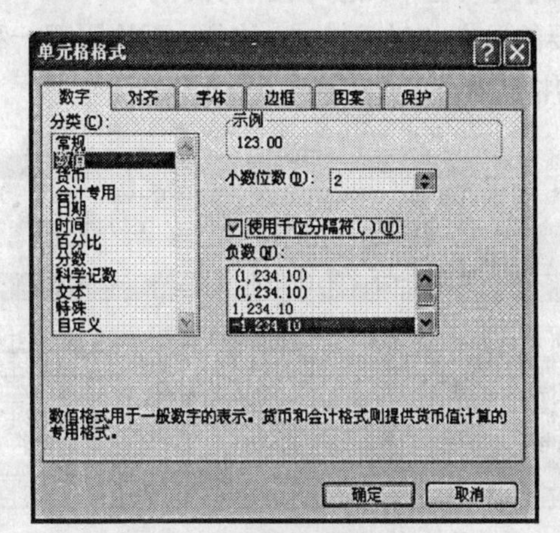

图 4-1-4 设置数值格式

提示：

① 输入分数时应在分数前加“0”和一个空格。

② 带括号的数字被认为是负数。

③ 如果在单元格中输入的是带千分位“,”的数据，而编辑栏中显示的数据没有“,”。

④ 如果在单元格中输入的数据太长，那么单元格中显示的是“######”。

⑤ 无论在单元格中输入多少位数值，Excel只保留15位的数字精度。如果数值长度超出了15位，Excel将多余的数字位显示为“0”。

(3) 输入日期和时间。

Excel内置了一些日期和时间的格式，如图4-1-5所示。当向单元格中输入的数据与这些格式相匹配时，Excel 将它们识别为日期型数据。

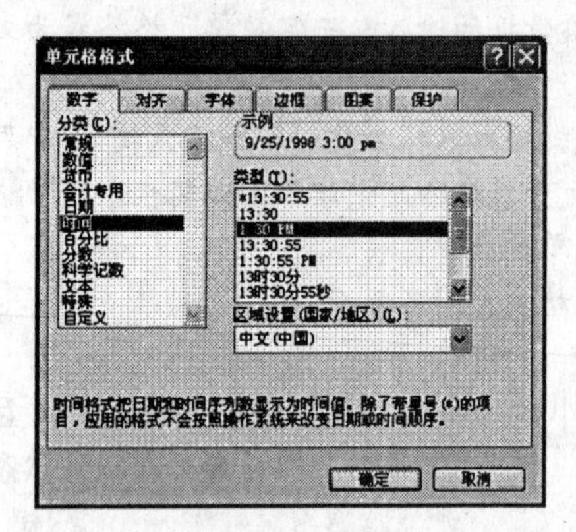

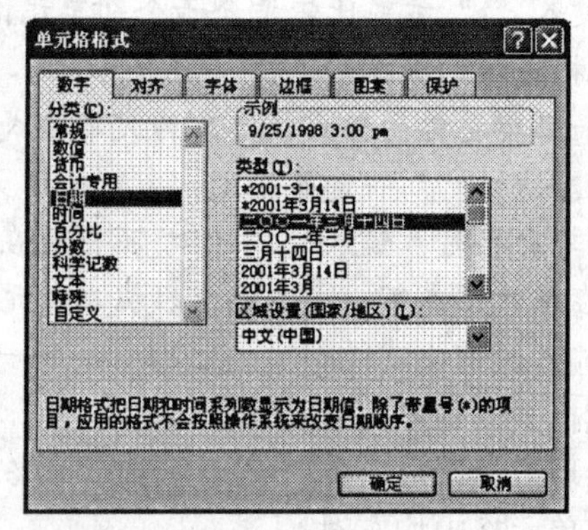

图 4-1-5 “日期”与“时间”选项

如果只用数字表示日期，可以使用分隔符（—）、或斜杠（/）来分隔年、月、日。如2005/12/05、1-Oct-06 等。

当键入时间时，可以用 AM/PM 或者 24 小时制的时间，使用 AM/PM 方式时，时间和AM/PM之间必须键入空格，如 9:50 AM。

在一个单元格中允许同时输入时期和时间，但必须在它们之间键入空格。

在默认时，日期和时间项在单元格中右对齐。

Excel可以定义需要的日期和时间格式，这样，无论用哪一种格式输入这类数据，Excel都会自动将其用指定的格式显示，如图4-1-6所示。

Microsoft Excel - 职工档案.xls

G3 1978-6-1

	A	B	C	D	E	F	G	H	I
1	职工档案								
2	职工编号	部门	姓名	性别	出生日期	职务	参加工作时间	职称	联系电话
3	0001	道桥系	刘文新	男	1954-4-17	系主任	1978年6月	副教授	89708755
4	0002	道桥系	白成飞	男	1966-9-28	教师	1990年8月	讲师	89708757
5	0003	道桥系	贾青青	女	1969-4-1	教师	1992年7月	讲师	89708757
6	0004	机电系	马平安	男	1963-11-11	系主任	1985年7月	教授	89708781

图 4-1-6 日期的输入与显示格式

如果要输入当前系统的日期，按【Ctrl+;】组合键。如果要输入当前系统的时间，按【Ctrl+Shift+;】组合键。

2. 快速输入数据的方法

(1) 自动填充。

熟练掌握Excel的自动填充功能可以提高有规律数据序列的输入效率，对于没有定义序列的数据区域或单个数据，利用自动填充可以实现快速复制；对于定义了序列的数据区域，只要输入序列中的一个数据，利用自动填充就可以快速完成其他数据的输入。所以在使用Excel输入数据之前应观察要输入数据的规律性，从而确定是否可以利用自动填充功能高效地完成数据的输入。

① 使用鼠标拖动填充等差数列。

● 数值型数据的填充。

选中初值单元格后直接拖动填充柄（用鼠标指向单元格右下角，此时鼠标指针变为十字形），数值不变，相当于复制。

当填充的步长为±1时，选中第一个初值，拖动填充柄的同时按【Ctrl】键，向右、向下填充数值增大，向左、向上填充数值减小；当填充的步长不等于±1，选中前两项作为初值，用鼠标拖动填充柄进行填充，如图4-1-7所示。

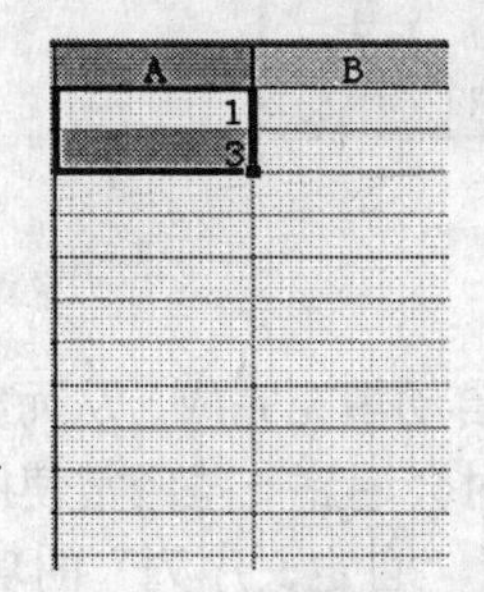
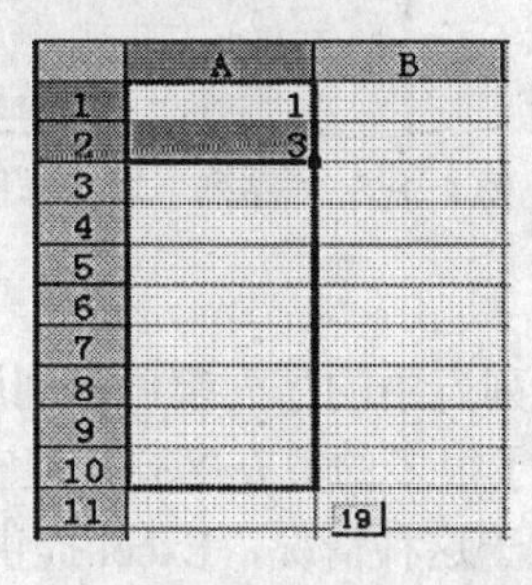
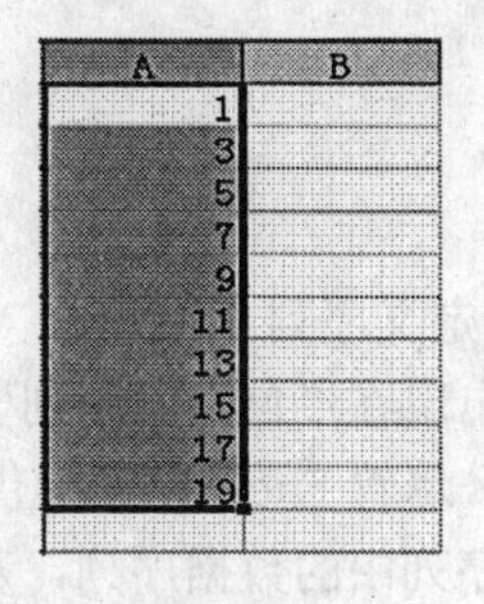

图 4-1-7 数值型数据的自动填充

注意：可通过选择“自动填充选项”来选择填充所选单元格的方式。例如，可选择“仅填充格式”或“不带格式填充”。

● 文本型数据的填充。

不含数字串的文本串，无论填充时是否按【Ctrl】键，内容均保持不变，相当于复制。

含有数字串的文本串，直接拖动，文本串中最后一个数字串成等差数列变化，其他内容不变；按【Ctrl】键拖动，相当于复制。

● 日期型数据的填充。

直接拖动填充柄，按“日”生成等差数列；按【Ctrl】拖动填充柄，相当于复制。

② 序列填充。

当填充数据比较复杂时，如等比数列、等差数列（公差任意）、按年（月、工作日）变化的日期可以采用序列填充。操作如下：单击“编辑”菜单中的“填充”选项，在子菜单中选择“序列”，打开“序列”对话框，在对话框中设置参数。

例如，在图4-1-8所示的工作表中，“放假日”对应数据从2005-1-1填充到2005-3-6。

“序列”对话框参数设置如下。

● “序列产生在”选择序列按行还是列填充；

● “类型”选择填充数列的类型，如果选择“日期”，还要选择步长按日、工作日、月还是年变化，如果选择“自动填充”，效果相当于鼠标左键拖动填充；

● “预测趋势”只对等差数列和等比数列起作用，可以预测数列的填充趋势；

● “步长值”输入数列的步长；

● “终止值”输入数列中最后一项值。如果预先选中了填充区域，此项可以省略。

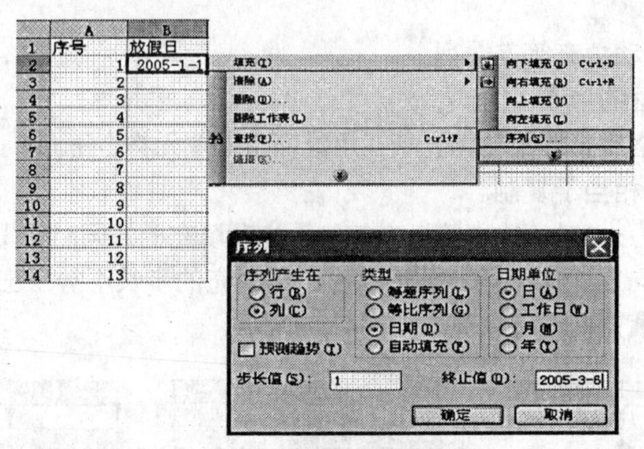

图 4-1-8 “序列”填充样例

⑵ 自定义序列。

凡是出现在“自定义序列”列表中的序列都可以利用自动填充完成，从而实现数据的快速输入。尽管Excel默认提供了很多的填充序列，但有时会遇到一些经常使用但却不包含在已有序列中的数据序列，对于这种情况，Excel提供了“自定义序列”的功能。

① 自定义序列：单击【工具】→【选项】命令，在“选项”对话框中选择“自定义序列”选项卡，选择“自定义序列”框中的“新序列”，然后在“输入序列”框中键入序列条目（注意：序列的第一个字符不能为数字，按 Enter 分隔序列条目），单击【添加】将自定义序列保存到左侧的“自定义序列”框中。如果点击【删除】将删除所选自定义序列，但不能删除内置的自定义序列，如图 4-1-9 所示。

② 从单元格中导入自定义序列：若要从工作表区域中导入序列条目，请单击“从单元格中导入自定义序列”框，选择工作表中的区域，再单击“导入”。每一条目必须分别位于工作表区域中的独立单元格中。序列条目的第一个字符不能为数字。

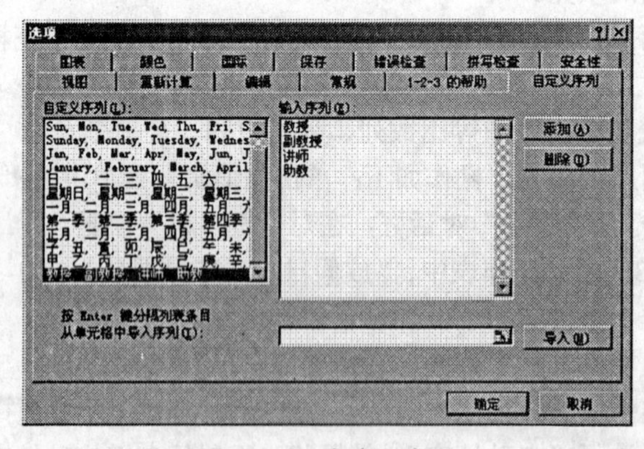

图 4-1-9 自定义序列

技巧：往很多单元格中同时输入相同数据可采用选择需要输入数据的单元格或单元格区域，在编辑栏中输入相应数据，然后按【Ctrl+Enter】键。

3. 关闭并保存工作簿

关闭工作簿的方法同Word。

为了防止发生意外事故造成数据丢失，在创建工作簿的同时，最好要保存工作簿。方法是：单击工具栏中的【保存】工具按钮或单击【文件】→【保存】选项，打开另存为对话框。在对话框中选择工作簿要保存的位置，并为工作簿命名，保存类型可以选择默认的Excel工作簿，最后单击【确定】即可。

4.1.4 工作表的编辑

1. 插入、删除、移动工作表

⑴ 插入工作表：执行【插入】→【工作表】命令，或用鼠标右键单击工作表标签，在弹出的菜单中选择“插入”命令。

⑵ 删除工作表：执行【编辑】→【删除工作表】命令，或用鼠标右键单击要删除的工作表标签，在弹出的对话框中选择【删除】命令。

⑶ 移动工作表：单击需要移动的工作表标签，再将它拖到想要移到的位置，然后释放鼠标即可。

2. 冻结工作表

在浏览表格数据时，表格数据太多无法以都显示在一屏内时，不方便之处主要是在浏览数据时无法看到表格的行、列标题，造成无法清楚数据含义。通过冻结拆分窗口工具，可以方便地把表格的部分固定在屏幕上。操作如下：首先选定要冻结的单元格，单击菜单【窗口】→【冻结窗格】命令，这个单元格上一行和左一列的单元格区域将被锁定，不参与屏幕滚动。

在图4-1-10中，为了在滚动屏幕时仍然可以看到表格的标题行和标题列，可选择B3单元格为冻结单元格。该单元格一旦被冻结，此单元格以上行（2行及1行）和左一列（A列）的单元格区域将不参与屏幕滚动，从而在浏览表格数据时，方便地参照表格的行标题和列标题。单击菜单【窗口】→【取消冻结窗格】命令可以取消冻结。

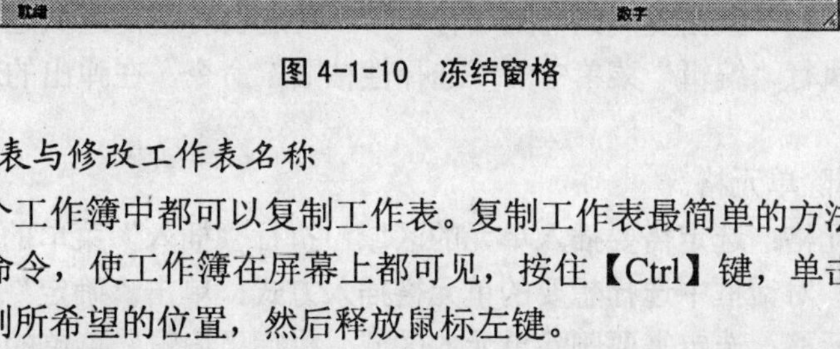

图 4-1-10 冻结窗格

3. 复制工作表与修改工作表名称

在一个或多个工作簿中都可以复制工作表。复制工作表最简单的方法是：通过“窗口”的“重排窗口”命令，使工作簿在屏幕上都可见，按住【Ctrl】键，单击需要拖动的工作表标签，将它拖到所希望的位置，然后释放鼠标左键。

Excel给工作表起的默认名字是Sheet1、Sheet2、Sheet3……为了便于记忆，可以给工作表重新命名，给工作表改名非常容易，只要用鼠标双击工作表标签，标签名处于选中状态，即可重新输入新标签名。

4. 选定多个工作表

有时需要对多个工作表同时操作，就需要先把它们选定。选定相邻的工作表时，在按住【Shift】键的同时单击第一个和最后一个标签即可。当选定不连续的工作表时，按住【Ctrl】键，依次单击各个需要的工作表标签即可。

5. 选定单元格

要以某个或某些单元格进行操作，必须先选定单元格。选定单元格的方法很多，可根据需要灵活选择。

⑴ 选定某个单元格。将鼠标指向所需的一个单元格，单击即可使之成为活动单元格。

⑵ 选定连续单元格区域。首选将鼠标箭头指向要选定区域的第一个单元格，按住鼠标左键，拖动至要选定区域的最后一个单元格，选定的区域会变成蓝色，表明这一块区域被选中的状态。释放鼠标左键，一个连续的区域就选定了。

⑶ 选定整行（列）。选定整行（列），可视情况的不同而选用不同的方法。

- 选定单行（列）：在工作表上单击该行（列）的行（列）号即可选中此行（列）。
- 选定连续行（列）区域：在工作表上单击该区域的第一行（列）行号（列号），然后按住【Shift】键，再单击最末一行（列）的行号（列号）；或者拖动鼠标。
- 选定不连续的区域：按住【Ctrl】键，然后单击想要选择的行号（列号）。

⑷ 选定整个工作表。单击工作表左上角行号与列号相交处的全选按钮，即可选定整个工作表。

⑸ 选定不连续单元格区域。按住【Ctrl】键的同时，逐个单击所要选取的单元格。⑹ 选定局部连续整体不连续的单元格。按住【Ctrl】键，然后按照选取连续单元格的方法，逐个选取各连续单元格即可。

6. 编辑表格中数据

利用Excel的一些编辑功能，可以更快地完成输入和编辑数据的工作。

⑴ 修改单元格中的数据。选定单元格后，单击编辑栏就可以对单元格中的数据直接编辑，或者双击要进行编辑的单元格，就可以在单元格内对数据进行编辑了。

⑵ 复制和移动数据。复制和移动数据与Word类似，可以使用菜单命令、工具栏按钮、快捷键、快捷菜单中的命令、鼠标拖动。当对选中的单元格执行复制或剪切命令时，单元格周围会有闪烁的虚线，可以按下【Esc】键或双击其他单元格取消。

⑶ 选择性粘贴数据。如果只想对单元格中的公式、数字、格式等进行选择性复制，或者希望将一行（列）数据复制到一列（行）中。首选要对选定区域进行复制操作，然后选择粘贴区域，执行“编辑”菜单中的“选择性粘贴”命令，在弹出的对话框中选择所需的粘贴方式即可。

⑷ 插入、删除单元格。

- 插入单元格：选定需要插入单元的区域，执行“插入”菜单的“单元格”命令，在弹出的“插入”对话框中选择想要的单元格插入方式，单击“确定”即可。
- 删除单元格：选定需要删除单元的区域，执行“编辑”菜单的“删除”命令，在弹出的“删除”对话框中选择单元格的删除方式，单击“确定”即可。

⑸ 插入、删除行或列。

在使用Excel表格时，由于某些需要，可以在工作表中增加一行（列）以增添新的数据。方法是：选定与插入单元格的行数（列数）相等的单元格区域的行（列）数，执行“插入”菜单的“行”（列）命令，则会在选定区域的上方（左边）插入与选定单元格区域行（列）数相等的空行（列）。

7. 查找与替换

Excel的查找与替换功能不仅可以针对内容，还可以针对格式。

Excel的内容查找替换功能可以使用通配符，用问号（?）代替任意单个字符，星号（*）代替任意字符串。

(1) 查找：编辑—查找；

(2) 替换：编辑—替换。

注意：搜索时可以搜索单元格区域，某个工作表，多个工作表，直至整个工作簿。在默认范围是工作表的前提下，分为以下三种情况：

- 只选定一个单元格，在当前工作表内进行查找或替换；
- 选定单元格区域，则在该区域进行查找或替换；
- 选定多个工作表，则在多个工作表内查找或替换。

若范围改为工作簿则不受以上限制，在整个工作簿中查找或替换。

例如，将职工档案表中的性别“男、女”分别替换为“M、F”，方法是：选中性别（D3:D16单元格区域），单击【编辑】→【替换】命令，按要求输入查找与替换内容，单击【全部替换】即可，替换结果如图4-1-11所示。

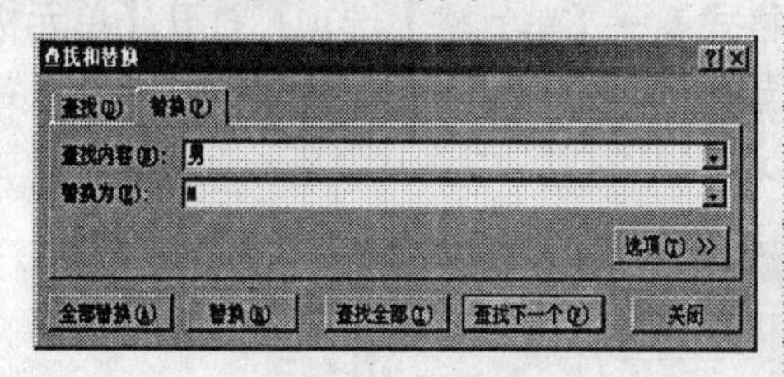

姓名	性别	出生日期
刘文新	M	1954-4-17
白成飞	M	1966-9-28
贾青青	F	1969-4-1
马平安	M	1963-11-11
王英伟	M	1954-2-3
李敏新	F	1977-12-25
赵同国	M	1963-5-4
赵威	M	1966-1-16
于晓萌	F	1963-7-21
邓锐	F	1969-10-10
王辉	M	1981-1-11
周琳琳	F	1965-11-16
孙春红	F	1978-6-18

图 4-1-11 替换样例

4.1.5 工作表的格式化

工作表的格式化不仅可以使表格美观，还可以易于查阅，有效的格式化可以提高工作效率，减少阅读误差等。

1. 格式化单元格

格式化单元格的操作在“单元格”对话框中进行设置，或者直接使用格式栏中的工具按钮。格式化单元格通常包括：

- 设置单元格的行高和列宽；
- 设置单元格中文本的水平和垂直对齐方式；

● 设置文本字体、字形、字号、颜色和背景；

● 设置单元格边框和图案。

(1) 设置行高和列宽。

Excel 有默认的表格行高和列宽。有时根据需要可以改变表格的行高和列宽。设置表格的行高和列宽时要注意：在Excel中每行的高度和每列的宽度可以不相同，但同一行的高度和同一列的宽度必须相同。因此，要设置某行高度或某列宽度时，只需选中该行或该列的某个单元格即可。

利用“格式”菜单中的“行”或“列”选项，在子菜单中选择“行高”或“列宽”选项，在打开的如图4-1-12所示的对话框中进行设置即可。

图 4-1-12 “行高”对话框

● 利用鼠标：将鼠标移至灰色的行首或列首，指向要改变的行或列之间的格线（指针变为双向箭头），按住左键拖动至合适位置即可。

● 自动调整行高或列宽：选中整个表格或者要设置的行或列，单击【格式】→【行】或【列】选项，在子菜单中选中【最适合的行高】或【最适合的列宽】选项，Excel会根据单元格的数据情况将表格的行或列到最佳的高度和宽度。也可以用鼠标双击行号的下边框或者双击列号的右边框，Excel也能识别，从而产生适合的行高和列宽。

(2) 对齐方式。

选中想要格式化的单元格，单击【格式】→【单元格】选项，打开【单元格格式】对话框，如图4-1-13所示。选中【对齐】选项卡，在该选项卡对话框中，可以设置单元格文本的水平或垂直方向的对齐方式，以及文本内容在单元格中的文字方向。

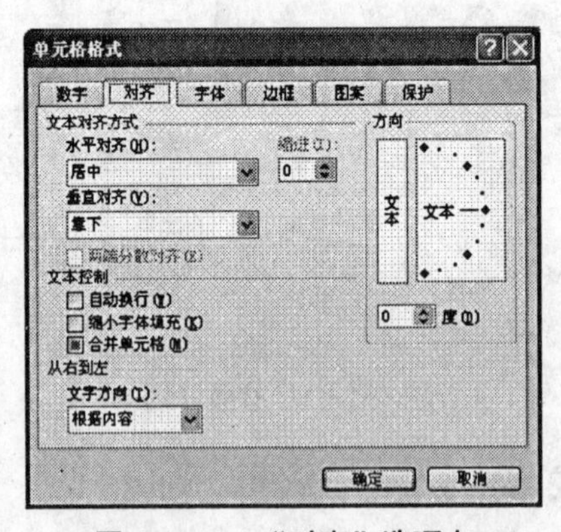

图 4-1-13 “对齐”选项卡

另外，采用Excel提供的“合并及居中”工具，可以使表头跨列居中在表格的中间，从而突出显示表格的标题。

(3) 设置字体、大小及颜色。

选定单元格或区域，单击【格式】→【单元格】命令，选择“字体”选项卡，即可对字体的外观进行设置，如图4-1-14所示。

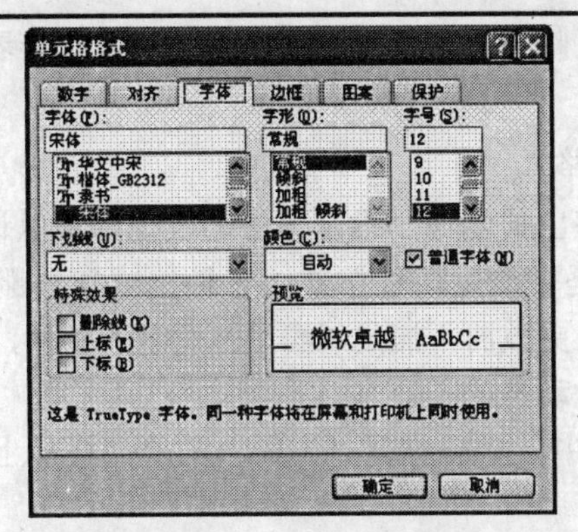

图 4-1-14 “字体”选项卡

在选项卡中选取需要的字体、字形、字号和颜色。如果需要，还可以为文本设置下划线和特殊效果。设置完毕单击“确定”即可。

(4) 添加边框和底纹。

为突出工作表或者某些单元格的内容，可以为其添加边框和底纹。

添加边框的方法是：

① 选择要添加边框的表格或单元格；

② 打开“单元格格式”对话框，并选中“边框”选项卡，如图4-1-15所示。

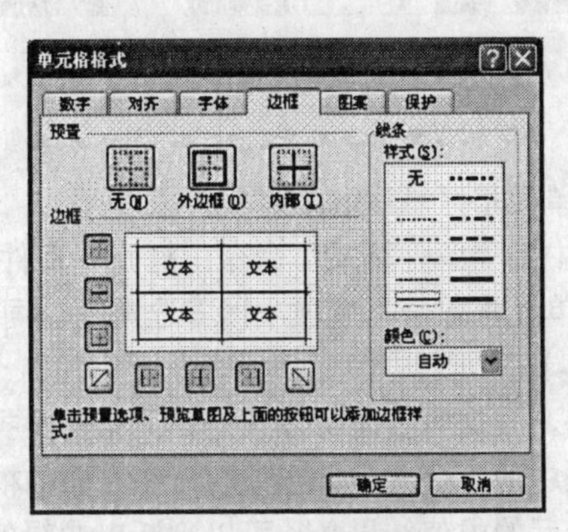

图 4-1-15 “边框”选项卡

③ 在选项卡中通过“预置”和“边框”线按钮，设置需要的边框样式，在“线条”样式中选择所选边框线的样式，在“颜色”下拉列表框中不可以选择边框线的颜色，然后单击“确定”即可。

此外，可以选中“图案”选项卡，为表格或单元格设置底纹效果。选中“保护”选项卡可对单元格进行锁定或对公式进行隐藏。

2. 工作表背景

为工作表添加添加背景可以起到美化工作表的作用，其操作如下：

① 单击【格式】→【工作表】命令，在弹出的子菜单中选择【背景】，打开【工作表背景】对话框，从中找到合适的图片作为工作表的背景；

② 单击对话框中的【插入】按钮，即可为工作表添加背景。

添加背景后，如果想删除背景，则单击【格式】→【工作表】命令，在弹出的子菜单中选择【删除工作表背景】，即可将背景删除。

3. 设置单元格的条件格式

在工作表中有时为了突出显示满足设定条件的数据，可以设置单元格的条件格式。

无论单元格中的数据是否满足条件格式，条件格式在被删除前会一直对单元格起作用。如果单元格中的值发生更改而不满足（满足）设定的条件，Excel会暂停（启用）显示的格式。所以说条件格式是动态的。

例如： 在职工档案表中，将职称是“讲师”的单元格加上浅绿色背景并加粗显示。如图4-1-16所示。

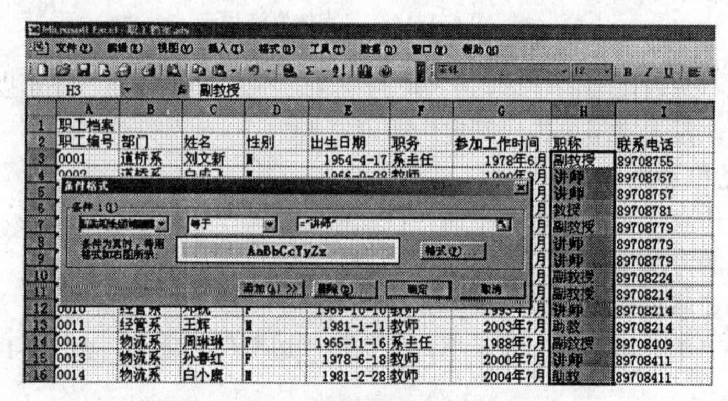

图 4-1-16 条件格式设置样例

操作如下：

⑴ 选定要设置格式的单元格区域H3:H16。

⑵ 单击“格式”菜单中的“条件格式”命令，打开“条件格式”对话框。

⑶ 在对话框中单击“单元格数值”选项，接着选定比较词，如“等于”，然后在数值框内键入“讲师”，如图4-1-16所示。

除了单元格中的数值外，根据需要还可以选定单元格的数据或条件进行测试，可使用公式作格式条件。选择左框中的“公式为”选项时，在右面的框中输入公式，公式前要加上西文的等号“=”。公式最后的求值结果必须可以判断出逻辑值为真或假。只有单元格中的值满足条件或是公式返回逻辑值“真”时，格式才应用于选定的单元格。

⑷ 单击“格式”按钮，打开“格式”对话框，选择要应用的字体样式、字体颜色、背景色或图案，指定是否带下划线。

⑸ 如果要加入另一个条件，单击“添加”按钮，“条件格式”对话框展开“条件二”框，然后重复上述步骤。

⑹ 单击“确定”按钮完成“条件格式”的设置。

4. 自动套用格式

为了快速格式化表格，也可以使用Excel提供的自动套用格式功能。操作如下：选中要格式化的表格或一块区域，单击【格式】→【自动套用格式】命令，打开图4-1-17所示的“自动套用格式”对话框。

可根据需要选择“选项”（显示应用格式种类：数字、字体、边框、图案等），选择预设格式，然后单击【确定】按钮。

5. 利用格式刷复制格式

(1) 格式的复制。

用于若干个单元格都使用相同的格式。

选定单元格或区域→单（双）击工具栏中的格式刷→单击（选定）目标单元格或区域。

(2) 格式的删除。

选定单元格或区域→【编辑】菜单→【清除】→【格式】。

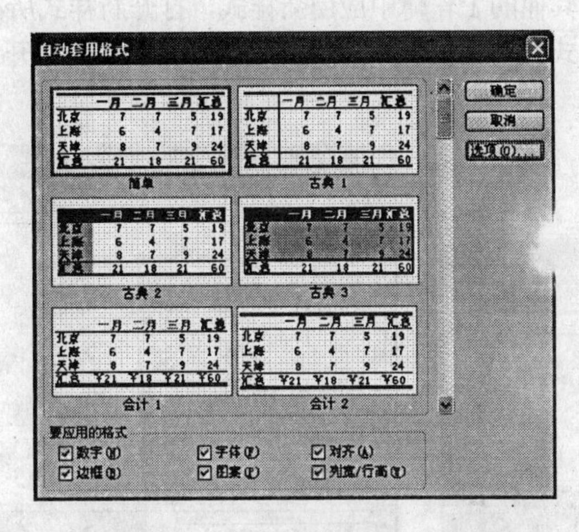

图 4-1-17 “自动套用格式”对话框

6. 使用样式

每次打开新工作簿窗口时，Excel为创建的新工作表提供默认的样式。如果用户不满意可以重新格式化工作表。如果经常使用格式相同的工作表，可以创建一个格式样式，以便使新的工作表直接应用样式进行格式化。

创建一个新样式或者修改一个已有的样式的操作如下：

单击【格式】→【样式】命令，打开样式对话框，如图4-1-18所示。

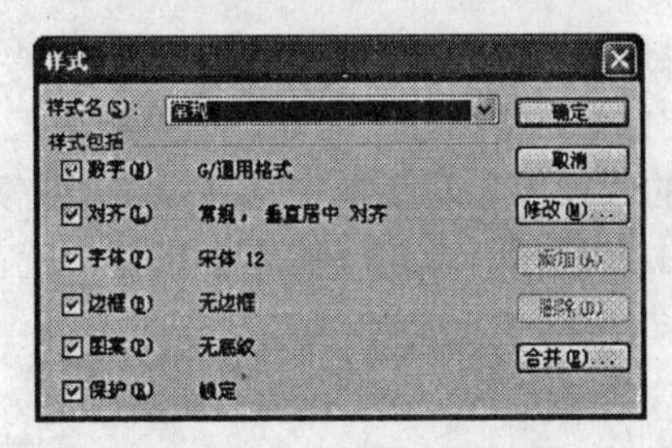

图 4-1-18 “样式”对话框

在对话框中可以看到当前工作表所使用的样式。在“样式名”中显示“常规”样式，单击“样式名”下拉框还可以看到Excel提供的其他样式名。从中选取需要的样式。

如果要更改某个样式，在“样式名”列表框中选择该样式名。如果要创建新的样式，在“样式名”文本框中输入新样式名。单击【修改】按钮，打开“单元格格式”对话框。在“单元格格式”对话框中可以设置包括数字格式、文本字体、文本对齐方式、表格边框和底纹图案的格式，修改完毕单击【确定】，返回“样式”对话框。最后，在“样式”对话框中单击【确定】，就完成了修改或创建样式的操作。

对当前工作表应用样式的操作是：

(1) 单击【格式】→【样式】命令，打开“样式”对话框；

(2) 在对话框的“样式名”下拉列表框中选择要应用的样式名；

(3) 单击【确定】按钮即可。

在当前工作簿中建立的新样式，只能应用于该工作簿中，新样式并不出现在其他工作簿的样式中，如果要在其他的工作簿中应用新样式，打开新样式所在的工作簿，在其他工作簿的窗口中打开“样式”对话框，然后单击【合并】按钮，打开“合并样式”对话框，如图4-1-19所示。

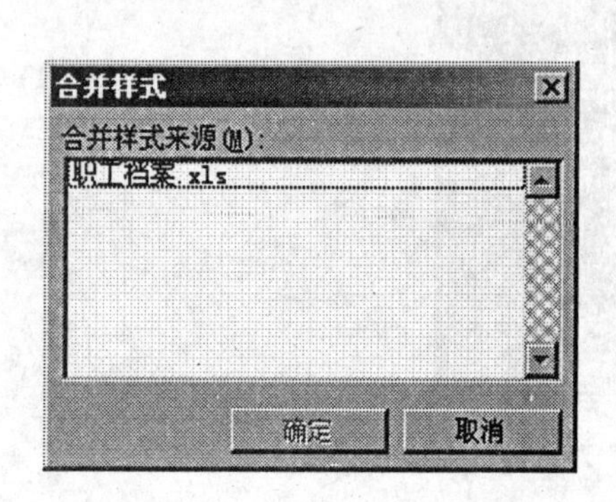

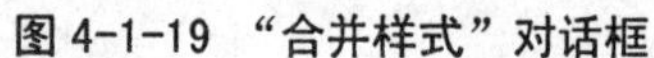
图 4-1-19 “合并样式”对话框

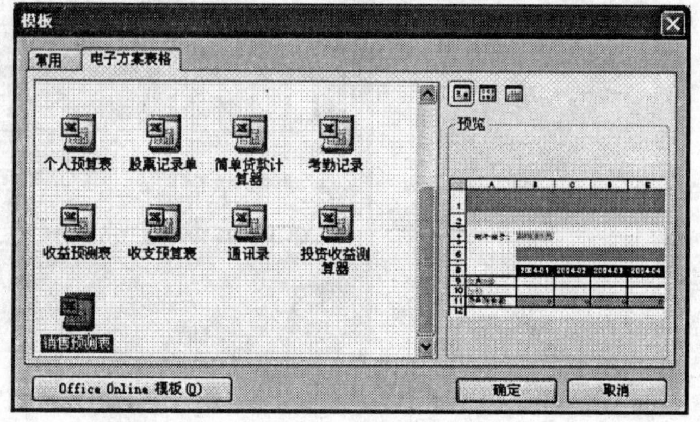

图 4-1-20 “模板”对话框

在对话框的“合并样式来源”列表框中选择新样式所在的工作簿，单击【确定】即可。

7. 使用模板

Excel为一些常用的报表提供了模板，使用这些模板不仅可以提高工作效率，而且还可以创建标准样式的报表。

Excel提供了一些模板供用户使用，操作如下。

在Excel窗口中单击【文件】→【新建】命令，在“新建工作簿”任务窗格中选择“本机上的模板”，然后在弹出的“模板”对话框中选择“电子方案表格”选项卡，在列表框中选择需要的模板，如图4-1-20所示。单击【确定】按钮，就在工作簿窗口中打开了选中模板的电子表格。

4.2 案例 1 —— 制作职工档案表

本节将制作一个职工档案表，效果如图4-2-1所示。

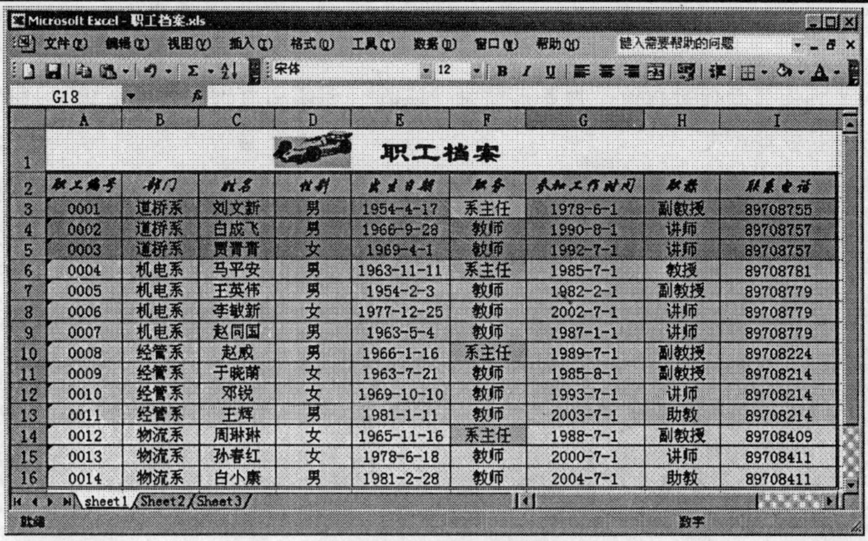

职工档案

职工编号	部门	姓名	性别	出生日期	职务	参加工作时间	职称	联系电话
0001	道桥系	刘文新	男	1954-4-17	系主任	1978-6-1	副教授	89708755
0002	道桥系	白成飞	男	1966-9-28	教师	1990-8-1	讲师	89708757
0003	道桥系	贾青青	女	1969-4-1	教师	1992-7-1	讲师	89708757
0004	机电系	马平安	男	1963-11-11	系主任	1985-7-1	教授	89708781
0005	机电系	王英伟	男	1954-2-3	教师	1982-2-1	副教授	89708779
0006	机电系	李敏新	女	1977-12-25	教师	2002-7-1	讲师	89708779
0007	机电系	赵同国	男	1963-5-4	教师	1987-1-1	讲师	89708779
0008	经管系	赵威	男	1966-1-16	系主任	1989-7-1	副教授	89708224
0009	经管系	于晓萌	女	1963-7-21	教师	1985-8-1	副教授	89708214
0010	经管系	邓锐	女	1969-10-10	教师	1993-7-1	讲师	89708214
0011	经管系	王辉	男	1981-1-11	教师	2003-7-1	助教	89708214
0012	物流系	周琳琳	女	1965-11-16	系主任	1988-7-1	副教授	89708409
0013	物流系	孙春红	女	1978-6-18	教师	2000-7-1	讲师	89708411
0014	物流系	白小康	男	1981-2-28	教师	2004-7-1	助教	89708411

图 4-2-1　职工档案表

4.2.1　知识点

"职工档案"是工作中最基本的人事档案材料，人员的招聘、辞退、晋升等因素会引起档案材料内容的不断变化，给档案管理工作带来一定的难度。Excel 电子表格作为微软公司开发的 Office 办公组件之一，为职工档案制作的电子化、档案管理科学化提供了一种方便的技术手段。

通过本例，可以了解 Excel 的基本功能，学习 Excel 工作簿的建立及保存，调整表格中行、列及单元格格式，在表格中录入和修改数据、格式化单元格、设置文字格式、页面设置，插入图片等功能。在制作过程中，为了实现快速录入，可以使用自动序列填充等功能，如职工人数较多，可以使用标题行重复，让打印出的每页表格中都带有标题。

4.2.2　制作步骤

1. 新建工作簿

启动 Excel 2003，会默认建立一个 Book1 工作簿。

2. 在工作表 Sheet1 中录入数据并进行格式设置

(1) 在A2-I2单元格中依次输入"职工编号""部门""姓名""性别""出生日期""职务""参加工作时间""职称""联系电话"，然后对应列标题录入工作表中的数据。

提示:

① 设置"职工编号"(A3: A16 单元格区域)数据格式为文本格式，可以实现"0"居数字首位的输入，利用自动填充功能可以实现自动连续编号。

② 使用数字小键盘和"-"键可以快速输入"出生日期""参加工作时间"以及"联系电话"，有规律的数据部分如"部门""职务"可以自动填充。

③ 利用数据有效性可以选择性录入"部门""性别""职务"和"职称"。下面以"性别"为例讲述具体实现的方法是: 选中"性别"(D3: D16 单元格区域)，单击【数据】→【有效性】命令，打开"数据有效性"对话框，在"设置"选项卡中的有效性条件"允许"框

中选择“序列”选项，在“来源”中输入“男,女”(逗号应为西文半角状态)，然后单击【确定】即可，如图 4-2-2 所示。

④ 在工作簿制作过程中，应养成随时“保存”文档的习惯，以避免因突然停电等意外事件而造成数据丢失。

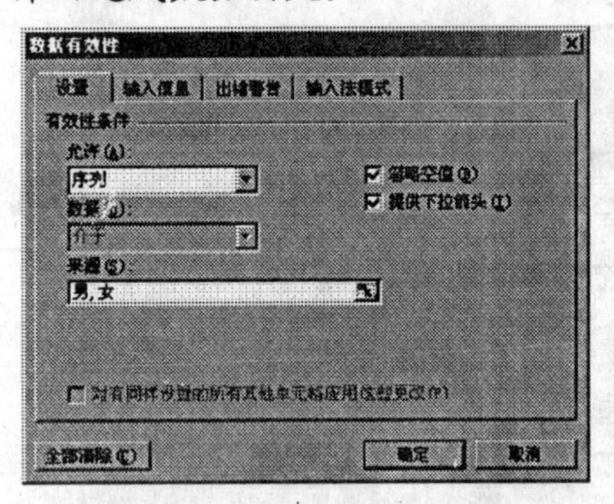

图 4-2-2 “数据有效性”对话框

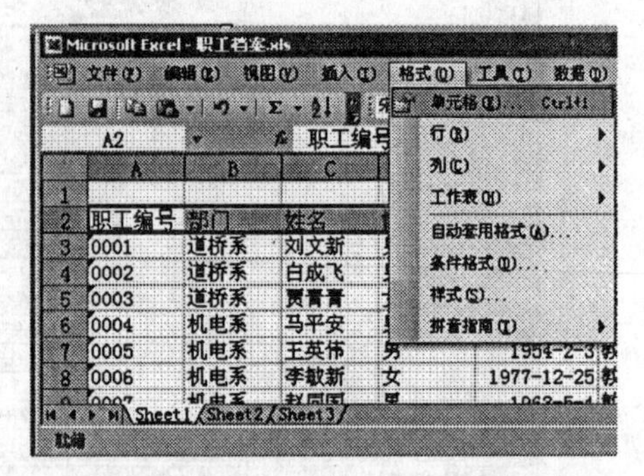

图 4-2-3 执行“单元格”命令

(2) 选中A2-I2单元格区域，以便选中所有列标题，然后执行【格式】→【单元格】命令，如图4-2-3所示。

(3) 打开“单元格格式”对话框，选择“对齐”选项卡。从“水平对齐”和“垂直对齐”下拉列表中，选择“居中”。

(4) 选择“字体”选项卡，设置“字体”为“华文行楷”，设置“字形”为“倾斜”，“字号”为12号。

(5) 选择所有记录，设置对齐方式：水平对齐和垂直对齐都设置为“居中”；设置“字体”为“宋体”，设置“字形”为“常规”，“字号”为11号。

(6) 在A1单元格中输入标题“职工档案”，选中A2-I2单元格区域，单击“格式”工具栏上的“合并居中”按钮，选择“字体”选项卡，设置“字体”为“隶书”，设置“字形”为“加粗”，“字号”为20号；单击【格式】→【行】→【行高】，设置行高为30。

(7) 插入一图片放于适当位置。以上设置效果如图4-2-4所示。

职工档案

职工编号	部门	姓名	性别	出生日期	职务	参加工作时间	职称	联系电话
0001	道桥系	刘文新	男	1954-4-17	系主任	1978-6-1	副教授	89708755
0002	道桥系	白成飞	男	1966-9-28	教师	1990-8-1	讲师	89708757
0003	道桥系	贾青青	女	1969-4-1	教师	1992-7-1	讲师	89708757
0004	机电系	马平安	男	1963-11-11	系主任	1985-7-1	教授	89708781
0005	机电系	王英伟	男	1954-2-3	教师	1982-2-1	副教授	89708779

图 4-2-4 输入记录并进行格式设置

3. 为单元格添加边框

Excel工作表中默认的网格在表格编辑时给用户一个参考的依据，在表格预览和打印时均不能够显示出来，所以如果希望在打印时出现网格线，就要为表格设置边框。

(1) 选中列标题及所有记录，执行【格式】→【单元格】命令，打开“单元格格式”

对话框，选择“边框”选项卡。

⑵ 在“线条”的“样式”列表框中，选择一种线型，如“双实线”。从“颜色”下拉列表中选择“绿色”，然后单击【外边框】按钮，如图4-2-5所示。再选择一种细“直线”样式，然后单击【内部】按钮。添加边框后的效果如图4-2-6所示。

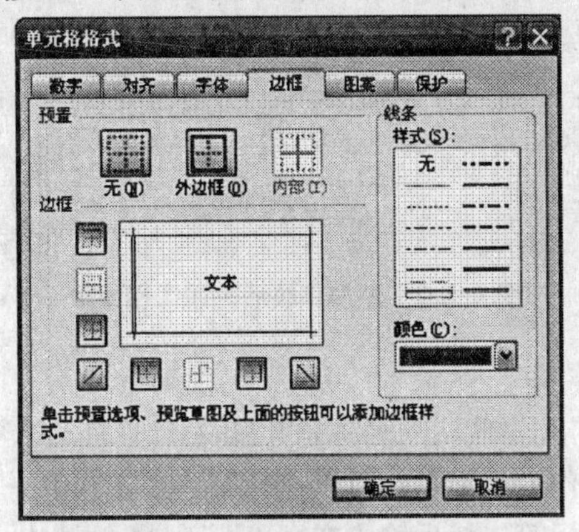

图 4-2-5 “边框”选项卡

A	B	C	D	E	F	G	H	I
职工档案								
职工编号	部门	姓名	性别	出生日期	职务	参加工作时间	职称	联系电话
0001	道桥系	刘文新	男	1954-4-17	系主任	1978-6-1	副教授	89708755
0002	道桥系	白成飞	男	1966-9-28	教师	1990-8-1	讲师	89708757
0003	道桥系	贾青青	女	1969-4-1	教师	1992-7-1	讲师	89708757
0004	机电系	马平安	男	1963-11-11	系主任	1985-7-1	教授	89708781
0005	机电系	王英伟	男	1954-2-3	教师	1982-2-1	副教授	89708779
0006	机电系	李敏新	女	1977-12-25	教师	2002-7-1	讲师	89708779
0007	机电系	赵同国	男	1963-5-4	教师	1987-1-1	讲师	89708779
0008	经管系	赵威	男	1966-1-16	系主任	1989-7-1	副教授	89708224
0009	经管系	于晓萌	女	1963-7-21	教师	1985-8-1	副教授	89708214
0010	经管系	邓锐	女	1969-10-10	教师	1993-7-1	讲师	89708214
0011	经管系	王辉	男	1981-1-11	教师	2003-7-1	助教	89708214
0012	物流系	周琳琳	女	1965-11-16	系主任	1988-7-1	副教授	89708409
0013	物流系	孙春红	女	1978-6-18	教师	2000-7-1	讲师	89708411
0014	物流系	白小康	男	1981-2-28	教师	2004-7-1	助教	89708411

图 4-2-6 为单元格添加边框

4. 为单元格添加底纹

⑴ 选中列标题，执行【格式】→【单元格】命令，打开“单元格格式”对话框，选择“图案”选项卡，选择“茶色”。

⑵ 为区分部门，给不同部门的记录添加不同的底纹（颜色自选）。

5. 利用条件格式突出显示“系主任”单元格

⑴ 选中职务（F3:F16单元格区域），执行【格式】→【条件格式】命令，打开“条件格式”对话框，设置条件1为“等于”“系主任”。

⑵ 在“条件格式”对话框中单击【格式】，设置满足条件的单元格底纹为黄色。添加底纹后的效果如图4-2-7所示。

	A	B	C	D	E	F	G	H	I
1				职工档案					
2	职工编号	部门	姓名	性别	出生日期	职务	参加工作时间	职称	联系电话
3	0001	道桥系	刘文新	男	1954-4-17	系主任	1978-6-1	副教授	89708755
4	0002	道桥系	白成飞	男	1966-9-28	教师	1990-8-1	讲师	89708757
5	0003	道桥系	贾青青	女	1969-4-1	教师	1992-7-1	讲师	89708757
6	0004	机电系	马平安	男	1963-11-11	系主任	1985-7-1	教授	89708781
7	0005	机电系	王英伟	男	1954-2-3	教师	1982-2-1	副教授	89708779
8	0006	机电系	李敏新	女	1977-12-25	教师	2002-7-1	讲师	89708779
9	0007	机电系	赵同国	男	1963-5-4	教师	1987-1-1	讲师	89708779
10	0008	经管系	赵威	男	1966-1-16	系主任	1989-7-1	副教授	89708224
11	0009	经管系	于晓南	女	1963-7-21	教师	1985-8-1	副教授	89708214
12	0010	经管系	邓锐	女	1969-10-10	教师	1993-7-1	讲师	89708214
13	0011	经管系	王辉	男	1981-1-11	教师	2003-7-1	助教	89708214
14	0012	物流系	周琳琳	女	1965-11-16	系主任	1988-7-1	副教授	89708409
15	0013	物流系	孙春红	女	1978-6-18	教师	2000-7-1	讲师	89708411
16	0014	物流系	白小康	男	1981-2-28	教师	2004-7-1	助教	89708411

图 4-2-7　添加底纹后的职工档案表

6. 命名职工档案工作表

在Excel工作簿中，工作表默认的名称是“Sheet1”“Sheet2”“Sheet3”等，这不利于体现其内容，通常要为工作表重命名。可以执行菜单【格式】→【工作表】→【重命名】命令，或直接双击工作表标签，然后输入文字“职工档案表”即可。

7. 冻结窗格快速浏览信息

如果记录较多、较长，列标题及行标题会逐渐移到屏幕隐藏处，这样不方便用户输入与浏览。

⑴ 选择C3单元格，执行菜单【窗口】→【冻结窗格】命令。

⑵ C3单元格上面的“行”和左边的“列”就被冻结了，此时，再使用滚动条浏览记录，冻结的部分就不会做任何移动了，非常适合大表格的浏览，如图4-2-8所示。

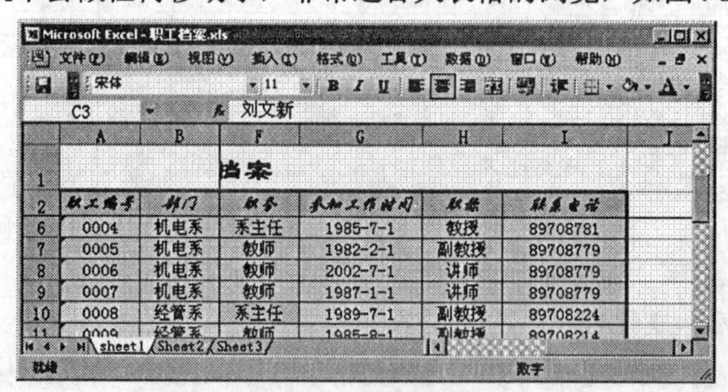

图 4-2-8　冻结窗格

8. 打印职工档案表

根据需要，有时会将职工档案信息打印出来，在打印前需要设置相关的页面选项和打印选项。

⑴ 设置重复标题。

如果职工档案的记录较多，一页打印不下，却希望每页都有“职工档案”这个标题信息，则可进行如下操作。

● 执行【文件】→【页面设置】，选择“工作表”选项卡，在“打印标题”选项区中单击“顶端标题行”选项框右边的按钮。

- 切换到Excel工作表后，使用鼠标在工作表中选择标题行。
- 返回“页面设置”对话框后，单击【确定】按钮，如图4-2-9所示。

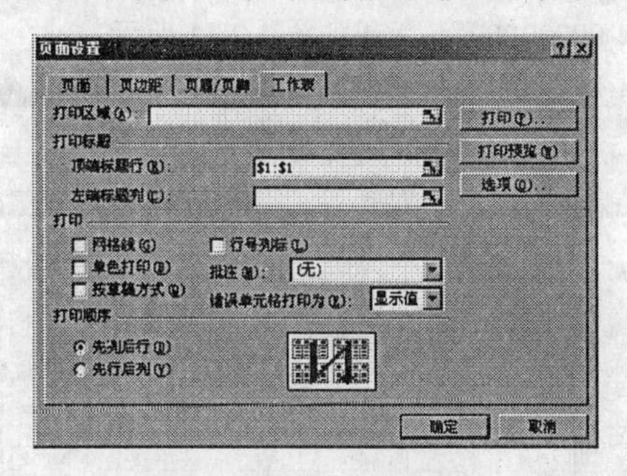

图 4-2-9　打印标题行

⑵ 设置打印页面和打印预览。

- 执行【文件】→【页面设置】命令，对如“纸张大小”“方向”等进行调整，与Word 一样也可以为Excel设置页眉与页角（设置后在工作表中并不显示出来）等。
- 打印预览可以显示一下实际的打印效果，为修改提供依据。本案例通过设置重复标题、横向显示，在打印预览中可以清楚地看到每页都自动加上了“职工档案”标题。

⑶ 打印“职工档案表”。

- 执行【文件】→【打印】命令，系统打开“打印内容”对话框。
- 进行打印范围和打印份数等设定。
- 单击【确定】按钮完成打印。

9. 保存职工档案表

方法同 Word,Excel 2003 默认将文件保存为.xls 格式，即工作簿格式。此外，Excel 2003 还支持其他如 Web 页、XML 表格、模板、文本文件及数据库等多种格式的保存。

技巧：解决“0”居数字首位另类技巧

在 Excel 工作表中经常需要输入“0”居数字首位的数据，除前面介绍的方法外，还可以使用如下方法：

选取需要输入“0”作首位数字的单元格区域，单击【格式】→【单元格】菜单命令，打开“单元格格式”对话框，在“数字”选项卡中的“分类”区域中选择“自定义”，在右侧“类型”文本框中输入“0000”(0 的个数代表单元格数值位数)，如图 4-2-10 所示，最后单击【确定】按钮即可。

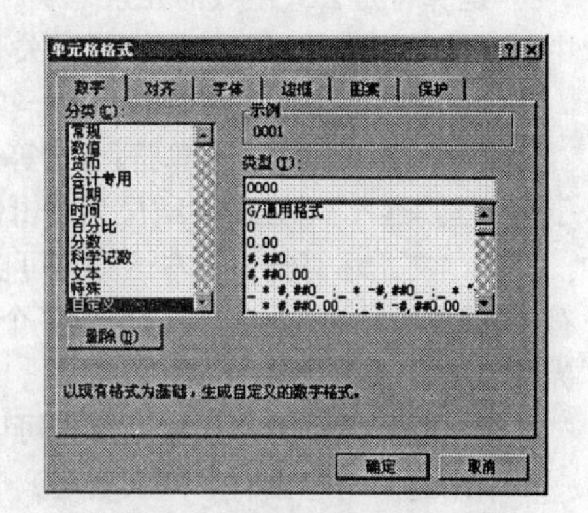

图 4-2-10 自定义的数字格式

用这种方法既可以保留输入的数字“0”，又可以使用“填充功能”实现数字的自动生成。设置完成后在单元格中输入数字时，不必输入数字前面的“0”，按回车键后，系统会根据设置的数字位数自动加上若干个“0”。例如输入“0001”

时，只需要输入“1”后按回车键即可。

可以用设置自定义数字格式的方法解决为“联系电话”添加区号“024”的问题：即设置自定义类型为“024-00000000”，效果如图 4-2-11 所示。

职工档案

职工编号	部门	姓名	性别	出生日期	职务	参加工作时间	职称	联系电话
0001	道桥系	刘文新	男	1954-4-17	系主任	1978-6-1	副教授	024-89708755
0002	道桥系	白成飞	男	1966-9-28	教师	1990-8-1	讲师	024-89708757
0003	道桥系	贾青青	女	1969-4-1	教师	1992-7-1	讲师	024-89708757
0004	机电系	马平安	男	1963-11-11	系主任	1985-7-1	教授	024-89708781
0005	机电系	王英伟	男	1954-2-3	教师	1982-2-1	副教授	024-89708779
0006	机电系	李敏新	女	1977-12-25	教师	2002-7-1	讲师	024-89708779
0007	机电系	赵同国	男	1963-5-4	教师	1987-1-1	讲师	024-89708779
0008	经管系	赵威	男	1966-1-16	系主任	1989-7-1	副教授	024-89708224
0009	经管系	于晓萌	女	1963-7-21	教师	1985-8-1	副教授	024-89708214
0010	经管系	邓锐	女	1969-10-10	教师	1993-7-1	讲师	024-89708214
0011	经管系	王辉	男	1981-1-11	教师	2003-7-1	助教	024-89708214
0012	物流系	周琳琳	女	1965-11-16	系主任	1988-7-1	副教授	024-89708409
0013	物流系	孙春红	女	1978-6-18	教师	2000-7-1	讲师	024-89708411
0014	物流系	白小康	男	1981-2-28	教师	2001-7-1	助教	024-89708411

图 4-2-11 “联系电话”添加区号“024”

4.3 使用公式与函数

4.3.1 使用公式

数据计算是Excel工作表的重要功能，它能根据各种不同要求，通过公式和函数迅速计算各类数值。更重要的是，当原始数据发生变化时，Excel会自动根据公式更新结果。

公式是对单元格中数值进行计算的等式。通过公式可以对单元格中的数值完成各类数学运算。使用公式填充数据的标志是由等号（=）开头，其后为常量、单元格引用、函数和运算符等。

1. 运算符

运算符是公式组成的元素之一。用于指明对公式中的元素进行计算的类型。在Excel中包含四种类型的运算符：算术、关系、文本和引用运算符。

(1) 算术运算符：+（加号）、－（减号）、*（乘）、/（除）、^（乘方）、%（百分号）。

(2) 关系（比较）运算符：=（等号）、<（小于）、>（大于）、>=（大于等于）、<=（小于等于）、<>（不等于）。结果为逻辑值TRUE或FALSE。

(3) 文本运算符：文本运算符可以将一个或多个文本连接为一个组合文本。文本运算符“&”（与号）表示连接一个或多个文本字符串以产生串文本。如“ab”&“hg” 结果为“abhg”。

(4) 引用运算符：引用运算符可以将单元格区域合并计算。

引用运算符包括有“:”（冒号）、“,”（逗号）。

“:”（冒号）区域运算符：对包括两个指定单元格在内的所有单元格进行引用

B5:B15

“,”（逗号）联合运算符：将多个引用合并为一个引用SUM(B5:B15,D5:D15)

如果公式中同时用到了多个运算符，运算符运算优先级别是：

① :（冒号）,（逗号）

② -（负号）

③ %（百分比）

④ ^（乘幂）

⑤ *、/（乘和除）

⑥ +、一（加和减）

⑦ & （与号）

⑧ = < > <= >= <>（关系运算符）

2. 创建公式

在单元格中创建公式的方法是：首先在单元格中输入“=”号，然后在单元格中输入公式（注意公式输入完毕后鼠标不要再点击其他单元格），最后按回车或✓按钮确认。

修改公式的方法与单元格数据编辑操作方法相同。（最好在编辑栏内进行）

例如：在图4-3-1所示工作表的H3单元格输入公式“应发工资=基本工资+在岗津贴+住房补贴”。

操作如下：选中H3单元格，键入“=”号之后输入公式“E3＋F3+G3”,单击✓按钮或回车即可（切不可直接输入单元格内的数值，这样结果不会随原数据的改变而更新，公式的复制也没有意义了。可直接在公式中输入单元格名称E3、F3和G3或用鼠标选中相应单元格）。

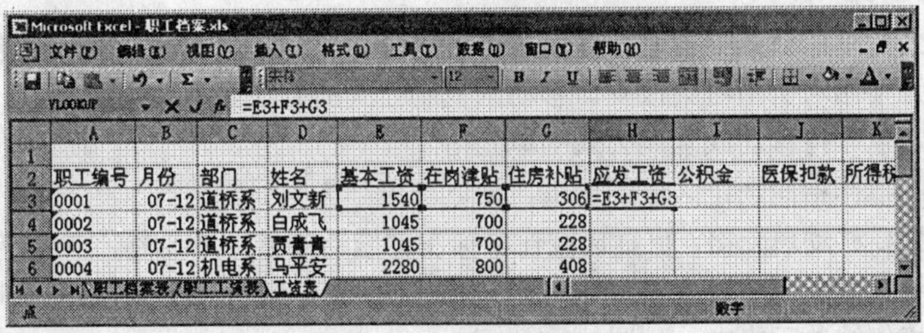

图 4-3-1 公式输入样例

3. 工作表与单元格的引用

公式中使用单元格的名称称之为单元格引用。

输入公式时，既可以直接输入单元格或区域名称引用，也可以用鼠标选取单元格或区域进行引用。操作如下：

选择要输入公式的单元格→输入“=”→单击要引用的单元格→输入运算符，直到公式输入完毕→回车

4. 三维引用：同一工作簿，不同工作表的引用

格式：工作表名！单元格地址(如Sheet1！A3)

5. 外部引用：不同工作簿，不同工作表的引用

格式：[工作簿名]工作表名！单元格地址（如[BOOK2]Sheet2！A3）

6. 绝对引用（行、列号前加 $）

不论包含公式的单元格处在什么位置，公式中所引用的单元格位置都是在工作表中的确切位置，将公式复制到新位置时，公式中的单元格地址保持不变.

7. 相对引用

Excel通常使用相对引用，当公式所处位置发生变化时，公式中的行号或列号发生相对改变。当使用相对引用的公式复制时，被粘贴公式中的引用将被更新，并指向与当前公式位置相对应的其他单元格。

假设，C3单元格中有公式“=A6+F2”，若公式复制到G5, 求G5中的公式。

可分二步进行：

步骤一：看公式所在单元格行、列的变化规律（从C3→G5：行变化为3＋2＝5；列变化为C跳过3个字符D、E、F到达G)；

步骤二：公式中引用的单元格位置变化规律同公式本身所在单元格的变化规律相同，（对于A6来说行变化应为6＋2，列变化应为跳过3个字符B、C、D到达E；同理F2应变成J4)，最后得出结论，G5单元格的公式应为：“=E8＋J4”。

例如：在图4-3-1中，当公式复制到H4单元格，公式就变成了“=E4＋F4+G4”。

8. 混合引用

如果在公式复制中有些地方需要绝对引用，而有的地方需要相对引用，那么可以使用混合引用。

复制时不希望行（列）号发生改变，就在被复制公式的行（列）号加一个美元符号（$)。

9. 移动或复制公式

当移动公式时，公式中的单元格引用并不改变。当复制公式时，单元格绝对引用也不改变；但单元格相对引用将会改变。移动或复制公式的方法如下：

① 选定包含待移动或复制公式的单元格。

② 鼠标指针指向选定区域的边框，使鼠标指针为 ✥ 状。

③ 如果要移动单元格，可直接按住鼠标左键拖动到目标单元格，Excel将替换原有的数据。如果要复制单元格，在拖动鼠标时按住【Ctrl】键即可；也可以通过使用填充柄将公式复制到相邻的单元格中，如图4-3-2所示。

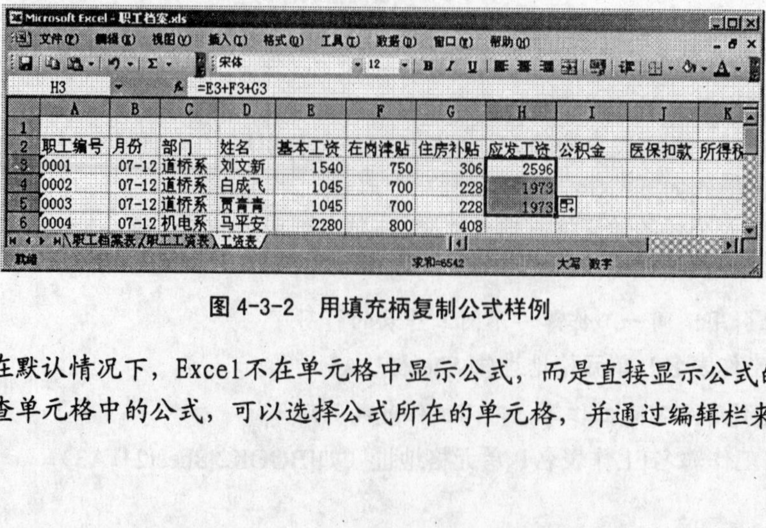

图 4-3-2　用填充柄复制公式样例

提示：在默认情况下，Excel不在单元格中显示公式，而是直接显示公式的计算结果。如果希望检查单元格中的公式，可以选择公式所在的单元格，并通过编辑栏来查看公式。

4.3.2 使用函数

函数实际上是公式的另一种表现形式。Excel提供了大量的函数，涉及到不同的工作领域，主要包括：日期与时间函数、数学与三角函数、文本函数、逻辑函数、财务函数、统计函数等300多个函数。本节仅介绍几个常用的函数，想了解更多的函数，请使用有关函数的帮助。

1. 函数名称

函数名称可以描述函数的功能。如果要查看可用函数的列表，可单击一个单元格并按【Shift+F3】。

2. 参 数

参数必须放在括号内。有些函数没有参数，但是必须有括号。如果函数有多个参数，参数之间用逗号间隔。对于没有明确规定的参数个数的函数（如SUM、AVERAGE等），最多可以用30个参数。

3. 使用函数向导创建含有函数的公式

操作如下：选定要输入函数的单元格，单击【插入】→【函数】命令，或者单击“编辑栏”中的“插入函数”按钮，所弹出的“插入函数”对话框将有助于输入工作表函数。在公式中输入函数时，“插入函数”对话框将显示函数的名称、各个参数、函数功能和参数说明等。函数参数对话框还可显示函数的当前结果和整个公式的当前结果。当然，如果对使用的函数非常熟悉，也可以按照函数的语法规则直接在编辑栏中输入。

下面介绍几种常用函数。

(1) SUM（区域）：返回某一单元格区域中所有数值之和。

(2) AVERAGE（区域）：返回其参数的算术平均值。

(3) IF（条件,值1,值2）：条件为真取值1，否则取值2。可以使用函数 IF 对数值和公式进行条件检测。函数 IF 可以嵌套七层。

(4) COUNT（区域）：统计数值型单元格个数。如果统计非空单元格个数，可以使用COUNTA（区域）函数。

(5) MAX（区域）：求最大数。

(6) MIN（区域）：求最小数。

(7) ROUND（数值，小数位数）：将数值按指定小数位数四舍五入

(8) COUNTIF（range,criteria）：计算区域中满足给定条件的单元格的个数。

- Range 为需要计算其中满足条件的单元格数目的单元格区域。
- Criteria 为确定哪些单元格将被计算在内的条件，其形式可以为数字、表达式或文本。

(9) SUMIF(range,criteria,sum_range)：根据指定条件对若干单元格求和。

- Range为用于条件判断的单元格区域。
- Criteria 为确定哪些单元格将被相加求和的条件，其形式可以为数字、表达式或文本。例如，条件可以表示为 100、"0100"、">100" 或 "讲师"。
- Sum_range 是需要求和的实际单元格。

(10) RANK (number,ref,order)：返回某数字在一列数字中相对于其他数值的大小排位，

即RANK（数值，范围，顺序）。

● “数值”是要安排等级的数字（如某人的工资）。

● “范围”是标定要将进行排名次的数值范围（如全校职工的工资），非数值将被忽略。

● “顺序”是用来指定等级排序的方式，为0或省略，表示降序排列，若不是0，则表示升序排列。

当有同值的情况时，会给相同的等级。比如第2名有两人，其等级均为2，且下一位就变成第4名，而无第3名。

4. 使用“自动求和”按钮

求和是最常用的函数之一，Excel 提供了自动求和功能，可以快捷地输入SUM函数（单击其右侧的小箭头，可以有更多函数的选择）。

选定某单元格区域，单击“常用”工具栏中的“自动求和”按钮Σ ▾可以自动为单元格区域插入总的值，其结果显示在选定行的右侧第一个单元格或选定列的下方第一个单元格中。

例如，对图4-3-3中工作表完成以下操作：

⑴ 用函数计算所有职工的应发工资；

⑵ 按部门统计人数，计算各部门应发工资合计和平均应发工资；

⑶ 按每人的应发工资排序。

操作如下。

● 求应发工资（应发工资=基本工资+在岗津贴+住房补贴）。

● 选定区域H3:H16，单击“自动求和”按钮Σ ▾后即可求出每个职工的应发工资。

● 各部门人数。

实际上是统计指定区域中满足给定条件的单元格个数，使用COUNTIF函数来统计各部门的人数。

选定D19作为活动单元格（存放道桥系人数），然后单击【插入】→【函数】命令，在“插入函数”对话框中选择COUNTIF函数（“类别”可选择“统计”），在COUNTIF函数参数选择窗口中的range参数选择C3:C16单元格区域，criteria条件参数选择C19单元格或输入“C19”（在西文状态下），单击“确定”按钮，最后在单元格D19中用鼠标拖动填充柄直到D22，释放鼠标即可。

	A	B	C	D	E	F	G	H	I
1									
2	职工编号	月份	部门	姓名	基本工资	在岗津贴	住房补贴	应发工资	工资排序
3	0001	07-12	道桥系	刘文新	1540	750	306		
4	0002	07-12	道桥系	白成飞	1045	700	228		
5	0003	07-12	道桥系	贾青青	1045	700	228		
6	0004	07-12	机电系	马平安	2280	800	408		
7	0005	07-12	机电系	王英伟	1540	750	306		
8	0006	07-12	机电系	李敏新	1045	700	228		
9	0007	07-12	机电系	赵同国	1045	700	228		
10	0008	07-12	经管系	赵威	1540	750	306		
11	0009	07-12	经管系	于晓萌	1540	750	306		
12	0010	07-12	经管系	邓锐	1045	700	228		
13	0011	07-12	经管系	王辉	755	650	182		
14	0012	07-12	物流系	周琳琳	1540	750	306		
15	0013	07-12	物流系	孙春红	1045	700	228		
16	0014	07-12	物流系	白小康	755	650	182		
17									
18				人数	工资合计	平均工资			
19	按部门统计		道桥系						
20			机电系						
21			经管系						
22			物流系						

图 4-3-3 求函数值样例

- 各部门工资合计。

实际上是对指定区域中满足给定条件的单元格求和，我们使用SUMIF函数来计算各部门工资合计。

选定E19作为活动单元格（存放道桥系工资合计），然后单击【插入】→【函数】命令，在“插入函数”对话框中选择SUMIF函数（“类别”可选择“数学与三角函数”），在SUNIF函数参数选择窗口中的Range参数选择C3:C16单元格区域，Criteria条件参数选择C19单元格或输入“C19”（在西文状态下），Sum_Range参数选择H3:H16单元格区域，单击“确定”按钮，最后在单元格E19中用鼠标拖动填充柄直到E22，释放鼠标即可。

- 各部门平均应发工资。

选定F19作为活动单元格（存放道桥系平均工资），在编辑栏中输入“=E19/D19”，回车确认即可。最后拖动F19单元格的填充柄到F22单元格，释放鼠标即可。

计算结果如图4-3-4所示。

- 根据应发工资排序。

选定I3作为活动单元格，单击【插入】→【函数】命令，在“插入函数”对话框中选择RANK函数（“类别”可选择“统计”），在RANK函数参数选择窗口中的Number参数选择H3单元格；Ref参数选择H3:H16，注意为了使结果正确，我们应将此范围固定，即按键盘的F4键在列标及行号前加$，也就是范围应表示为$H$3:$H$16；Order参数略去。然后单击编辑栏中的✓按钮或【Enter】确认。最后拖I3单元格的填充柄至I16单元格，释放鼠标即可。结果如图4-3-5所示。

E19　=SUMIF(C3:C16,C19,H3:H16)

	A	B	C	D	E	F	G	H	I
2	职工编号	月份	部门	姓名	基本工资	在岗津贴	住房补贴	应发工资	工资排序
3	0001	07-12	道桥系	刘文新	1540	750	306	2596	
4	0002	07-12	道桥系	白成飞	1045	700	228	1973	
5	0003	07-12	道桥系	贾青青	1045	700	228	1973	
6	0004	07-12	机电系	马平安	2280	800	408	3488	
7	0005	07-12	机电系	王英伟	1540	750	306	2596	
8	0006	07-12	机电系	李敏新	1045	700	228	1973	
9	0007	07-12	机电系	赵同国	1045	700	228	1973	
10	0008	07-12	经管系	赵威	1540	750	306	2596	
11	0009	07-12	经管系	于晓萌	1540	750	306	2596	
12	0010	07-12	经管系	邓锐	1045	700	228	1973	
13	0011	07-12	经管系	王辉	755	650	182	1587	
14	0012	07-12	物流系	周琳琳	1540	750	306	2596	
15	0013	07-12	物流系	孙春红	1045	700	228	1973	
16	0014	07-12	物流系	白小康	755	650	182	1587	
17									
18				人数	工资合计	平均工资			
19	按部门统计		道桥系	3	6542	2180.7			
20			机电系	4	10030	2507.5			
21			经管系	4	8752	2188.0			
22			物流系	3	6156	2052.0			

图 4-3-4　求函数值结果样例

I3　=RANK(H3,$H$3:$H$16)

	A	B	C	D	E	F	G	H	I
2	职工编号	月份	部门	姓名	基本工资	在岗津贴	住房补贴	应发工资	工资排序
3	0001	07-12	道桥系	刘文新	1540	750	306	2596	2
4	0002	07-12	道桥系	白成飞	1045	700	228	1973	7
5	0003	07-12	道桥系	贾青青	1045	700	228	1973	7
6	0004	07-12	机电系	马平安	2280	800	408	3488	1
7	0005	07-12	机电系	王英伟	1540	750	306	2596	2
8	0006	07-12	机电系	李敏新	1045	700	228	1973	7
9	0007	07-12	机电系	赵同国	1045	700	228	1973	7
10	0008	07-12	经管系	赵威	1540	750	306	2596	2
11	0009	07-12	经管系	于晓萌	1540	750	306	2596	2
12	0010	07-12	经管系	邓锐	1045	700	228	1973	7
13	0011	07-12	经管系	王辉	755	650	182	1587	13
14	0012	07-12	物流系	周琳琳	1540	750	306	2596	2
15	0013	07-12	物流系	孙春红	1045	700	228	1973	7
16	0014	07-12	物流系	白小康	755	650	182	1587	13

图 4-3-5　RANK 函数样例

4.4 案例2 —— 制作工资表

工资表是财务管理中最基本的应用，用 Excel 做工资表可以很方便地对各项数据进行汇总、计算，或进行一些简单的统计分析。

本例是一个职工工资表，表中的基础数据由财务人员人工输入，其他部分通过Excel中的公式或函数求得。效果如图4-4-1所示。

辽宁交专职工工资表

职工编号	月份	部门	姓名	基本工资	在岗津贴	住房补贴	应发工资	公积金	医保扣款	所得税	扣款合计	实发工资	领取签名
0001	07-12	道桥系	刘文新	1,540.00	750.00	306.00	2,596.00	259.60	51.92	43.45	354.97	2,241.03	
职工编号	月份	部门	姓名	基本工资	在岗津贴	住房补贴	应发工资	公积金	医保扣款	所得税	扣款合计	实发工资	领取签名
0002	07-12	道桥系	白成飞	1,045.00	700.00	228.00	1,973.00	197.30	39.46	6.81	243.57	1,729.43	
职工编号	月份	部门	姓名	基本工资	在岗津贴	住房补贴	应发工资	公积金	医保扣款	所得税	扣款合计	实发工资	领取签名
0003	07-12	道桥系	贾青青	1,045.00	700.00	228.00	1,973.00	197.30	39.46	6.81	243.57	1,729.43	
职工编号	月份	部门	姓名	基本工资	在岗津贴	住房补贴	应发工资	公积金	医保扣款	所得税	扣款合计	实发工资	领取签名
0004	07-12	机电系	马平安	2,280.00	800.00	408.00	3,488.00	348.80	69.76	121.94	540.50	2,947.50	

图 4-4-1 工资表

4.4.1 知识点

职工工资表的重点是薪资计算，表中的税率计算、应发工资、实发工资等项目都要通过公式的计算来获得数据，在本案例中IF函数发挥着重要作用，同时由于工资表是一种保密性较强的文档，要有一定的保护措施。

4.4.2 制作步骤

1. 建立工资表，完成工资表基本结构的创建。

在“职工档案”工作簿中为案例1中的人员建立职工工资表。

⑴ 打开职工档案.xls，单击“sheet2”工作表标签，执行【文件】→【页面设置】命令，打开“页面设置”对话框，选择“页面”选项卡，在“方向”选项区域中选中“横向”，把页面设置为横向布局，如图4-4-2所示。单击【确定】按钮。

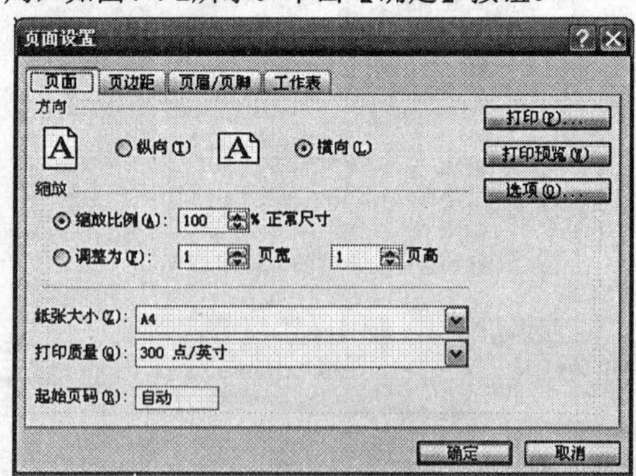

图 4-4-2 设置页面布局

⑵ 双击“Sheet2”工作表标签，将“Sheet2”工作表命名为“工资表”。

⑶ 选中A1单元格，输入标题，设置“字体”为“华文新魏”，“字号”为“18号”，选中A1:N2单元格区域，选择“格式”工具栏中的“合并居中”按钮。

(4) 在第三行中输入列标题，分别为：职工编号、月份、部门、姓名、基本工资、在岗津贴、住房补贴、应发工资、公积金、医保扣款、所得税、扣款合计、实发工资、领取签名。

(5) 选中A3:N3单元格区域，“对齐方式”为“居中”，并选择一种底纹填充色。如图4-4-3所示。

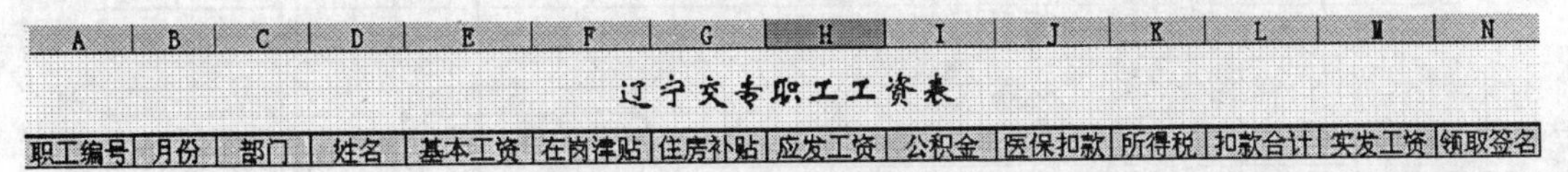

图 4-4-3　完成列标题的制作

(6) 在列标题下方输入对应记录信息，设置相应的“对齐方式”为“居中”，选中“基本工资”到“实发工资”所在列的单元格，打开“单元格格式”对话框，在“数字”选项卡的“分类”列表中选择“货币”，将“小数位数”设置为 2,“货币符号”设置为“无”，如图 4-4-4 所示。

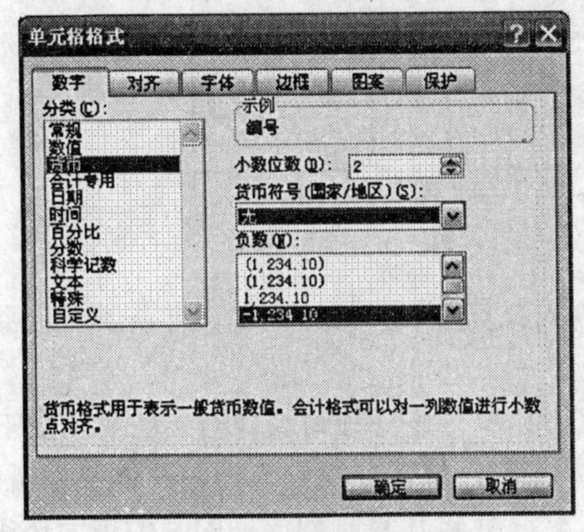

图 4-4-4　设置单元格货币格式

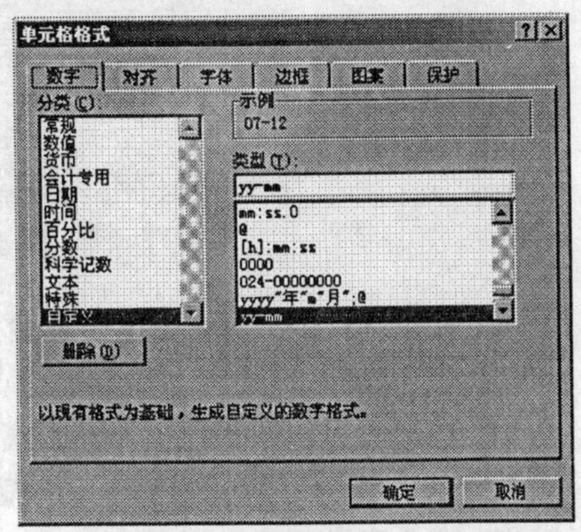

图 4-4-5　设置“月份”格式

提示:

① 工资表中的“职工编号、部门、姓名”来自案例 1，可以将职工档案表中的有效数据复制到工资表中。

② 在本案例中“月份”列为动态值，即为当前日期的月份，设置方法是：选中 B4: B17 单元格区域，打开“单元格格式”对话框，在“数字”选项卡的“分类”列表中选择“自定义”，在“类型”框中输入“yy-mm”，单击“确定”。然后在 B4 单元格中输入公式“=NOW ( )”，自动填充到 B17 单元格，如图 4-4-5 所示。

(7) 选中 A3:N17 单元格区域，设置相应的表格框线，效果如图 4-4-6 所示。

2. 编制基本的计算公式

(1) 选中“应发工资”列的第一个单元格H4，然后在编辑栏中输入公式“=E4+F4+G4”，输入完成后单击编辑栏中的✔按钮或【Enter】确认，如图4-4-7所示。

最后向下拖动H4单元格的填充柄至所有的“应发工资”列单元格，释放鼠标即可。如图4-4-8所示。

	A	B	C	D	E	F	G	H	I	J	K	L	M	N
1	辽宁交专职工工资表													
2														
3	职工编号	月份	部门	姓名	基本工资	在岗津贴	住房补贴	应发工资	公积金	医保扣款	所得税	扣款合计	实发工资	领取签名
4	0001	07-12	道桥系	刘文新	1,540.00	750.00	306.00							
5	0002	07-12	道桥系	白成飞	1,045.00	700.00	228.00							
6	0003	07-12	道桥系	贾青青	1,045.00	700.00	228.00							
7	0004	07-12	机电系	马平安	2,280.00	800.00	408.00							
8	0005	07-12	机电系	王英伟	1,540.00	750.00	306.00							
9	0006	07-12	机电系	李敏新	1,045.00	700.00	228.00							
10	0007	07-12	机电系	赵同国	1,045.00	700.00	228.00							
11	0008	07-12	经管系	赵威	1,540.00	750.00	306.00							
12	0009	07-12	经管系	于晓萌	1,540.00	750.00	306.00							
13	0010	07-12	经管系	邓锐	1,045.00	700.00	228.00							
14	0011	07-12	经管系	王辉	755.00	650.00	182.00							
15	0012	07-12	物流系	周琳琳	1,540.00	750.00	306.00							
16	0013	07-12	物流系	孙春红	1,045.00	700.00	228.00							
17	0014	07-12	物流系	白小康	755.00	650.00	182.00							

图 4-4-6　工资表基本数据

H4　=E4+F4+G4

	A	B	C	D	E	F	G	H
1	辽宁交专职工工							
2								
3	职工编号	月份	部门	姓名	基本工资	在岗津贴	住房补贴	应发工资
4	0001	07-12	道桥系	刘文新	1,540.00	750.00	306.00	2,596.00
5	0002	07-12	道桥系	白成飞	1,045.00	700.00	228.00	
6	0003	07-12	道桥系	贾青青	1,045.00	700.00	228.00	
7	0004	07-12	机电系	马平安	2,280.00	800.00	408.00	
8	0005	07-12	机电系	王英伟	1,540.00	750.00	306.00	
9	0006	07-12	机电系	李敏新	1,045.00	700.00	228.00	
10	0007	07-12	机电系	赵同国	1,045.00	700.00	228.00	

图 4-4-7　计算应发工资

(2) 使用同样的方法，在“公积金”列中输入计算公式“=H4*0.1”，并将其复制到该列的其他单元格中。

(3) 在“医保扣款”列中输入公式“=H4*0.02”，将其复制到该列的其他单元格中。

(4) 在“扣款合计”列中输入公式“=I4+J4+K4”，将其复制到该列的其他单元格中。

(5) 在“实发工资”列中输入公式“=H4-L4”，并将其复制到该列的其他单元格中。

3	职工编号	月份	部门	姓名	基本工资	在岗津贴	住房补贴	应发工资
4	0001	07-12	道桥系	刘文新	1,540.00	750.00	306.00	2,596.00
5	0002	07-12	道桥系	白成飞	1,045.00	700.00	228.00	1,973.00
6	0003	07-12	道桥系	贾青青	1,045.00	700.00	228.00	1,973.00
7	0004	07-12	机电系	马平安	2,280.00	800.00	408.00	3,488.00
8	0005	07-12	机电系	王英伟	1,540.00	750.00	306.00	2,596.00
9	0006	07-12	机电系	李敏新	1,045.00	700.00	228.00	1,973.00
10	0007	07-12	机电系	赵同国	1,045.00	700.00	228.00	1,973.00
11	0008	07-12	经管系	赵威	1,540.00	750.00	306.00	2,596.00
12	0009	07-12	经管系	于晓萌	1,540.00	750.00	306.00	2,596.00
13	0010	07-12	经管系	邓锐	1,045.00	700.00	228.00	1,973.00
14	0011	07-12	经管系	王辉	755.00	650.00	182.00	1,587.00
15	0012	07-12	物流系	周琳琳	1,540.00	750.00	306.00	2,596.00
16	0013	07-12	物流系	孙春红	1,045.00	700.00	228.00	1,973.00

图 4-4-8　利用拖动的方法复制公式

3. 所得税的计算

例：2007 年个人工薪所得税起征标准为 1600 元/月，即个人工资、薪金收人每月超过 1600 元的部分，应缴纳个人所得税，缴纳税率如表 4-1 所示。其中，“应税所得额”是需要纳税的那部分收入，不同的应税所得额有不同的税率和速算扣除数。

表4-1 工资、薪金收入适用的个人所得税税率表

应税所得额	税率（%）	速算扣除数（元）
<500	5	0
<2000	10	25
<5000	15	125
<20000	20	375
<40000	25	1375
<60000	30	3375
<80000	35	6375
<100000	40	10375
>=100000	45	15375

可见，工资表中的应税所得额=应发工资-公积金-医保扣款-1600，即应税所得额=（H4-I4-J4-1600）。如果应税所得额小于 0，则所得税为 0 元，否则根据表 4-1 进行纳税。这里，利用 IF 函数的嵌套功能来求出需要缴纳的所得税。

在 K4 单元格中输入公式：

“=IF((H4-I4-J4-1600)<0,0,IF((H4-I4-J4-1600)<500,0.05*(H4-I4-J4-1600),IF((H4-I4-J4-1600)<2000,0.1*(H4-I4-J4-1600)-25,0.15*(H4-I4-J4-1600)-125)))”

由于本案例中应税所得额未超过 5000 元，所以可只算到应税所得额小于 5000 元的扣税情况，输入完毕后按【Enter】键，Excel 将自动计算出需交纳的税金，并使用鼠标拖动的方式将公式复制到“所得税”列的其他单元格中。

到此为止，工作表中的数据计算部分就全部完成了，只要录入基本的数据信息，所有相关的数据就可以自动计算出来了。如图 4-4-9 所示。

随着居民基本生活消费支出水平的不断提高，个人工薪所得税的起征标准也将不断上调，请大家考虑该怎样修改上述公式？

	A	B	C	D	E	F	G	H	I	J	K	L	M	N
1	辽宁交专职工工资表													
2														
3	职工编号	月份	部门	姓名	基本工资	在岗津贴	住房补贴	应发工资	公积金	医保扣款	所得税	扣款合计	实发工资	领取签名
4	0001	07-12	道桥系	刘文新	1,540.00	750.00	306.00	2,596.00	259.60	51.92	43.45	354.97	2,241.03	
5	0002	07-12	道桥系	白成飞	1,045.00	700.00	228.00	1,973.00	197.30	39.46	6.81	243.57	1,729.43	
6	0003	07-12	道桥系	贾青青	1,045.00	700.00	228.00	1,973.00	197.30	39.46	6.81	243.57	1,729.43	
7	0004	07-12	机电系	马平安	2,280.00	800.00	408.00	3,488.00	348.80	69.76	121.94	540.50	2,947.50	
8	0005	07-12	机电系	王英伟	1,540.00	750.00	306.00	2,596.00	259.60	51.92	43.45	354.97	2,241.03	
9	0006	07-12	机电系	李敏新	1,045.00	700.00	228.00	1,973.00	197.30	39.46	6.81	243.57	1,729.43	
10	0007	07-12	机电系	赵同国	1,045.00	700.00	228.00	1,973.00	197.30	39.46	6.81	243.57	1,729.43	
11	0008	07-12	经管系	赵威	1,540.00	750.00	306.00	2,596.00	259.60	51.92	43.45	354.97	2,241.03	
12	0009	07-12	经管系	于晓萌	1,540.00	750.00	306.00	2,596.00	259.60	51.92	43.45	354.97	2,241.03	

图 4-4-9 完成计算的工资表

4. 为工资表添加密码

由于工资表的特殊性，不希望被随意查阅或修改，所以给它添加打开权限密码是很有必要的。

执行菜单【工具】→【选项】命令，打开选项对话框，选择“安全性”选项卡，在“打开权限密码”文本框中输入密码，单击【确定】后，再次重新输入密码进行确认即可。

5. 局部单元格的保护

为避免财务人员录入基本数据时误操作统计区的公式数据，我们可以对统计区进行保护，即统计区只能由已定的公式进行自动计算，不允许人为修改，只有具备解除单元格保护密码的人员才能修改统计区。方法如下。

选中 A4:G17 单元格区域（基本数据区域），打开“单元格格式”对话框，在“保护”选项卡中去除“锁定”复选，单击【确定】，如图 4-4-10 所示。然后执行菜单【工具】→【保护】→【保护工作表】命令，在“保护工作表”对话框中输入取消工作表保护密码并设置允许“选定未锁定的单元格”，单击【确定】即可，如图 4-4-11 所示。

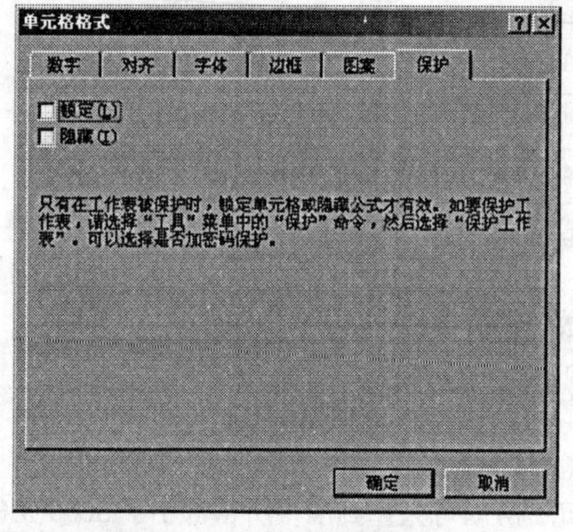

图 4-4-10　取消单元格的锁定

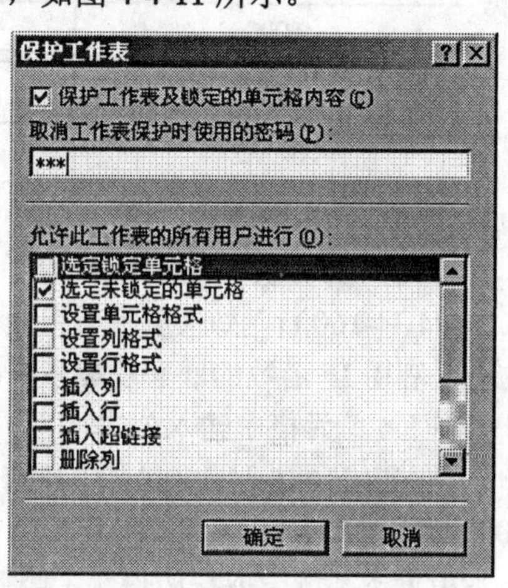

图 4-4-11　“保护工作表”对话框

设置保护后的工作表只允许光标定位在基本数据区，其他区域不能进行操作。解除工作表保护也很简单，只要执行菜单【工具】→【保护】→【撤消工作表保护】命令，输入撤消密码即可。

6. 打印工资条

工资表的打印是一个关键环节，要求每位职工的工资条上都带有“表头”，可以采用 VBA 编程的方式协助完成快速打印，由于涉及到的相关知识之前没有接触到，我们在本案例中可采用先插入空行，再复制、粘贴的方法来完成，打印预览效果如图 4-4-12 所示。当职工人数过多时，工作量比较大，容易出错，要多加小心。

辽宁交专职工工资表

职工编号	月份	部门	姓名	基本工资	在岗津贴	住房补贴	应发工资	公积金	医保扣款	所得税	扣款合计	实发工资	领取签名
0001	07-12	道桥系	刘文新	1,540.00	750.00	306.00	2,596.00	259.60	51.92	43.45	354.97	2,241.03	
职工编号	月份	部门	姓名	基本工资	在岗津贴	住房补贴	应发工资	公积金	医保扣款	所得税	扣款合计	实发工资	领取签名
0002	07-12	道桥系	白成飞	1,045.00	700.00	228.00	1,973.00	197.30	39.46	6.81	243.57	1,729.43	
职工编号	月份	部门	姓名	基本工资	在岗津贴	住房补贴	应发工资	公积金	医保扣款	所得税	扣款合计	实发工资	领取签名
0003	07-12	道桥系	贾青青	1,045.00	700.00	228.00	1,973.00	197.30	39.46	6.81	243.57	1,729.43	
职工编号	月份	部门	姓名	基本工资	在岗津贴	住房补贴	应发工资	公积金	医保扣款	所得税	扣款合计	实发工资	领取签名
0004	07-12	机电系	马平安	2,280.00	800.00	408.00	3,488.00	348.80	69.76	121.94	540.50	2,947.50	
职工编号	月份	部门	姓名	基本工资	在岗津贴	住房补贴	应发工资	公积金	医保扣款	所得税	扣款合计	实发工资	领取签名
0005	07-12	机电系	王英伟	1,540.00	750.00	306.00	2,596.00	259.60	51.92	43.45	354.97	2,241.03	
职工编号	月份	部门	姓名	基本工资	在岗津贴	住房补贴	应发工资	公积金	医保扣款	所得税	扣款合计	实发工资	领取签名
0006	07-12	机电系	李敏新	1,045.00	700.00	228.00	1,973.00	197.30	39.46	6.81	243.57	1,729.43	
职工编号	月份	部门	姓名	基本工资	在岗津贴	住房补贴	应发工资	公积金	医保扣款	所得税	扣款合计	实发工资	领取签名
0007	07-12	机电系	赵同国	1,045.00	700.00	228.00	1,973.00	197.30	39.46	6.81	243.57	1,729.43	
职工编号	月份	部门	姓名	基本工资	在岗津贴	住房补贴	应发工资	公积金	医保扣款	所得税	扣款合计	实发工资	领取签名
0008	07-12	经管系	赵威	1,540.00	750.00	306.00	2,596.00	259.60	51.92	43.45	354.97	2,241.03	
职工编号	月份	部门	姓名	基本工资	在岗津贴	住房补贴	应发工资	公积金	医保扣款	所得税	扣款合计	实发工资	领取签名
0009	07-12	经管系	于晓萌	1,540.00	750.00	306.00	2,596.00	259.60	51.92	43.45	354.97	2,241.03	

图 4-4-12　打印预览“工资表”

4.5 用图表表现数据

将Excel工作表中的数据制作成图表，可以更加直观地体现数据之间的关系。

4.5.1 快速产生图表

按住Ctrl键选中图4-5-1所示的D3:D17、H3:H17和M3:M17单元格区域的数据，按键盘上的【F11】键，会快速根据该数据区域生成一张图表工作表。如果急于完成工作，按【F11】键不失为一个便捷的小技巧。

4.5.2 使用图表向导生成图表

现在为图 4-5-1 所示的工作表建立一个标题为“职工工资”的图表。图表类型为“簇状柱形图”，数据区域为 D3:D17、H3:H17 和 M3:M17 单元格区域。

在Excel工作表中创建图表的一般操作如下。

(1) 选定需要建立图表的数据单元格区域（建立的图表源于选定单元格区域的数据，所以选定好单元格区域是建立一个图表的关键），如图 4-5-1 所示。

	A	B	C	D	E	F	G	H	I	J	K	L	M	N
1	辽宁交专职工工资表													
2														
3	职工编号	月份	部门	姓名	基本工资	在岗津贴	住房补贴	应发工资	公积金	医保扣款	所得税	扣款合计	实发工资	领取签名
4	0001	07-12	道桥系	刘文新	1,540.00	750.00	306.00	2,596.00	259.60	51.92	43.45	354.97	2,241.03	
5	0002	07-12	道桥系	白成飞	1,045.00	700.00	228.00	1,973.00	197.30	39.46	6.81	243.57	1,729.43	
6	0003	07-12	道桥系	贾青青	1,045.00	700.00	228.00	1,973.00	197.30	39.46	6.81	243.57	1,729.43	
7	0004	07-12	机电系	马平安	2,280.00	800.00	408.00	3,488.00	348.80	69.76	121.94	540.50	2,947.50	
8	0005	07-12	机电系	王英伟	1,540.00	750.00	306.00	2,596.00	259.60	51.92	43.45	354.97	2,241.03	
9	0006	07-12	机电系	李敏新	1,045.00	700.00	228.00	1,973.00	197.30	39.46	6.81	243.57	1,729.43	
10	0007	07-12	机电系	赵同国	1,045.00	700.00	228.00	1,973.00	197.30	39.46	6.81	243.57	1,729.43	
11	0008	07-12	经管系	赵威	1,540.00	750.00	306.00	2,596.00	259.60	51.92	43.45	354.97	2,241.03	
12	0009	07-12	经管系	于晓萌	1,540.00	750.00	306.00	2,596.00	259.60	51.92	43.45	354.97	2,241.03	
13	0010	07-12	经管系	邓锐	1,045.00	700.00	228.00	1,973.00	197.30	39.46	6.81	243.57	1,729.43	
14	0011	07-12	经管系	王辉	755.00	650.00	182.00	1,587.00	158.70	31.74	0.00	190.44	1,396.56	
15	0012	07-12	物流系	周琳琳	1,540.00	750.00	306.00	2,596.00	259.60	51.92	43.45	354.97	2,241.03	
16	0013	07-12	物流系	孙春红	1,045.00	700.00	228.00	1,973.00	197.30	39.46	6.81	243.57	1,729.43	
17	0014	07-12	物流系	白小康	755.00	650.00	182.00	1,587.00	158.70	31.74	0.00	190.44	1,396.56	

图 4-5-1 选定工作表中用于创建图表的单元格区域

(2) 单击“插入”菜单下的“图表”命令（或直接单击“常用”工具栏上的图表向导按钮），弹出“图表向导－4步骤之1－图表类型”对话框，如图4-5-2所示。

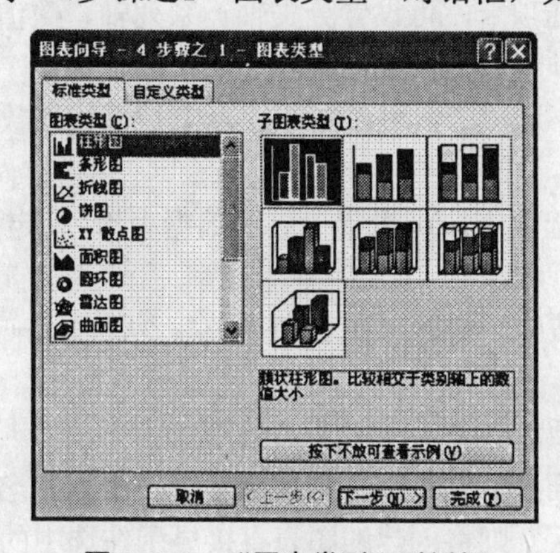

图 4-5-2 “图表类型”对话框

在对话框的“标准类型”选项卡中选择“图表类型”为“柱形图”，在“子图表类型”中选择簇状柱形图。

在对话框中也可选取“自定义类型”选项卡，从中自定义的图表类型。

选择好图表类型及子图表类型之后单击“下一步”按钮，进入“图表向导—4步骤之2—图表源数据”对话框，如图4-5-3所示。

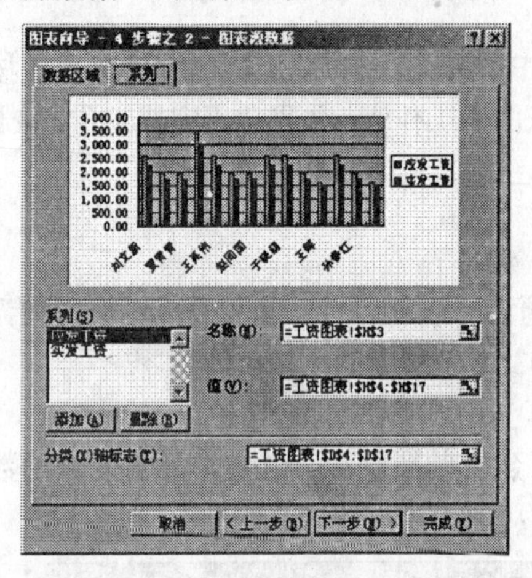

图 4-5-3 “图表源数据”对话框

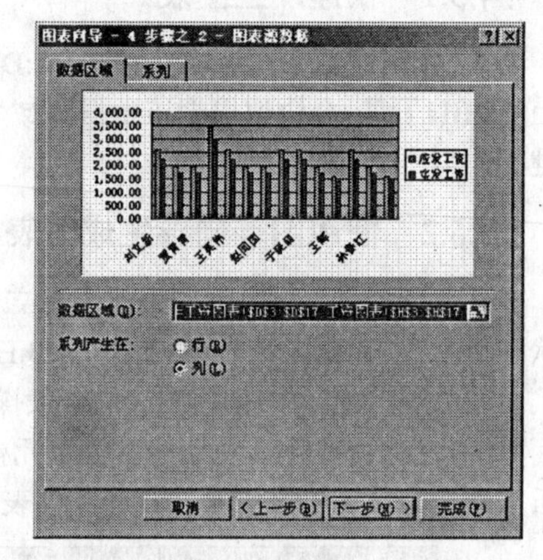

图 4-5-4 “图表系列”对话框

在“图表向导—4步骤之2--图表源数据”对话框中，可以看到“数据区域”编辑框内已设置好了选定的单元格区域（如果预先没有选取数据区域或想修改已选取的区域，在此处可以单击单击“折叠”按钮重新选取数据区域），根据图表需要在“系列产生在”选项组中选择系列产生的方向是“行”还是“列”，本例选择系列产生在“列”。

还可以“系列”选项卡设置或编辑图表的数据源，单击对话框中“系列”选项卡，如图4-5-4所示。

⑶ 单击“下一步”按钮进入“图表向导—4 步骤之 3—图表选项”对话框，如图 4-5-5 所示。

- 选择“标题”选项卡，从中可设置图表标题和坐标轴标题；
- 选择“坐标轴”选项卡，可设置主坐标轴的分类方式；
- 选择“网格线”选项卡，可设置分类轴、系列轴、数值轴的网格线；
- 选择“图例”选项卡，可设置图例在图表中的位置；
- 选择“数据标志”选项卡，可设置在图表中是否加入数据标志的显示值，在预览区可看到效果；
- 选择“数据表”选项卡，可设置“显示数据表”，设定后将在图表的下端显示数据表。

⑷ 单击“下一步”按钮，打开“图表向导—4 步骤之 4—图表位置”对话框，如图 4-5-6 所示。

在对话框中有两个选项。

选择“作为新工作表插入”则将在工作簿中新建一个标签名为“Chart1”的工作表；选择“作为其中的对象插入”则将创建的图表直接显示在选中的工作表中。

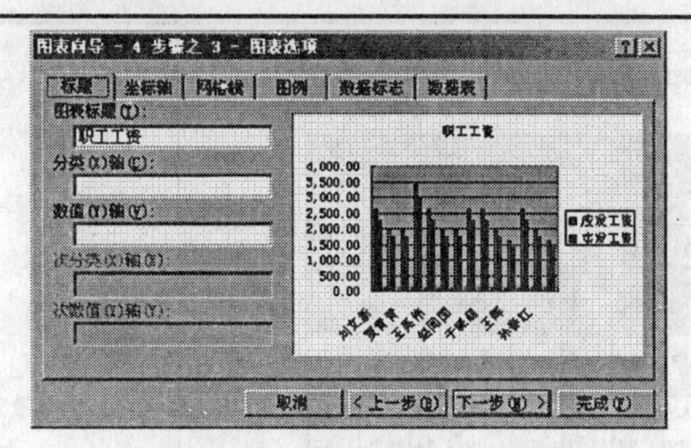

图 4-5-5 “图表选项”对话框

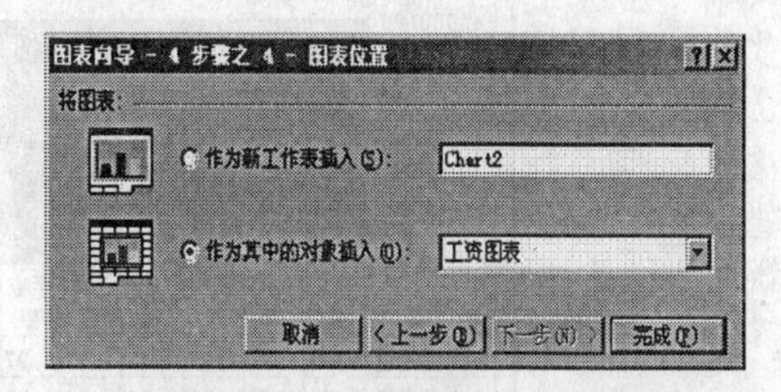

图 4-5-6 “图表位置”对话框

单击“完成”按钮后，即可完成图表的创建。图表样例如图4-5-7所示。我们需要简单的调整图表大小以让图表中的“姓名”显示完整。方法是选中图表，设置字号为10号字，鼠标拖动图表的黑色控点调整图表大小直至“姓名”完全显示。

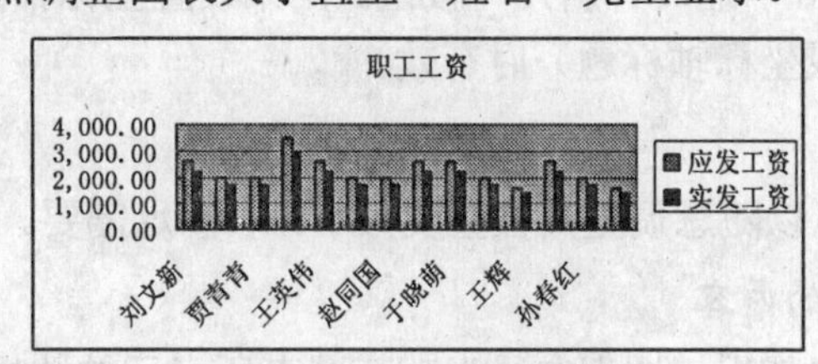

图 4-5-7 图表样例

4.5.3 图表的编辑和格式化

为使图表能清晰地表达出其含义，对图表进行编辑和格式化是必要的。基本操作通常包括：为图表增加文字解释、为标题选择一种合适的字体、改变标题的显示方向等、改变图表比例、增加与删除图表的内容、标题说明、图例说明及调整数据系列顺序等。

1. 使用图表工具栏

建立一个图表后，就能能够使用“图表工具栏”中的工具，对图表做一些操作。在此工具栏上有9个工具，如图4-5-8所示。从左到右各工具按钮的功能如下。

图 4-5-8 图表工具栏

⑴ “图表对象”下拉框。用户可以从它下拉框中选择图表中的某一部分，如分类轴、图表区、图例、标题等。

⑵ “图表对象格式按钮”。它的功能随用户所选中的图表对象的改变而改变。

⑶ “图表类型”按钮。想要改变图表的类型，可以单击该按钮的列表框，从中选择所需要的图表类型。

⑷ “图例”按钮。这是一个开关键。

⑸ “数据表按钮”。这也是一个开关键，当它被按下时，在图表上显示生成图表所用的数据。如果图表上不能显示完整的数据，可以适当调整图表的大小，如图4-5-9所示。

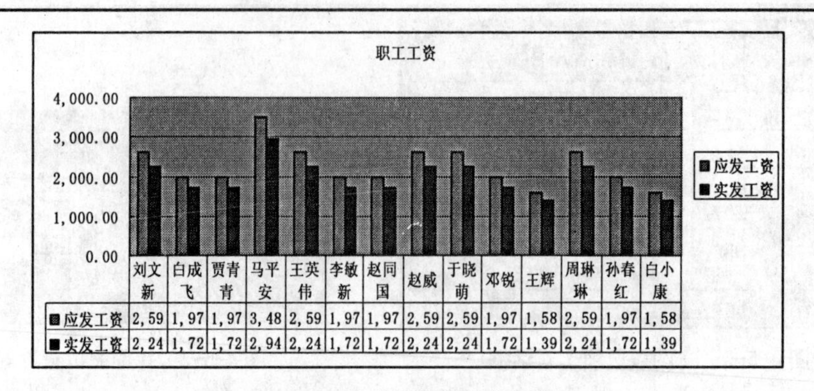

图 4-5-9 带有数据表的图表

⑹ “按行”或“按列”按钮。用来指定分类轴数据同行或列产生。

⑺ “顺时针斜排”和“逆时针斜排”按钮。用来设置坐标轴的文字说明的倾斜方向，该按钮在选中坐标轴（或坐标轴标题）时有效。

2. 改变图表的比例

对于建好的图表，可以随意调整其位置及大小，以满足需要。具体操作与Word 类似。

3. 增加与删除图表的内容

在建好图表后，可以使用“图表向导”改变图表所表示的数据范围，即图表的内容，Excel还提供了更为方便的操作来增加或减少图表所表示的内容。

⑴ 添加图表内容。

● 向嵌入式图表中添加数据，只要选中所需单元格区域，鼠标指向区域边框将其拖放到图表上即可。

● 或者选中所需单元格区域，【复制】，选中图表，【粘贴】，即可将数据加入到图表中。

例如：图 4-5-10 所示的图表不包括基本工资，向图表中添加基本工资的方法是：选中E4:E17 单元格区域，鼠标指向区域边框拖动至图表，即可得到增加了基本工资的图表，当然也可用复制粘贴的方法，结果是一样的，如图 4-5-10 所示。

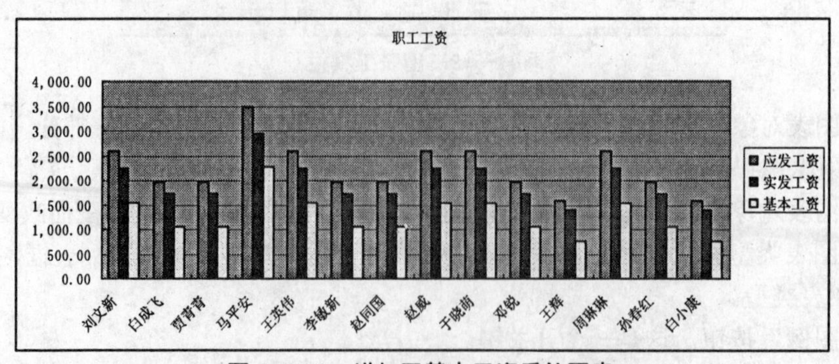

图 4-5-10 增加了基本工资后的图表

⑵ 删除图表中的内容。

对于不需要的图表中显示的内容，将以将其删除。删除图表中的某一对象，只要选中该对象，例如图例，按下【Delete】键即可。如果要删除整个图表，用鼠标选中图表，按下【Delete】键即可。

4. 图表的格式化

双击图表的不同对象，可以对这些对象进行格式化。具体设置与Word类似。

提示：选中图表（或图表对象），单击右键所产生的快捷菜单对于编辑、格式化图表有很大的帮助。

5. 制作 2Y 轴图表

建立第二个数值轴的图表是利用图表分析数据中比较复杂的一种情况，一般用于将两组数据放在同一个图表中进行比较分析，并利用图表的直观性体现两组数据的内在联系。

例如：选取物流系职工的扣款信息，即数据源区域为 D3,D15:D17,I3:L3, I15:L17 单元格区域，将扣款的各项明细与扣款合计在同一张图表中显示，如图 4-5-11 所示。但由于“扣款合计”与“所得税”的数值相差较大，图表几乎无法将“所得税”数据全部显示出来，因此需要增加第二个数值轴，把两组数据分别表示在不同的数值轴上，可以使数据清晰地显示在同一个图表中。

设置 2Y 轴的方法如下。

右击图 4-5-11 所示的图表中的“扣款合计”数据系列，选择快捷菜单中的“数据系列格式”命令，在“数据系列格式”对话框中，单击“坐标轴”选项卡，选择“次坐标轴”选项。表示选中的数据系列将使用第 2 个数值轴表示，如图 4-5-12 所示。确定后，将“扣款合计”图表类型修改为折线型，如图 4-5-13 所示。

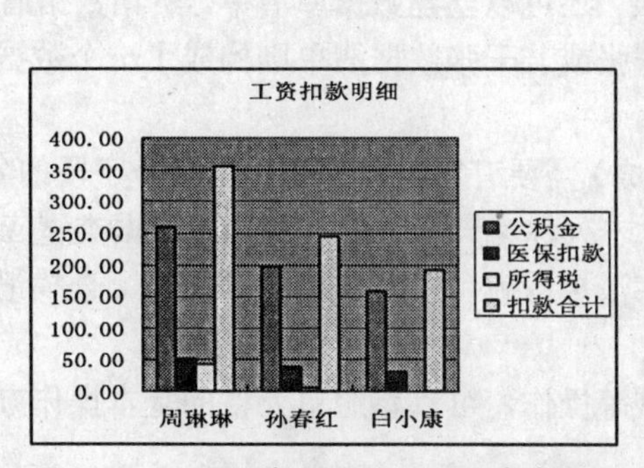

图 4-5-11　两组数据在同一张图表中显示

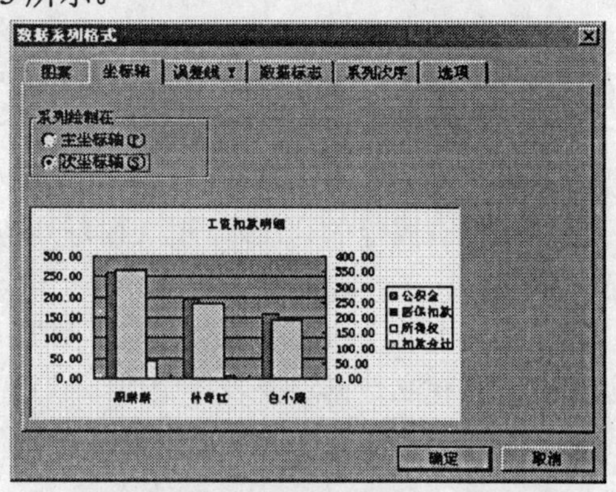

图 4-5-12　“数据系列格式”对话框

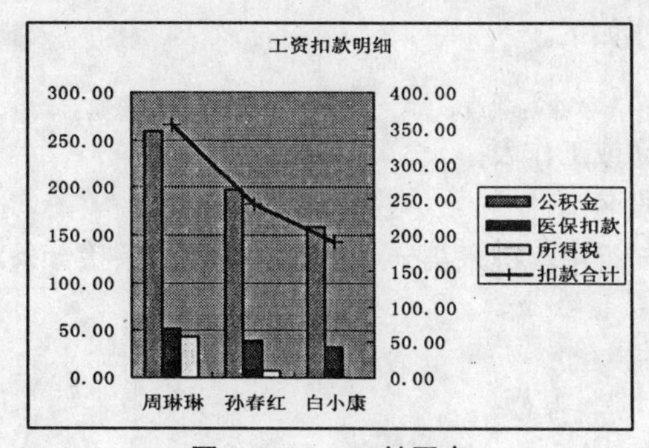

图 4-5-13　2Y 轴图表

也可以修改坐标轴的刻度令图表更清晰，例如修改图 4-5-13 所示图表的主坐标轴刻度，设置主要刻度单位为 30。方法是：右击主坐标轴，选择“坐标轴格式”，在“坐标轴格式”对话框中选择“刻度”选项卡，在“主要刻度单位”框中输入 30，确定即可，如图 4-5-14 所示。

重设刻度后的 2Y 轴图表如图 4-5-15 所示。

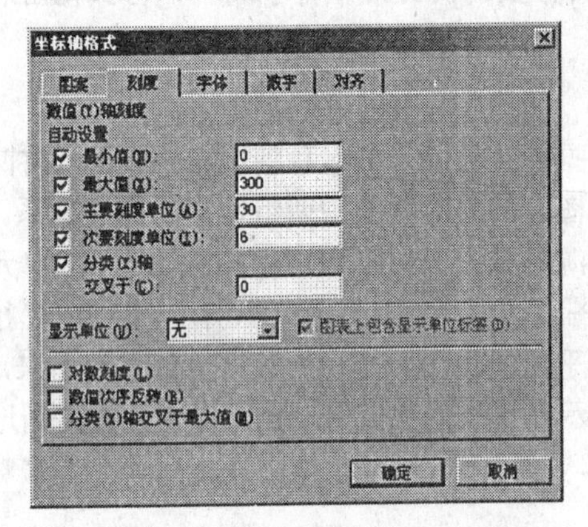

图 4-5-14 “坐标轴格式”对话框

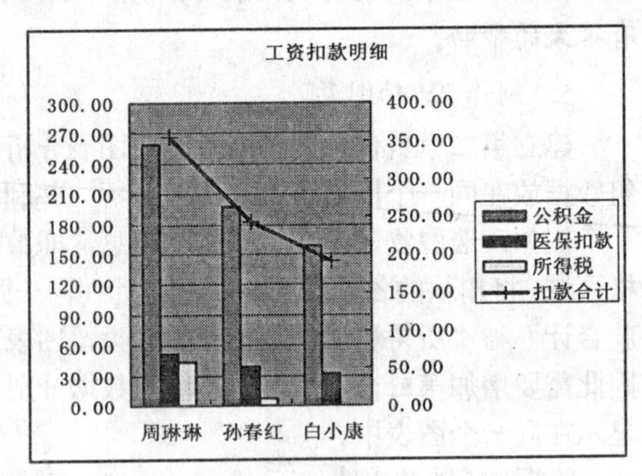

图 4-5-15 重设“刻度”后的 2Y 轴图表

4.6 数据的管理

使用Excel不仅可以创建工作表、生成图表，还可以创建数据库清单。所谓数据清单就是一个由行列数据组成的特殊的工作表。而一张或若干张数据清单则构成了一个数据库。数据清单必须遵循以下规则。

清单中含有固定的列，第一行（由每列构成）需要有字段名来标示出各个字段的名称。在数据清单中，工作表的一行称为一条记录，一列称为一个字段，每列的数据类型应该相同。清单中不能有空白的行或列。有了数据库清单，就可以对数据进行排序、查找记录、分类汇总以及建立数据透视表等操作。

对于数据清单中记录和字段的增加、删减等操作，可以参照单元格的基本操作方法。

4.6.1 创建数据库清单

创建数据库清单的操作如下。

1. 直接输入数据法

- 打开一个新工作簿或工作表；
- 创建第一行的字段名；
- 在字段名下面的一行中，键入第一个记录，然后一条接一条地输入其他的记录，并指定这些数据的格式。

3	职工编号	月份	部门	姓名	基本工资	在岗津贴	住房补贴	应发工资	公积金	医保扣款	所得税	扣款合计	实发工资
	A	B	C	D	E	F	G	H	I	J	K	L	M
4	0001	07-12	道桥系	刘文新	1,540.00	750.00	306.00	2,596.00	259.60	51.92	43.45	354.97	2,241.03
5	0002	07-12	道桥系	白成飞	1,045.00	700.00	228.00	1,973.00	197.30	39.46	6.81	243.57	1,729.43
6	0003	07-12	道桥系	贾青青	1,045.00	700.00	228.00	1,973.00	197.30	39.46	6.81	243.57	1,729.43
7	0004	07-12	机电系	马平安	2,280.00	800.00	408.00	3,488.00	348.80	69.76	121.94	540.50	2,947.50
8	0005	07-12	机电系	王英伟	1,540.00	750.00	306.00	2,596.00	259.60	51.92	43.45	354.97	2,241.03
9	0006	07-12	机电系	李敏新	1,045.00	700.00	228.00	1,973.00	197.30	39.46	6.81	243.57	1,729.43
10	0007	07-12	机电系	赵同国	1,045.00	700.00	228.00	1,973.00	197.30	39.46	6.81	243.57	1,729.43
11	0008	07-12	经管系	赵威	1,540.00	750.00	306.00	2,596.00	259.60	51.92	43.45	354.97	2,241.03
12	0009	07-12	经管系	于晓萌	1,540.00	750.00	306.00	2,596.00	259.60	51.92	43.45	354.97	2,241.03
13	0010	07-12	经管系	邓锐	1,045.00	700.00	228.00	1,973.00	197.30	39.46	6.81	243.57	1,729.43
14	0011	07-12	经管系	王辉	755.00	650.00	182.00	1,587.00	158.70	31.74	0.00	190.44	1,396.56
15	0012	07-12	物流系	周琳琳	1,540.00	750.00	306.00	2,596.00	259.60	51.92	43.45	354.97	2,241.03
16	0013	07-12	物流系	孙春红	1,045.00	700.00	228.00	1,973.00	197.30	39.46	6.81	243.57	1,729.43
17	0014	07-12	物流系	白小康	755.00	650.00	182.00	1,587.00	158.70	31.74	0.00	190.44	1,396.56

图 4-6-1 数据库清单-工资表

图4-6-1所示的“工资表”就是一个利用上述方法创建的数据库清单。注意数据库清单只包含表结构（列标题）和记录，不能有合并单元格，即数据库清单不包含合并单元格的表格标题。

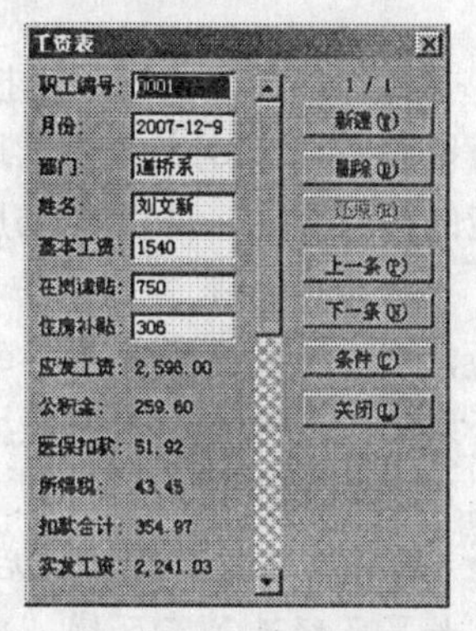

图 4-6-2 “记录单”对话框

2. 利用“数据”菜单中的“记录单”

以“职工工资表”为例，利用“记录单”输入数据。方法是：选中A3:M3单元格区域（列标题），单击【数据】→【记录单】命令，打开图4-6-2所示的“记录单”对话框。对于大型数据库清单，可以使用“记录单”方便地修改、查询、增加或删除记录。

4.6.2 数据排序

Excel的排序功能可以将数据按照升序或降序排列，进行排序操作之后，每个记录的信息不变，只是跟随关键字排序的结果记录顺序发生了变化，从而极大地方便了用户。

例如，在图4-6-1所示的“工资表”中将数据按基本工资由大到小重新排序。

操作如下。

选中数据库清单全部区域（A3:N17单元格区域），单击【数据】→【排序】菜单命令，即可打开“排序”对话框，如图4-6-3所示。

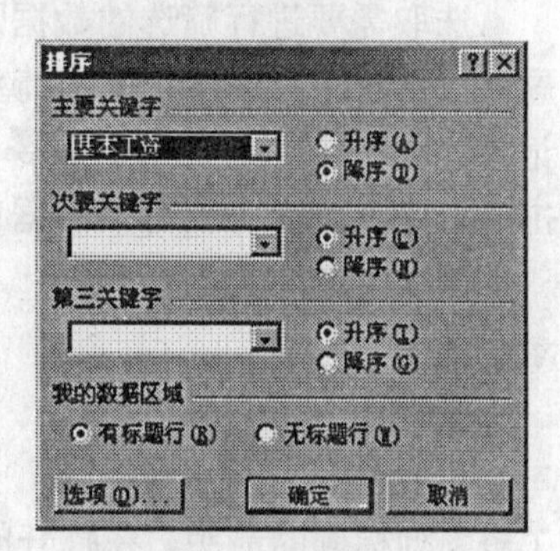

图 4-6-3 “排序”对话框

在对话框的“主要关键字”下拉列表框中选择排序的关键字段（本例为“基本工资”）。按主要关键字排序时，对于出现相同数据的字段，如果希望对其按第二关键字或第三关键字排序时，选中“次要关键字”或“第三关键字”的排序字段。

在排序关键字的后面，可根据需要选择按升序或降序排列（本例为“降序”）。

在“我的数据区域”中可以选择排序时是否有标题行（本例为“有标题行”）。最后单击“确定”。排序结果如图4-6-4所示。

	A	B	C	D	E	F	G	H	I	J	K	L	M
3	职工编号	月份	部门	姓名	基本工资	在岗津贴	住房补贴	应发工资	公积金	医保扣款	所得税	扣款合计	实发工资
4	0004	07-12	机电系	马平安	2,280.00	800.00	408.00	3,488.00	348.80	69.76	121.94	540.50	2,947.50
5	0001	07-12	道桥系	刘文新	1,540.00	750.00	306.00	2,596.00	259.60	51.92	43.45	354.97	2,241.03
6	0005	07-12	机电系	王英伟	1,540.00	750.00	306.00	2,596.00	259.60	51.92	43.45	354.97	2,241.03
7	0008	07-12	经管系	赵威	1,540.00	750.00	306.00	2,596.00	259.60	51.92	43.45	354.97	2,241.03
8	0009	07-12	经管系	于晓萌	1,540.00	750.00	306.00	2,596.00	259.60	51.92	43.45	354.97	2,241.03
9	0012	07-12	物流系	周琳琳	1,540.00	750.00	306.00	2,596.00	259.60	51.92	43.45	354.97	2,241.03
10	0002	07-12	道桥系	白成飞	1,045.00	700.00	228.00	1,973.00	197.30	39.46	6.81	243.57	1,729.43
11	0003	07-12	道桥系	贾青青	1,045.00	700.00	228.00	1,973.00	197.30	39.46	6.81	243.57	1,729.43
12	0006	07-12	机电系	李敏新	1,045.00	700.00	228.00	1,973.00	197.30	39.46	6.81	243.57	1,729.43
13	0007	07-12	机电系	赵同国	1,045.00	700.00	228.00	1,973.00	197.30	39.46	6.81	243.57	1,729.43
14	0010	07-12	经管系	邓锐	1,045.00	700.00	228.00	1,973.00	197.30	39.46	6.81	243.57	1,729.43
15	0013	07-12	物流系	孙春红	1,045.00	700.00	228.00	1,973.00	197.30	39.46	6.81	243.57	1,729.43
16	0011	07-12	经管系	王辉	755.00	650.00	182.00	1,587.00	158.70	31.74	0.00	190.44	1,396.56
17	0014	07-12	物流系	白小康	755.00	650.00	182.00	1,587.00	158.70	31.74	0.00	190.44	1,396.56

图 4-6-4　按基本工资降序排序的工资表

此外，单击“选项”按钮，打开排序选项对话框，还可以设置“自定义排序次序”“笔画排序”等选项完成相应的排序要求。如图4-6-5所示。

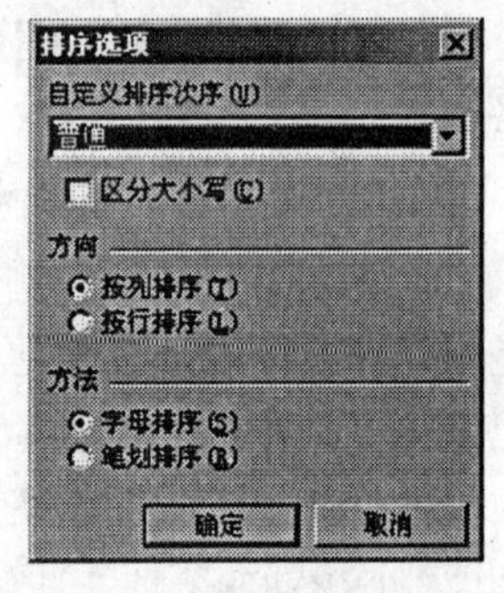

图 4-6-5　“排序选项”对话框

提示：如果工作表中有合并单元格的数据库清单标题，则应选取数据库清单的全部数据区域，再进行排序。否则无标题时可以选中数据库清单中的任意一个单元格，然后进行排序。

如果只选中部分区域后进行排序，容易出现数据混乱（如果已经选了某区域，在单击“排序”后会出现“排序警告”对话框，要认真选择）。

4.6.3　数据筛选

利用数据筛选可以方便地查找符合条件的数据，一般有自动筛选和高级筛选两种。

1. 自动筛选

选取需要进行筛选的数据区域，执行【数据】→【筛选】→【自动筛选】命令，列标题旁显示出下拉箭头，单击箭头可以打开下拉列表。选择相应的命令可以显示满足条件的记录，如单击“前10个”命令，可以按升序或降序显示前若干条（可自己设置条数）。单击“自定义”命令，可以根据自定义的条件显示记录。

例如，在图4-6-1所示的“工资表”中自动筛选出“基本工资”在1000和2000元之间记录。

操作如下。

选取A3:N17单元格区域，执行【数据】→【筛选】→【自动筛选】命令，单击“基本工资”列标题的箭头，在打开的下拉列表中选择“自定义”，按图4-6-6所示进行筛选设置，筛选结果如图4-6-7所示。

自动筛选可以对多字段进行筛选，但要注意，这时的筛选是在前一个字段的筛选结果的基础上进行的，如果不希望这样，可将前面的筛选字段设置为“显示全部”。

如果要取消筛选，再次执行“数据”→“筛选”→“自动筛选”命令即可（去掉√）。

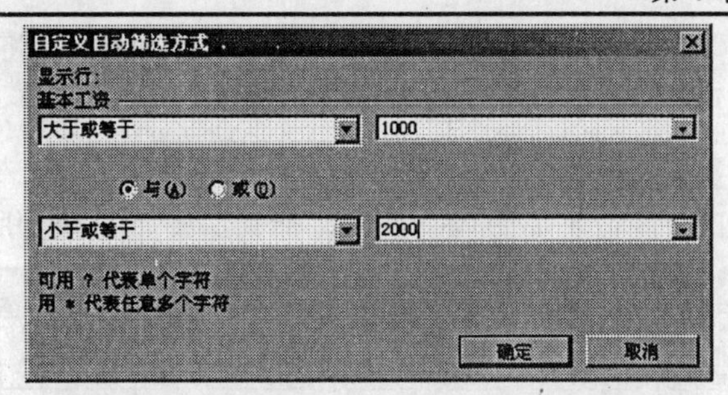

图 4-6-6 “自定义自动筛选方式”对话框

职工编	月份	部门	姓名	基本工	在岗津	住房补	应发工	公积金	医保扣	所得	扣款合	实发工
0001	07-12	道桥系	刘文新	1,540.00	750.00	306.00	2,596.00	259.60	51.92	43.45	354.97	2,241.03
0002	07-12	道桥系	白成飞	1,045.00	700.00	228.00	1,973.00	197.30	39.46	6.81	243.57	1,729.43
0003	07-12	道桥系	贾青青	1,045.00	700.00	228.00	1,973.00	197.30	39.46	6.81	243.57	1,729.43
0005	07-12	机电系	王英伟	1,540.00	750.00	306.00	2,596.00	259.60	51.92	43.45	354.97	2,241.03
0006	07-12	机电系	李敏新	1,045.00	700.00	228.00	1,973.00	197.30	39.46	6.81	243.57	1,729.43
0007	07-12	机电系	赵同国	1,045.00	700.00	228.00	1,973.00	197.30	39.46	6.81	243.57	1,729.43
0008	07-12	经管系	赵威	1,540.00	750.00	306.00	2,596.00	259.60	51.92	43.45	354.97	2,241.03
0009	07-12	经管系	于晓萌	1,540.00	750.00	306.00	2,596.00	259.60	51.92	43.45	354.97	2,241.03
0010	07-12	经管系	邓锐	1,045.00	700.00	228.00	1,973.00	197.30	39.46	6.81	243.57	1,729.43
0012	07-12	物流系	周琳琳	1,540.00	750.00	306.00	2,596.00	259.60	51.92	43.45	354.97	2,241.03
0013	07-12	物流系	孙春红	1,045.00	700.00	228.00	1,973.00	197.30	39.46	6.81	243.57	1,729.43

图 4-6-7 基本工资为 1000－2000 元之间的记录

2. 高级筛选：高级筛选指显示与指定条件区域相同的数据。

使用高级筛选，其主要方法是定义三个单元格区域：一是定义查询的数据区域；二是定义查询的条件区域；三是定义存放查找出的满足条件的记录的区域。

方法是：执行【数据】→【筛选】→【高级筛选】→ 选择“列表区域”→ 选择“条件区域”→ 选择显示结果的“方式”→【确定】。

特别提示：选择数据表中空白区域作为条件区域，条件的设置应遵循以下原则：

- 字段名和条件应放在不同的单元格；
- 字段名最好采用复制、粘贴的方法放置在条件区域；
- “与”关系的条件必须出现在同一行；
- “或”关系的条件不能出现在同一行。

例如，在图4-6-1所示的“工资表”中筛选出经管系应发工资低于2000元的记录。筛选的条件放在D19:E20，筛选结果存放在从A24开始的单元格中。

操作如下。

⑴ 设置条件：在工作表的D19:E20单元格区域输入下列数据。

部门　　应发工资

经管系　<2000

⑵ 选取筛选列表区域（A3:M17单元格区域），执行【数据】→【筛选】→【高级筛选】命令，打开“高级筛选”对话框，在对话框中进行以下设置。

- 设置“列表区域”，可输入或选择列表区域（如果之前激活数据清单中任意一个单元格，则默认的区域即是列表区域）。

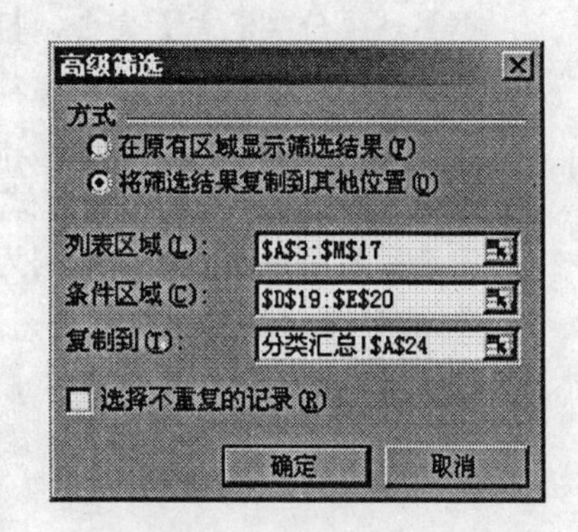

图 4-6-8 “高级筛选”对话框

● 设置“方式”，有两个单选按钮供用户选择，本例选择“将筛选结果复制到其他位置”，在“复制到”框中输入 A24 或在工作表中选取 A24 单元格。

● 单击【确定】按钮即可。

“高级筛选”对话框的设置如图4-6-8所示，筛选结果如图4-6-9所示。

	A	B	C	D	E	F	G	H	I	J	K	L	M
3	职工编号	月份	部门	姓名	基本工资	在岗津贴	住房补贴	应发工资	公积金	医保扣款	所得税	扣款合计	实发工资
4	0001	07-12	道桥系	刘文新	1,540.00	750.00	306.00	2,596.00	259.60	51.92	43.45	354.97	2,241.03
5	0002	07-12	道桥系	白成飞	1,045.00	700.00	228.00	1,973.00	197.30	39.46	6.81	243.57	1,729.43
6	0003	07-12	道桥系	贾青青	1,045.00	700.00	228.00	1,973.00	197.30	39.46	6.81	243.57	1,729.43
7	0004	07-12	机电系	马平安	2,280.00	800.00	408.00	3,488.00	348.80	69.76	121.94	540.50	2,947.50
8	0005	07-12	机电系	王英伟	1,540.00	750.00	306.00	2,596.00	259.60	51.92	43.45	354.97	2,241.03
9	0006	07-12	机电系	李敏新	1,045.00	700.00	228.00	1,973.00	197.30	39.46	6.81	243.57	1,729.43
10	0007	07-12	机电系	赵同国	1,045.00	700.00	228.00	1,973.00	197.30	39.46	6.81	243.57	1,729.43
11	0008	07-12	经管系	赵威	1,540.00	750.00	306.00	2,596.00	259.60	51.92	43.45	354.97	2,241.03
12	0009	07-12	经管系	于晓萌	1,540.00	750.00	306.00	2,596.00	259.60	51.92	43.45	354.97	2,241.03
13	0010	07-12	经管系	邓锐	1,045.00	700.00	228.00	1,973.00	197.30	39.46	6.81	243.57	1,729.43
14	0011	07-12	经管系	王辉	755.00	650.00	182.00	1,587.00	158.70	31.74	0.00	190.44	1,396.56
15	0012	07-12	物流系	周琳琳	1,540.00	750.00	306.00	2,596.00	259.60	51.92	43.45	354.97	2,241.03
16	0013	07-12	物流系	孙春红	1,045.00	700.00	228.00	1,973.00	197.30	39.46	6.81	243.57	1,729.43
17	0014	07-12	物流系	白小康	755.00	650.00	182.00	1,587.00	158.70	31.74	0.00	190.44	1,396.56
18													
19				部门	应发工资								
20				经管系	<2000								
21													
22													
23													
24	职工编号	月份	部门	姓名	基本工资	在岗津贴	住房补贴	应发工资	公积金	医保扣款	所得税	扣款合计	实发工资
25	0010	07-12	经管系	邓锐	1,045.00	700.00	228.00	1,973.00	197.30	39.46	6.81	243.57	1,729.43
26	0011	07-12	经管系	王辉	755.00	650.00	182.00	1,587.00	158.70	31.74	0.00	190.44	1,396.56

图 4-6-9 高级筛选样例

4.6.4 数据的分类汇总

分类汇总是按某个字段汇总有关数据。比如按部门汇总工资等。对数据进行分类汇总是分析数据时的一种常用方法。Excel提供的数据“分类汇总”功能包括求和、计数、平均值、方差、及最大和最小值等用于汇总的函数。

例如，在图4-6-1所示的“工资表”中，按“部门”分类汇总所有记录的基本工资和在岗津贴。

操作如下。

● 首先对数据清单按要分类的字段（本例为“部门”）进行排序

● 选取数据清单（A3:N17单元格区域），执行【数据】→【分类汇总】命令，打开“分类汇总”对话框，如图4-6-10所示。

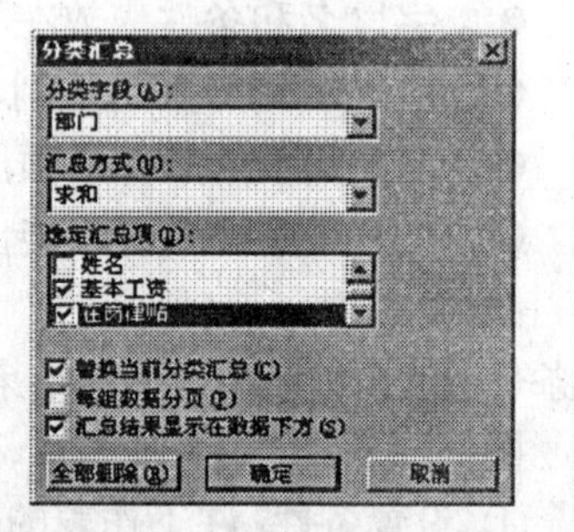

图 4-6-10 “分类汇总”对话框

在对话框的“分类字段”框中选择要分类的字段（本例为“部门”），在“汇总方式”框中选择汇总的方式（本例为“求和”），在“选定汇总项”中选择要汇总的字段（本例为“基本工资”和“在岗津贴”），最后单击【确定】即可。汇总结果如图4-6-112所示。

	A	B	C	D	E	F	G	H	I	J	K	L	M	N
1	辽宁交专职工工资表													
2														
3														
4	职工编号	月份	部门	姓名	基本工资	在岗津贴	住房补贴	应发工资	公积金	医保扣款	所得税	扣款合计	实发工资	领取签名
5	0001	07-12	道桥系	刘文新	1,540.00	750.00	306.00	2,596.00	259.60	51.92	43.45	354.97	2,241.03	
6	0002	07-12	道桥系	白成飞	1,045.00	700.00	228.00	1,973.00	197.30	39.46	6.81	243.57	1,729.43	
7	0003	07-12	道桥系	贾青青	1,045.00	700.00	228.00	1,973.00	197.30	39.46	6.81	243.57	1,729.43	
8		道桥系 汇总			3,630.00	2,150.00								
9	0004	07-12	机电系	马平安	2,280.00	800.00	408.00	3,488.00	348.80	69.76	121.94	540.50	2,947.50	
10	0005	07-12	机电系	王英伟	1,540.00	750.00	306.00	2,596.00	259.60	51.92	43.45	354.97	2,241.03	
11	0006	07-12	机电系	李敏新	1,045.00	700.00	228.00	1,973.00	197.30	39.46	6.81	243.57	1,729.43	
12	0007	07-12	机电系	赵同国	1,045.00	700.00	228.00	1,973.00	197.30	39.46	6.81	243.57	1,729.43	
13		机电系 汇总			5,910.00	2,950.00								
14	0008	07-12	经管系	赵威	1,540.00	750.00	306.00	2,596.00	259.60	51.92	43.45	354.97	2,241.03	
15	0009	07-12	经管系	于晓萌	1,540.00	750.00	306.00	2,596.00	259.60	51.92	43.45	354.97	2,241.03	
16	0010	07-12	经管系	邓锐	1,045.00	700.00	228.00	1,973.00	197.30	39.46	6.81	243.57	1,729.43	
17	0011	07-12	经管系	王辉	755.00	650.00	182.00	1,587.00	158.70	31.74	0.00	190.44	1,396.56	
18		经管系 汇总			4,880.00	2,850.00								
19	0012	07-12	物流系	周琳琳	1,540.00	750.00	306.00	2,596.00	259.60	51.92	43.45	354.97	2,241.03	
20	0013	07-12	物流系	孙春红	1,045.00	700.00	228.00	1,973.00	197.30	39.46	6.81	243.57	1,729.43	
21	0014	07-12	物流系	白小康	755.00	650.00	182.00	1,587.00	158.70	31.74	0.00	190.44	1,396.56	
22		物流系 汇总			3,340.00	2,100.00								
23		总计			17,760.00	10,050.00								
24														

图 4-6-112 分类汇总样例

可见，分类汇总的结果是在原数据清单中插入的，如果希望显示不同汇总样式，可以单击窗口左侧的分级显示区的展开（“＋”）和折叠（“－”）按钮，或用鼠标在分级显示区上方的“1”“2”“3”按钮间切换。

如果要取消分类汇总，在“分类汇总”对话框中单击“全部删除”按钮即可。

4.6.5 数据透视表

所谓数据透视表就是从不同角度对源数据进行各种汇总而得到的数据清单，是“分类汇总”的延伸，一般的分类汇总只能针对一个字段进行分类汇总，而数据透视表可以按多个字段进行分类汇总，生成适应各种用途的分类汇总表格，并且汇总前不用预先排序。利用数据透视表工具可以方便地改变源数据表的布局结构。

1. 创建数据透视表

对图4-6-1所示的数据清单，根据不同的在岗津贴级别显示各个部门的在岗津贴合计和实发工资合计，即生成一个按在岗津贴和部门分类汇总的表格。

操作如下。

● 选取数据清单（A3:N17单元格区域），执行【数据】→【数据透视表和数据透视图】命令，打开“数据透视表和数据透视图向导步骤之1”对话框，选择默认的第一个选项后，单击【下一步】按钮。

● 打开图4-6-13所示的“数据透视表和数据透视图向导步骤之2”对话框，这时，对话框的选定区域中自动显示当前的数据清单。当然也可以另外选择数据区域。单击【下一步】按钮。

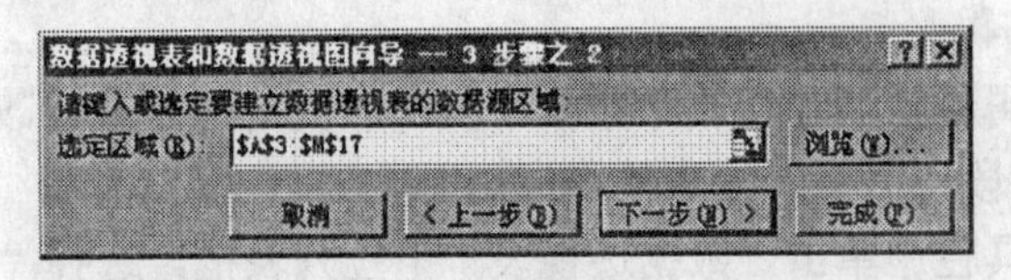

图 4-6-132 “数据透视表和数据透视图向导 3－2”

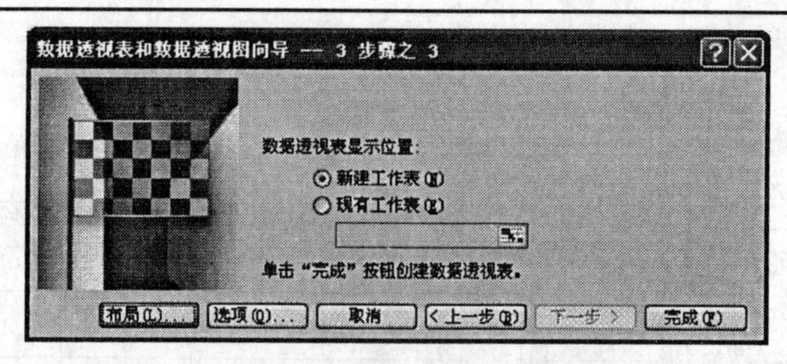

图 4-6-14“数据透视表和数据透视图向导 3－3”

● 打开如图4-6-14所示的“数据透视表和数据透视图向导步骤之3”对话框。选择【布局】按钮，会出现如图4-6-15所示的“数据透视表和数据透视图向导－布局”对话框。在其中，可以将右边的字段用鼠标拖动到相应的行、列、数据以及页区来完成布局。

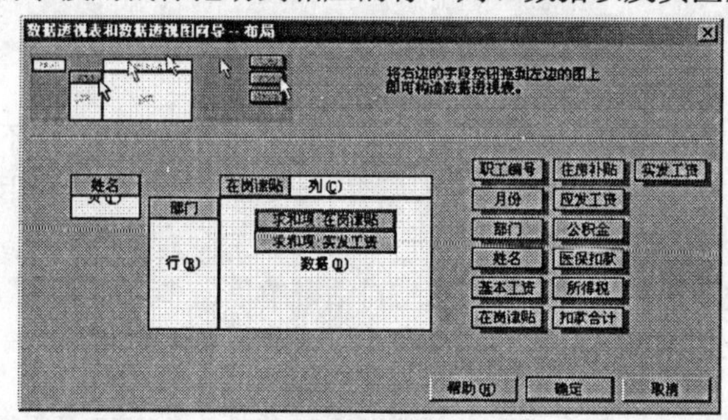

图 4-6-15 “数据透视表和数据透视图向导－布局”对话框

当“布局”设置完成后，单击【确定】按钮，即可插入数据透视表，如图4-6-16所示。从数据透视表中可以查看各种汇总，并可以单击字段右侧的下拉箭头来对显示的内容进行筛选。

	A	B	C	D	E	F	G
1	姓名	(全部)					
2							
3			在岗津贴				
4	部门	数据	650	700	750	800	总计
5	道桥系	求和项:在岗津贴		1400	750		2150
6		求和项:实发工资		3458.856	2241.032		5699.888
7	机电系	求和项:在岗津贴		1400	750	800	2950
8		求和项:实发工资		3458.856	2241.032	2947.496	8647.384
9	经管系	求和项:在岗津贴	650	700	1500		2850
10		求和项:实发工资	1396.56	1729.428	4482.064		7608.052
11	物流系	求和项:在岗津贴	650	700	750		2100
12		求和项:实发工资	1396.56	1729.428	2241.032		5367.02
13	求和项:在岗津贴汇总		1300	4200	3750	800	10050
14	求和项:实发工资汇总		2793.12	10376.568	11205.16	2947.496	27322.344

图 4-6-16 数据透视表样例

2. 编辑数据透视表

数据透视表的编辑包括增加、删除数据字段，改变统计方式，改变透视表布局等。

⑴ 增加、删除字段、改变透视表的布局。

在数据透视表工具栏中单击“数据透视表”下拉列表框，选择“数据透视表向导”选项，在“数据透视表和数据透视图向导－布局”对话框中增加、删除字段、重新布局（可用鼠标拖进或拖出的办法来增加或删除字段)。

(2) 改变统计方式。

在数据透视表工具栏中单击“数据透视表”下拉列表框，选择“数据透视表向导”选项，在向导第三步对话框中单击“布局”按钮。“在数据透视表和数据透视图向导－布局”对话框中，双击“数据”区域中需要改变统计方式的字段，在弹出的“数据透视表字段”对话框中重新设置该字段的统计方式，如图4-6-17所示，改变“在岗津贴”字段的汇总方式，将“求和”改为“计数”，即统计各部门不同在岗津贴的人数。结果如图4-6-18所示。

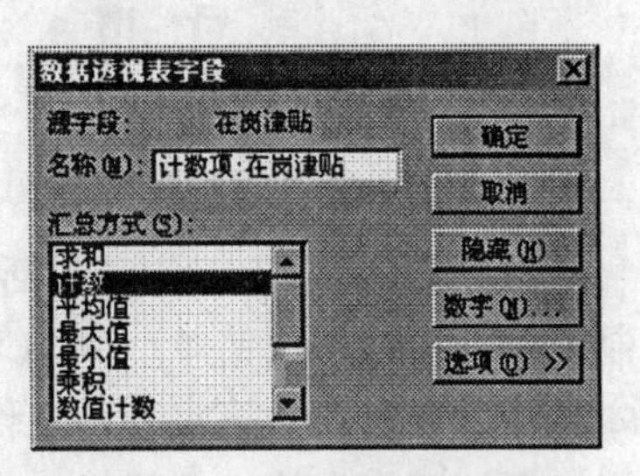

图 4-6-17　“数据透视表字段”

	A	B	C	D	E	F	G
1	姓名	(全部)					
2							
3			在岗津贴				
4	部门	数据	650	700	750	800	总计
5	道桥系	计数项:在岗津贴		2	1		3
6		求和项:实发工资		3458.856	2241.032		5699.888
7	机电系	计数项:在岗津贴		2	1	1	4
8		求和项:实发工资		3458.856	2241.032	2947.496	8647.384
9	经管系	计数项:在岗津贴	1	1	2		4
10		求和项:实发工资	1396.56	1729.428	4482.064		7608.052
11	物流系	计数项:在岗津贴	1	1	1		3
12		求和项:实发工资	1396.56	1729.428	2241.032		5367.02
13	计数项:在岗津贴汇总		2	6	5	1	14
14	求和项:实发工资汇总		2793.12	10376.568	11205.16	2947.496	27322.344

图 4-6-18　改变统计方式样例

实训 1　编制与填写报销单

一、实训目的与要求

“报销单”是日常工作和生活中经常使用的一种表单。本实训中，借助使用Excel设计编制一个学校电子报销单，来学习Excel中文本的正确录入。

本实训中涉及的知识点有：工作表与单元格的美化、数据有效性的设置、函数与公式的使用、保护工作表特定单元格、设置打印区域，实例效果如图4-7-1所示。

辽宁省交通高等专科学校报销单					
姓名	张敏	员工编号	YG019	联系电话	13019661975
所属部门	现教中心	报销类别			
报销摘要		单价	数量	小计	备注
购买计算机配件		79.25	23	¥1,822.75	用于学生一机房
购买打印纸		46	5	¥230.00	
合计				¥2,052.75	
人民币大写		贰仟零伍拾贰元柒角伍分			
部门主管		经手人		报销日期	

图 4-7-1　报销单实例效果图

二、实训内容与步骤指导

1. 设计格式与普通文本录入

按照图4-7-2编辑格式与文本。

	A	B	C	D	E	F
1	辽宁省交通高等专科学校报销单					
2	姓名	张敏	员工编号	YG019	联系电话	13019661975
3	所属部门		报销类别	购买办公用品		
4						
5	报销摘要		单价	数量	小计	备注
6	购买计算机配件		79.25	23		用于学生一机房
7	购买打印纸		46.00	5		
8						
9						
10						
11	合计			0		
12						
13	人民币大写		贰仟零伍拾贰元柒角伍分			
14	部门主管		经手人		报销日期	

图 4-7-2　报销单最初格式与文本

主要知识点分析：

① 利用格式工具栏中选择“合并及居中”按钮合并 A1－F1、D3－F3、A4－F4、A5－B5、C13－F13 等单元格；

提示：如想快速完成，可以双击“格式刷”按钮，快速完成操作。

② 单价具体数据 C6－C10 单元格通过“单元格格式”设定为带有 2 位小数的数值型。

2. 设置数据有效性

① 设置 B3 单元格的数据有效性，在其“设置”标签页下设定有效性条件允许类为序列，具体为经济管理系、道桥系、机电系、汽车系、信息系、现教中心，如图 4-7-3 所示。

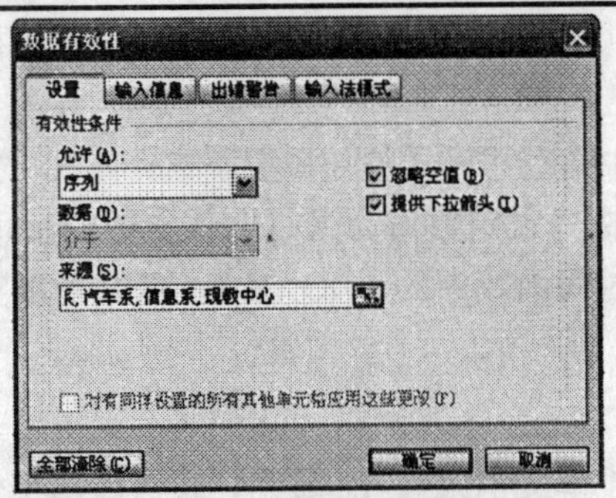

图 4-7-3 设置 B3 数据有效性

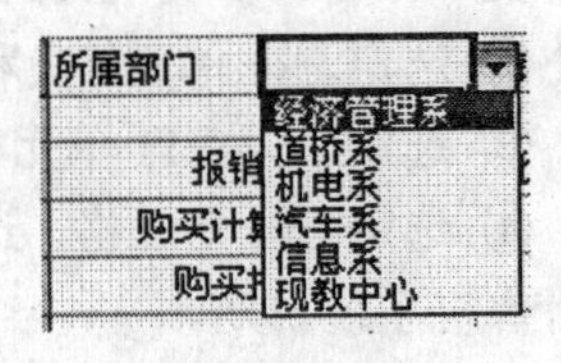

图 4-7-4 数据有效性结果

设定成功后，可查看效果如图 4-7-4 所示，可在下拉列表中选择所属部门。

② 设置 D6：D10 单元格的数据有效性，在其“设置”标签页下设定有效性条件允许类为大于或等于 1 的整数，在“输入信息”标签页下设定标题为“提示”，输入信息为“购买物品数量应为整数!”，如图 4-7-5 所示；在“出错警告”标签页下设定错误类型为“警告”、标题为“错误”、错误信息为“请在此输入大于 0 的整数!”，如图 4-7-6 所示，设定后效果分别如图 4-7-7 和图 4-7-8 所示；

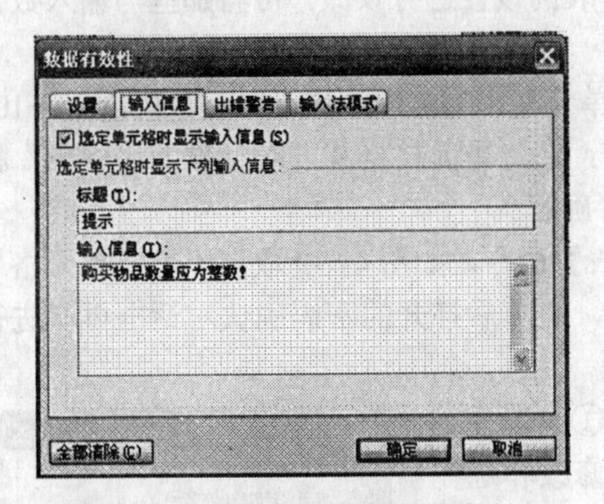

图 4-7-5 设置 D6:D10 数据有效性 1

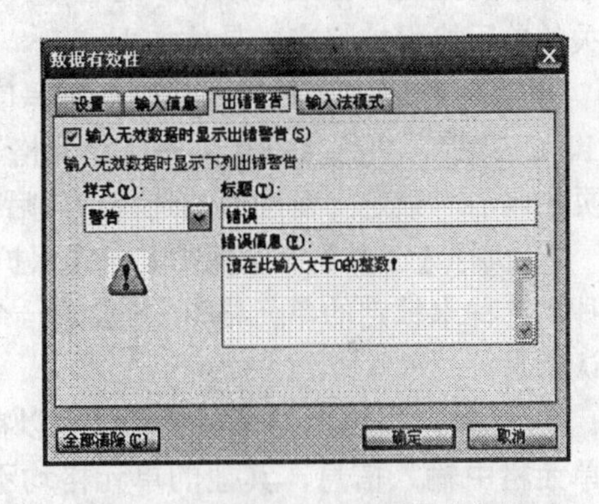

图 4-7-6 设置 D6:D10 数据有效性 2

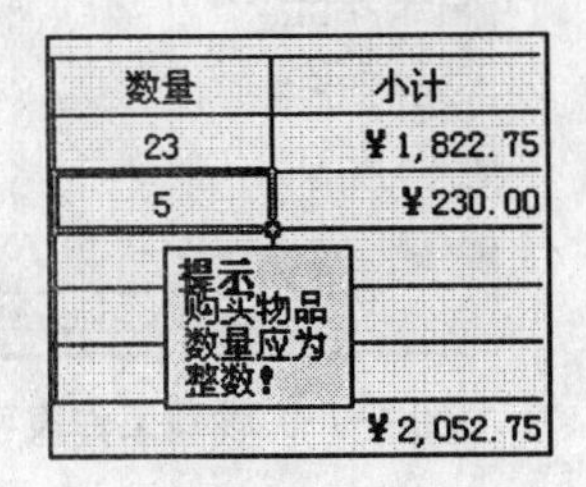

图 4-7-7 D6:D10 数据有效性结果 1

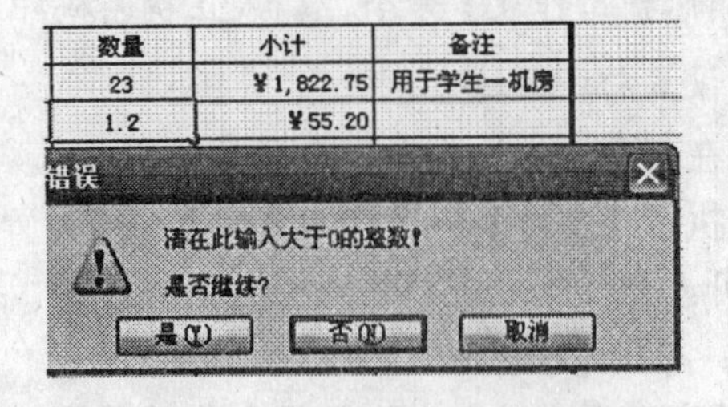

图 4-7-8 D6:D10 数据有效性结果 2

3. 函数与公式的使用

① 计算“小计”，选定 E6 单元格，输入公式“=C6*D6”，以计算报销金额的小计，

然后利用 E6 单元格的拖动句柄向下拖动至 E10，在随即出现的智能标记中选择“不带格式填充”命令，以实现公式的相对引用；

② 选定 E11 单元格，利用常用工具栏中自动求和Σ按钮，实现 E6—E10 的自动求和；

③ 选定 E6—E11 单元格，利用单元格格式设定数值为带有两位小数的货币类型；

④ 选定 F14 单元格，选择插入日期与时间函数中的 TODAY（）函数，以实现自动显示计算机系统日期。

4. 美化工作表外观

① 选定 A1—F14 区域，设置表头字体“华文中宋”、12 号字，表格内部字体“宋体”、9 号字；

② 设定行高。选择 4、12 行，利用右键快捷菜单设定行高为 6.5，第 1 行行高 18，其余行行高为 15；

③ 选定 A2—D3、A12—F14 区域，利用格式工具栏填充颜色按钮填充为“青绿色”；

④ 选定 A1—F14 区域，利用设置单元格格式对话框的“边框”标签页设定外边框蓝色粗线边框、内边框蓝色细线边框。

5. 保护特定单元格

为了防止用户在填写报销单过程中，对工作表的设计进行误改，可将那些与输入数据无关的单元格保护起来，具体如下：

① 在工作表中选种需要让用户填写信息的单元格，B2、D2、F2、B3、D3、A6—F10、C11、C13 等，执行【格式】→【单元格】命令，在“单元格格式”对话框的“保护”标签页中取消“锁定”复选框的选择，然后单击“确定”；

② 执行【工具】→【保护】→【保护工作表】命令，如图 4-7-9 取消“选定单元格”，选种“选种未锁定的单元格”，并设置一个密码，在随后打开的密码确认对话框再次进行确认密码；

③ 此时，报销单的填写者就只可以在步骤①中选择的单元格中输入信息，其他的单元格均不可以修改和选择，防止工作表的设计被破坏。

提示：如想取消工作表保护，执行【工具】→【保护】→【撤销保护工作表】命令，输入正确密码即可。

6. 设置打印区域

① 在工作表中选择需要打印的范围；

② 执行【文件】→【打印区域】→【设置打印区域】命令即可。

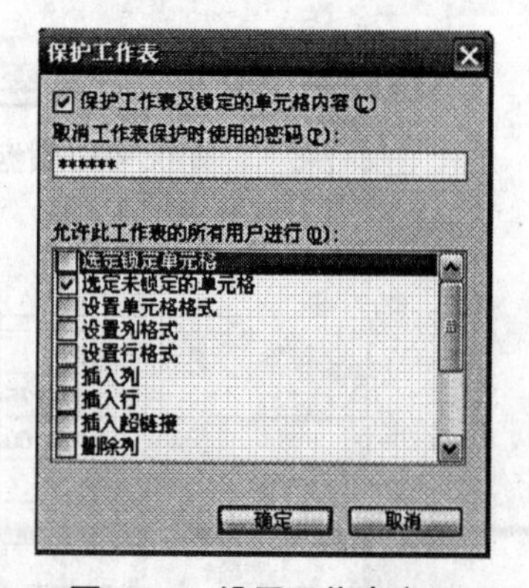

图 4-7-9 设置工作表密码

三、举一反三

成绩表对于学校和学生都是十分重要的一个文件。本实例中，借助使用 Excel 设计编制一个学生成绩表，来学习 Excel 中文本的正确录入，实例效果如图 4-7-10 所示。

辽宁省交通高等专科学校学期成绩表									
姓名	王精华	学号	0634122	性别	女	系所	经济管理系	专业	会计电算化
班级	06341	入学日期	2006.9.1		毕/结业日期	2009.7.1		学制	3年
学年学期：2006-2007学年第二学期									
课程名称	属性	成绩	学分		课程名称	属性	成绩	学分	
经济应用数学	必修	93	3		英语	必修	78	3	
基础会计实习	必修	优秀	4		基础会计学	必修	94	4.5	
社交礼仪	限选	优秀	2		统计与计算机应用	必修	95	4.5	
思修与法律Ⅱ	必修	良好	1		形势与政策	必修	优秀	1	
商务谈判技巧	任选	优秀	2		普通体育课	必修	优秀	1	
学位:						公章:			
第二学位专业:				获得学位					

图 4-7-10　成绩表效果图

① 表头华文彩云、18 号字、行高 36，表中文字宋体、9 号字、行高 14.25；

② 设定课程“属性”面下单元格的数据有效性为“序列”“必修,任选,限选”；设定“学分”下面单元格的数据有效性为大于或等于为 1 的“整数”、具有提示和错误信息如图 4-7-11 和图 4-7-12 所示。

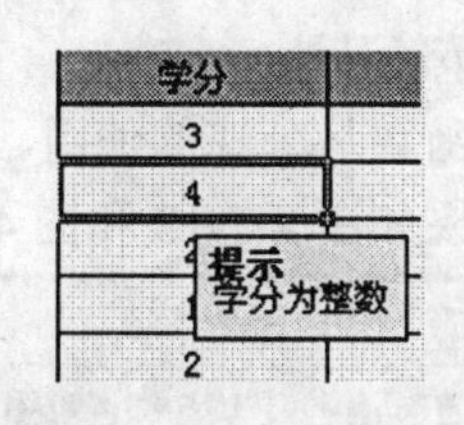

图 4-7-11　数据有效性结果 1

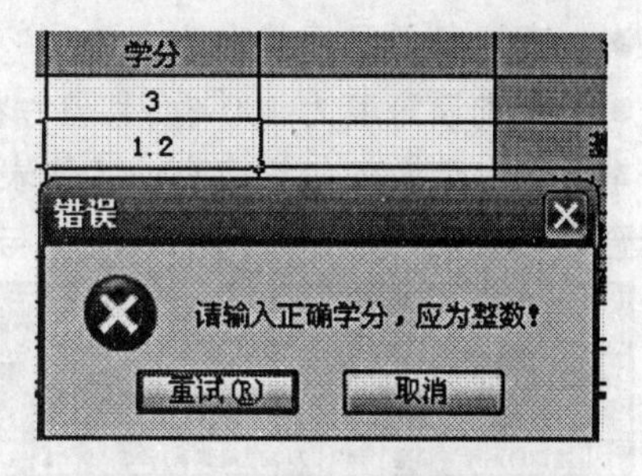

图 4-7-12　数据有效性结果 2

③ 设定“入学日期”“毕/结业日期”为日期类型数据；

④ 如有学生成绩小于 60，将成绩用红色显示；

提示：选种成绩下面单元格，执行【格式】→【条件格式】命令，在打开的条件格式对话框中设置条件，选择单元格数值大于或等于 60，在下面的“格式”按钮中设置字体颜色为红色输入即可。

⑤ 表格边框、颜色如图 4-7-10 所示；

⑥ 设定将非填写者录入单元格保护起来，密码自行定义；

⑦ 将制作完成的工作表区域设置为打印区域。

实训 2　交专食堂菜肴情况分析[1]

一、实训目的与要求

学校食堂饭菜的质量、价格的高低等况是当前各学校领导、家长和学生都非常关心的，下面实例通过计算和图表直观地统计了交专食堂与菜肴相关的一些数据，让各种信息情况一目了然。

现有一组菜肴相关统计数据，包括如图 4-7-13 所示的菜肴名称、主料、配料、调料价格、水电气等、备餐份数、销售价格、卖出份数等项目的数据，共包括 11 条记录。核算图表效果如图 4-7-14 所示。现需要实现如下功能。

- 求出每种菜肴的成本、利润、总成本、总利润、盈亏、满意度；
- 计算得出食堂备菜总份数、卖出总菜肴、总成本、总利润、总满意度；
- 利用菜肴成本、价格、利润制作图表；
- 查询菜肴盈亏状态为“盈利”的所有记录；
- 查询满意度为 100%而且盈亏状态为“亏损”的所有记录。

本实例中涉及的知识点有：工作表与单元格的美化、函数与公式的使用、条件格式、数据查询、数据筛选、柱形图表制作与格式设计，实例效果如图 4-7-13 和图 4-7-14 所示。

食堂菜肴情况核算

序号	菜肴名称	主料			配料			调料价格(元)	水电气等(元)	每份成本(元)	备餐份数	销售价格(元)	卖出份数	每份利润(元)	每份总成本(元)	每份总利润(元)	盈亏	满意度
		名称	重量(克)	金额(元)	名称	重量(克)	金额(元)											
1	醋溜白菜片	白菜	400	0.32	胡萝卜	20	0.08	0.25	0.13	0.78	260	1.30	253	0.53	201.50	132.83	盈利	97%
2	素炒土豆丝	土豆	400	0.52				0.20	0.10	0.82	240	1.20	241	0.38	196.80	91.58	盈利	100%
3	素炒芹菜	芹菜	400	0.64	胡萝卜	50	0.08	0.22	0.12	1.06	300	1.50	294	0.44	318.00	129.36	盈利	98%
4	木耳白菜	木耳	400	0.32	木耳	25	0.85	0.24	0.15	1.56	230	2.00	230	0.44	358.80	101.20	盈利	100%
5	木须柿子	柿子	400	0.96	鸡蛋	50	0.31	0.55	0.41	2.23	220	2.40	204	0.17	490.60	34.68	盈利	93%
6	芸豆丝土豆丝	芸豆	400	1.60	土豆	100	0.13	0.32	0.51	2.56	250	2.50	207	-0.06	640.00	-12.42	亏损	83%
7	炒豇豆	豇豆	400	2.10	胡萝卜	50	0.08	0.31	0.48	2.97	200	2.40	200	-0.57	594.00	-114.00	亏损	100%
8	肉炒鲜菇	鲜菇	400	1.60	猪肉	25	0.52	0.33	0.31	2.76	280	2.80	266	0.04	772.80	10.64	盈利	95%
9	烧芸豆土豆	芸豆	400	2.00	土豆	150	0.20	0.43	0.78	3.41	240	2.80	230	-0.61	818.40	-140.30	亏损	96%
10	肉炒木耳	木耳	400	1.60	猪肉	25	0.52	0.39	0.32	2.83	200	3.00	191	0.17	566.00	32.47	盈利	96%
11	红烧肉土豆	土豆	300	1.20	猪肉	75	1.45	0.50	0.48	3.63	200	3.20	200	-0.43	726.00	-86.00	亏损	100%
	总计										2620		2516		5682.90	180.04		96%

图 4-7-13　食堂菜肴情况核算数据效果

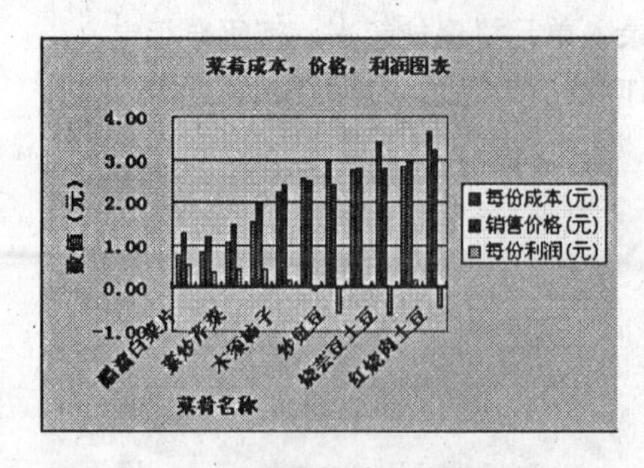

图 4-7-14　食堂菜肴情况核算图表效果

[1]数据采集于 2007 年 11 月

二、实训内容与步骤指导

1. 编辑数据源

按照图 4-7-13 所示设计表格并填写数据，包括序号、菜肴名称、主料（名称、重量、金额）、配料（名称、重量、金额）、调料价格、水电气等、备餐份数、销售价格、卖出份数各项目以及 11 条记录的数据。原始数据如图 4-7-15 所示（该数据取至 07 年 11 月份交校食堂）。

Microsoft Excel - 交专菜成本分析

食堂菜肴情况核算

序号	菜肴名称	主料			配料			调料价格(元)	水电气等(元)	每份成本(元)	备餐份数	销售价格(元)	卖出份数	每份利润(元)	每份总成本(元)	每份总利润	盈亏	满意度
		名称	重量(克)	金额(元)	名称	重量(克)	金额(元)											
1	醋溜白菜片	白菜	400	0.32	胡萝卜	20	0.08	0.25	0.13		260	1.30	253					
2	素炒土豆丝	土豆	400	0.52				0.20	0.10		240	1.20	241					
3	素炒芹菜	芹菜	400	0.64	胡萝卜	50	0.08	0.22	0.12		300	1.50	294					
4	木耳白菜	木耳	400	0.32	木耳	25	0.85	0.24	0.15		230	2.00	230					
5	木须柿子	柿子	400	0.96	鸡蛋	50	0.31	0.55	0.41		220	2.40	204					
6	芸豆丝土豆丝	芸豆	400	1.60	土豆	100	0.13	0.32	0.51		250	2.50	207					
7	炒豇豆	豇豆	400	2.10	胡萝卜	50	0.08	0.31	0.48		200	2.40	200					
8	肉炒鲜菇	鲜菇	400	1.60	猪肉	25	0.52	0.33	0.31		280	2.80	266					
9	烧芸豆土豆	芸豆	400	2.00	土豆	150	0.20	0.43	0.78		240	2.80	230					
10	肉炒木耳	木耳	400	1.60	猪肉	25	0.52	0.39	0.32		200	3.00	191					
11	红烧肉土豆	土豆	300	1.20	猪肉	75	1.45	0.50	0.48		200	3.20	200					
	总计																	

图 4-7-15　原始数据

2. 计算各种所需数据

① 计算每份菜肴成本和利润。

选中 K4 单元格，在其中输入“=E4+H4+I4+J4”（每份成本=主料金额+配料金额+调料价格+水电气等费用），执行后用鼠标拖拉 K4 单元格句柄至 K14，即可得出每份菜肴成本。选种 O4 单元格，在其中输入“ =M4-K4”（每份利润=每份价格-每份成本），执行后用鼠标拖拉 O4 单元格句柄至 O14，即可得出每份菜肴利润。

② 计算每份菜肴总成本和总利润。

选中 P4 单元格，在其中输入“=K4*L4”（每份总成本=每份成本×备餐份数），执行后用鼠标拖拉 P4 单元格句柄至 P14，即可得出每份菜肴总成本。同理，可在 Q 列计算出每份菜肴总利润（每份菜肴总利润=销售价格×卖出份数，即 Q4=N4*O4）。

③ 计算盈亏和满意度。

这里可以根据每份菜肴的利润的正负来判断盈亏。

选中 R4 单元格，执行【插入】→【函数】命令，选择常用函数中的 IF 函数，在打开的对话框中按照如图 4-7-16 所示输入（O4：O14 为每份菜肴利润），点击确定后，再用鼠标拖拉 R4 单元格句柄至 R14，即可得出每份菜肴的盈亏情况。

设置盈亏条件格式，即使“盈利”红色显示，“亏损”绿色显示。选种 R4 至 R14 单元格，执行【格式】→【条件格式】命令，按照图 4-7-17 设置。

计算满意度。选中 S4 单元格，在其中输入“=N4/L4”（这里满意度=卖出份数÷备餐份数×100%），执行后用鼠标拖拉 S4 单元格句柄至 S14，再设置其单元格格式数值选项为“百分比”，即可得出每份菜肴的满意度。

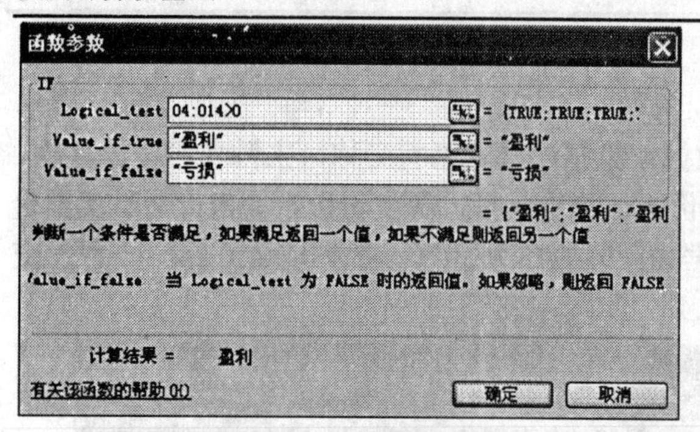

图 4-7-16　IF 函数设置

条件格式
条件 1(1)
单元格数值　等于　=$R$4
条件为真时，待用格式如右图所示：　AaBbCcYyZz　格式(F)...
条件 2(2)
单元格数值　等于　=$R$9
条件为真时，待用格式如右图所示：　AaBbCcYyZz　格式(F)...
添加(A) >>　删除(D)...　确定　取消

图 4-7-17　条件格式设置

④ 计算合计

利用工具栏上求和按钮，分别求出备餐总份数、卖出总份数、成本合计、利润合计。并拖动句柄求出盈亏合计和满意度合计。

3. 制作菜肴成本、价格、利润图表

执行【插入】→【图表】命令，在打开的图表对话框中选择图表类型为柱形图，子图表类型为簇状柱形图，然后点击“下一步”，进入到图表数据源对话框中选择数据区域 C3：C14、K3：K14、M3：M14、O3：O14，在系列产生在选择“列”，然后点击“下一步”，进入到图表选项对话框，在其标题标签页中输入图表标题为“菜肴成本，价格，利润图表”，分类（X）轴为“菜肴名称”，分类（Y）轴为“数值（元）”，点击“下一步”后点击“完成”，形成界面如图 4-7-14 所示图表（须适当修饰格式）。

4. 数据筛选

① 筛选盈亏状态为“盈利”的所有记录。选种 I2：S2 单元格，执行【数据】→【筛选】→【自动筛选】命令，每一选种列标题所在单元格右下角均出现一个下拉按钮，如图 4-7-18 所示。

调料价格(元)	水电气等(元)	每份成本(元)	备餐份数	销售价格(元)	卖出份数	每份利润(元)	每份总成本(元)	每份总利润(元)	盈亏	满意度
0.25	0.13	0.78	260	1.30	253	0.53	201.50	132.83	盈利	97%
0.20	0.10	0.82	240	1.20	241	0.38	196.80	91.58	盈利	100%

图 4-7-18　自动筛选

单击“盈亏”所在单元格的下拉按钮，在下拉列表中选择“盈利”，执行后如图 4-7-19 所示。

	A	B	C	D	E	F	G	H	I	J	K	L	M	N	O	P	Q	R	S
1	食堂菜肴情况核算																		
2	序号	菜肴名称	主料			配料			调料价格(元	水电气等(元	每份成本(元	备餐份数	销售价格	卖出份数	每份利润(元	每份总成本(元	每份总利润(元	盈亏	满意度
4	1	醋溜白菜片	白菜	400	0.32	胡萝卜	20	0.08	0.25	0.13	0.78	260	1.30	253	0.53	201.50	132.83	盈利	97%
5	2	素炒土豆丝	土豆	400	0.52				0.20	0.10	0.82	240	1.20	241	0.38	196.80	91.58	盈利	100%
6	3	素炒芹菜	芹菜	400	0.64	胡萝卜	50	0.08	0.22	0.12	1.06	300	1.50	294	0.44	318.00	129.36	盈利	98%
7	4	木耳白菜	木耳	400	0.32	木耳	25	0.85	0.24	0.15	1.56	230	2.00	230	0.44	358.80	101.20	盈利	100%
8	5	木须柿子	柿子	400	0.96	鸡蛋	50	0.31	0.55	0.41	2.23	220	2.40	204	0.17	490.60	34.68	盈利	93%
11	8	肉炒鲜菇	鲜菇	400	1.60	猪肉	25	0.52	0.33	0.31	2.76	280	2.80	266	0.04	772.80	10.64	盈利	95%
13	10	肉炒木耳	木耳	400	1.60	猪肉	25	0.52	0.39	0.32	2.83	200	3.00	191	0.17	566.00	32.47	盈利	96%

图 4-7-19　自动筛选利润“盈利”最终效果

② 查询满意度为 100%而且盈亏状态为“亏损”的所有记录。

这个查询可以用高级筛选来做。前设置筛选条件，选取任意空白的四个单元格输入条件，该例中在 L17、L18 分别输入“盈亏”“亏损”，在 M17、M18 中分别输入“满意度”“100%”，然后执行【数据】→【筛选】→【高级筛选】命令，按照如图 4-7-20 所示输入设置，点击确定后，即可得出满意度为 100%而且盈亏状态为“亏损”的所有记录，如图 4-7-21 所示。

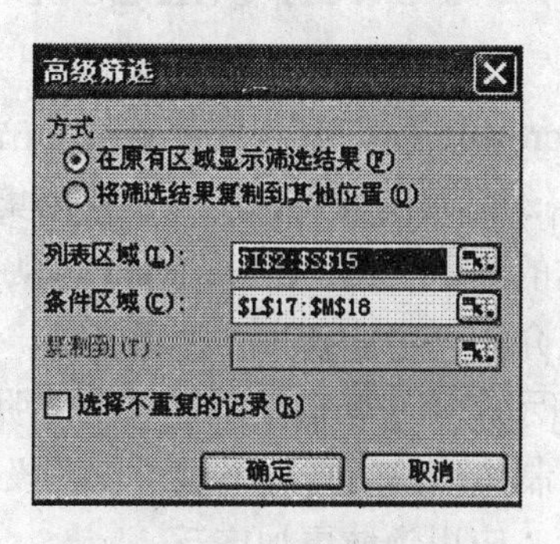

图 4-7-20　高级筛选设置

1	食堂菜肴情况核算																		
2	序号	菜肴名称	主料			配料			调料价格(元)	水电气等(元)	每份成本(元)	备餐份数	销售价格(元)	卖出份数	每份利润(元)	每份总成本(元)	每份总利润(元)	盈亏	满意度
10	7	炒豇豆	豇豆	400	2.10	胡萝卜	50	0.08	0.31	0.48	2.97	200	2.40	200	-0.57	594.00	-114.00	亏损	100%
14	11	红烧肉土豆	土豆	300	1.20	猪肉	75	1.45	0.50	0.48	3.63	200	3.20	200	-0.43	726.00	-86.00	亏损	100%

图 4-7-21　高级筛选结果

三、举一反三

试根据本校食堂现有食品成本与价格等情况制表，制作出相关图表与查询结果。

第 5 章 PowerPoint 2003 使用

5.1 PowerPoint 2003 简介

PowerPoint 2003 是 Microsoft 办公软件 Microsoft Office 的家族成员之一。PowerPoint 2003 是制作和播放演示文稿幻灯片的软件，能够制作出集文字、图形、图像、声音以及视频剪辑等多媒体元素于一体的演示文稿。PowerPoint 自从诞生之日起就成为用户表达其思想的有力工具。无论向观众介绍一个计划、一种新产品，还是做报告或培训员工，只要事先使用 PowerPoint 做一个演示文稿，就会使阐述过程简明而又清晰，轻松而又丰富翔实，从而更有效地与他人沟通。制作出的幻灯片不仅可以在投影仪或者计算机上进行演示，还可以打印出来或制作成胶片，应用领域更加广泛。

5.1.1 窗口介绍

1. 窗口界面

启动 PowerPoint 2003 的方法与启动 Word 的方法类似，在此不再详述。启动 PowerPoint 2003 应用程序后，出现如图 5-1-1 所示的 PowerPoint 窗口界面。

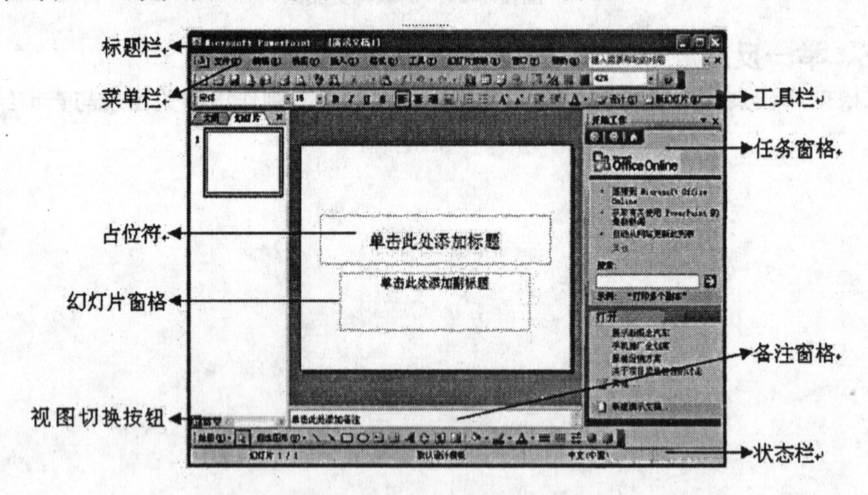

图 5-1-1 PowerPoint 窗口界面

⑴ 标题栏：显示 PowerPoint 的标题，包括应用程序名称和当前编辑的文档标题，在其右侧是常见的“最小化”“最大化/还原”和“关闭”按钮。

⑵ 菜单栏：包含 PowerPoint 2003 所有操作的菜单命令。

⑶ 工具栏：以按钮形式表现 PowerPoint 中常用的菜单命令，用于编辑各种相应的对象。

⑷ 状态栏：显示出当前文档的某些状态要素，包括幻灯片的页数和所使用的设计模

板等。

(5) 幻灯片窗格：界面中面积最大的区域，用来显示演示文稿中出现的幻灯片。可以在上面进行输入文本、绘制标准图形、创建图画、添加颜色以及插入对象等操作。

(6) 视图按钮：位于界面底部左侧的是视图按钮，通过这些按钮可以以不同的方式查看演示文稿。

(7) 大纲、幻灯片视图：包含大纲标签和幻灯片标签。在大纲标签下，可以看到幻灯片文本的大纲；在幻灯片标签下可以看到缩略图形式显示的幻灯片。

(8) 备注窗格：备注窗格可供用户输入演讲者备注。通过拖动窗格的灰色边框可以调整其尺寸大小。

(9) 任务窗格：位于 PowerPoint 窗口右侧，用来显示设计文稿时经常用到的命令。PowerPoint 会随不同的操作需要显示相应的任务窗格。

如果想使用某个任务窗格，而该窗格没有被显示，则单击任务窗格顶部的【其他任务窗格】下三角按钮，从下拉菜单中选择所需要的任务窗格。如果不需要使用任务窗格，可以选择【视图】→【任务窗格】命令隐藏任务窗格，以释放程序窗口的可用空间。在此选择【视图】→【任务窗格】命令时，任务窗格将再次出现。

2. 视图方式

PowerPoint 2003 提供了 5 种不同的视图方式，包括在普通视图下的幻灯片视图、大纲视图、备注视图和幻灯片浏览视图、幻灯片放映视图。

(1) 幻灯片视图：整个窗口的主体被幻灯片的编辑窗格所占据，仅在左边按顺序排列各张幻灯片的按钮。幻灯片视图适合队具体某张幻灯片的内容进行编辑。

(2) 大纲视图：显示整个演示文稿中各张幻灯片的主要内容。只有占位符中的文字显示在大纲中。

(3) 备注页视图：在普通视图的幻灯片界面下方可以看到备注窗格，用来方便用户添加幻灯片备注。

(4) 幻灯片浏览视图：以缩略图的形式显示演示文稿中的所有幻灯片，可在此视图下添加、移动或删除幻灯片等。

(5) 幻灯片放映视图：整张幻灯片占满屏幕，超链接、动画效果、声音和视频在此视图下播放。

5.1.2 PowerPoint 2003 基本操作

1. 创建、打开、保存、关闭和加密演示文稿

(1) 创建新演示文稿。

方法一：执行【文件】→【新建…】命令，打开 PowerPoint 界面右侧的【新建演示文稿】任务窗格，出现【新建】选项，如图 5-1-2 所示。然后根据需要创建一个新的演示文稿。

方法二：单击任务窗格顶部的下三角按钮，从下拉菜单中选择【新建演示文稿】任务窗格，建立新的演示文稿。

方法三：单击工具栏中的【新建】按钮，即可打开新的 PowerPoint 2003 窗口，建立新的演示文稿。

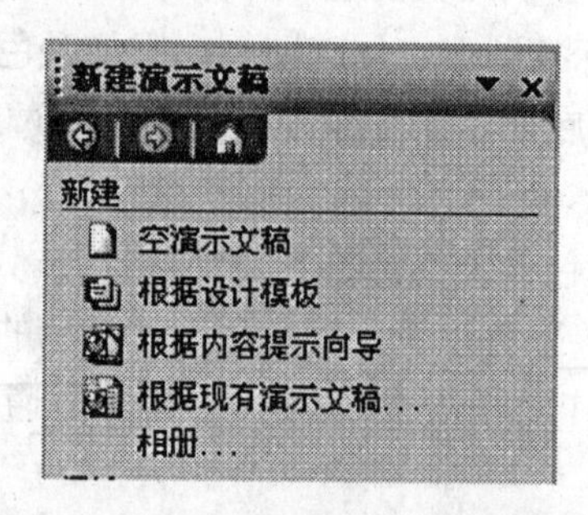

图 5-1-2　新建演示文稿类型

在【新建演示文稿】任务窗格的【新建】栏下有【空演示文稿】【根据设计模板】和【根据内容提示向导】、【根据现有演示文稿】等几个命令。

下面对如何运用这几个命令加以说明：

【空演示文稿】：创建一个新的空演示文稿。在【任务窗格】中选择【幻灯片版式】窗格，该任务窗格中包含 31 个已设计好的幻灯片版式，可以从中选择一个合适的版式，以创建新的幻灯片。

【根据设计模版】：创建基于设计模板（指实现定义了幻灯片颜色和文本样式的演示文稿）。单击这个命令将出现【幻灯片版式】窗格，可以从中选择，以创建新的幻灯片。这样我们就不需要对演示文稿的版式和背景颜色进行编辑了，直接应用设计模版就可以。可以通过右击来选择是应用所有幻灯片还是当前幻灯片。

【根据内容提示向导】：可以选择演示文稿的样式和类型，然后 PowerPoint 会自动生成一个按照专业化方式组织演示文稿内容的大纲，如图 5-1-3 所示。

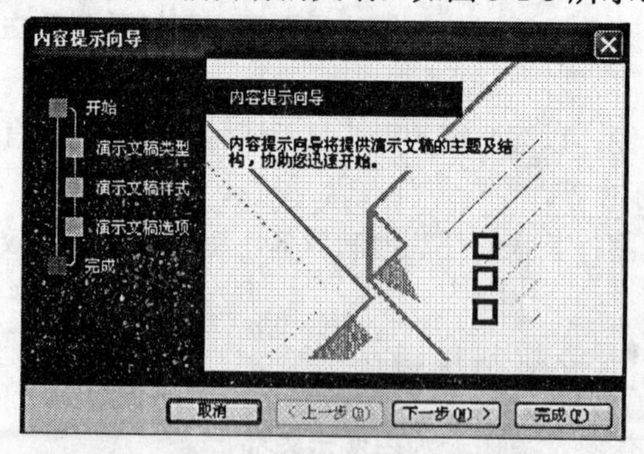

图 5-1-3　内容提示向导

【根据现有演示文稿】：PowerPoint 会生成一个和已有演示文稿相同的演示文稿，用户可以在此基础上修改，得到新的演示文稿。

(2) 打开已有的演示文稿。

方法一：执行【文件】→【打开…】命令，在弹出的【打开】对话框中选中所要打开的演示文稿，单击【打开】按钮即可。

方法二：单击工具栏中的【打开】按钮，在弹出的【打开】对话框中选中要打开的演示文稿，单击【打开】按钮即可。

方法三：在【任务窗格】中选择【开始工作】窗格，在【打开】任务栏，下面是 ppt 最新打开过的几个演示文稿名称列表，如果所要打开的演示文稿不在列表中，可以单击【其他】按钮，在弹出的【打开】对话框中选择所要打开的工作簿，单击【打开】按钮即可。

方法四：在所在路径中找到 PowerPoint 文件，双击文件图标，同样可以将演示文稿打开。

在想退出 PowerPoint 之前一定要对该文件保存，演示文稿的默认的后缀名为 ppt。保存的方法如下：

方法一：执行【文件】→【保存】。保存的路径为该文件原有的路径，而且不改变该文件的原有名字。或者直接点击任务栏上的保存图标，效果是一样的。

方法二：执行【文件】→【另存为】，将弹出【另存为】对话框，在【保存位置】栏中选择演示文稿的保存位置，或者单击对话框左边的图标直接选择保存的位置。在【文件名】文本框中输入演示文稿的保存名称，并单击【保存类型】文本框的下三角按钮，从下拉列表中选择演示文稿保存类型。

⑶ 保存和关闭演示文稿。

关闭演示文稿的方法与关闭 word 方法类似，不再详述。

如果希望该演示文稿能够被阅读和发送，但是不希望审阅者修改编辑该演示文稿，可对演示文稿进行保护，使其变为只读属性。或者只允许指导密码的人打开该演示文稿。这些就需要对该文稿进行加密。

⑷ 对演示文稿加密。

选择【工具】→【选项…】→【安全性】→【打开权限密码】/【修改权限密码】→单击【确定】关闭【选项】对话框，将出现【确认密码对话框】→在【重新输入修改权限密码】/【重新输入打开权限密码】对话框中再次输入所设置的密码。

注意：密码可以是空格、符号、字母等，而且字母分大小写。 如果密码丢失将无法打开或修改该演示文稿。

2. 编辑演示文稿

⑴ 编辑背景和版式。

背景和版式对于整个演示文稿来说是漂亮的润色，外观的漂亮对于演示文稿来讲是非常必要的。

① 简单背景的选择。

简单而优美通常使文稿显得很整洁，为达到这个目的，可以按照以下的步骤为演示文稿设置一种基本的单色的背景。

打开希望应用背景的演示文稿。

执行【格式】→【背景】命令，打开【背景】对话框，如图 5-1-4 所示。

使用下拉列表框，从基于演示文稿的默认配色方案的少数颜色中做出选择。如果没有看到满意的颜色，可以单击【其他颜色…】按钮，单击调色板中所需的颜色样块。如果希望自己定义颜色的话，打开【自定义】标签，然后对设置进行调整，直到【新增】窗口内看到满意的颜色为止。

单击【确定】按钮，返回【背景】对话框。

单击【预览】按钮可以看到背景的设置效果。单击【全部应用】按钮，则整个演示文稿应用新的背景颜色，而单击【应用】则只在当前幻灯片上使用新背景。

② 设置具有填充效果的背景。

背景的选择精确地反映了演示文稿的风格，鲜艳的背景对于演示文稿是必不可少的，创建特殊的背景，需要做到以下步骤：

- 打开希望应用背景的演示文稿；
- 执行【格式】→【背景】命令，打开【背景】对话框；
- 从下拉框中选择【填充效果】，打开【填充效果】对话框。在对话框的选项卡中选择效果进行处理；
- 单击【确定】按钮，可以预览使用当前配色方案的填充效果；
- 单击【全部应用】或者【应用】按钮，完成配置；

下面对填充效果加以说明，如图 5-1-5 所示。

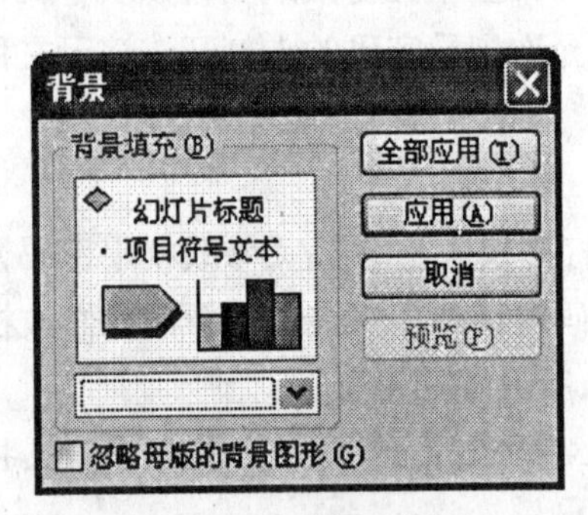

图 5-1-4　背景对话框

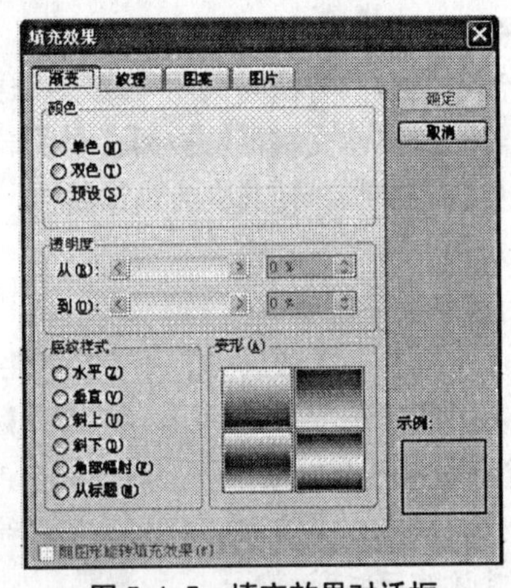

图 5-1-5　填充效果对话框

【渐变】：以多种方式将一种或两种颜色合并到一种颜色中，通过单击【单色】或【双色】选项选择自己的配色方案，或选择某种预设方案，在预设方案中包含某些色彩缤纷的颜色混合。可以使用【底纹式样】和【变形】选项获得希望的效果。

【纹理】：在【纹理】标签中找到满足自己需要的纹理。单击靠近该对话框底部的【其他纹理】按钮还可以导入保存在电脑中的其他纹理。

【图案】：打开该标签，可以看到许多的线条、点一级以所选两种颜色为基础的图案组合，在选择这些效果时注意与文本配合。

【图片】：单击【选择图片】按钮后可以在电脑内寻找合适的作为演示文稿的背景。

③ 幻灯片版式的编辑。

在编辑幻灯片时可能会发现原来设定或者电脑生成的幻灯片版式并不能完全满足需

要，要改变灯片版式时，可以按照以下操作步骤进行：

执行【格式】→【幻灯片版式…】命令，或者单击右侧任务窗格顶部的【其他任务窗格】下三角按钮，从下拉菜单中选择【幻灯片版式】任务窗格，打开【幻灯片版式】任务窗格。选择并双击自己所需要的幻灯片版式，则该幻灯片及其内容以新版式显示。

⑵ 编辑文字和段落。

可以在幻灯片窗格中或者普通视图下的【大纲】标签里将文本添加到演示文稿中。

① 在幻灯片窗格中输入文本。

在幻灯片窗格中单击【单击此处添加标题】占位符。则出现一个选择框，在选择框内输入或编辑文本。输入的文本同时会出现在大纲 / 幻灯片窗格的【大纲】标签中。

② 在大纲中输入文本。

单击大纲 / 幻灯片窗格中的【大纲】标签，选择【视图】→【工具栏】→【大纲】命令,如图 5-1-6 所示。在大纲上设置插入点输入或编辑文本。按 enter 键，将添加一张新的幻灯片，然后单击工具栏中的【降级】按钮或者按 tab 键将插入点移至右侧，然后在标题文本下输入新的段落。

图 5-1-6　大纲工具栏

⑶ 编辑占位符。

幻灯片窗格中显示的文本框称之为“文本占位符”。

占位符中可以有文本或图片，对占位符的编辑主要包括对占位符大小的改变以及位置的移动，编辑方法主要有两种。

方法一：鼠标操作。

① 单击占位符内文本，选中占位符。

② 将鼠标移至占位符虚线框边缘的 8 个圆点处，鼠标变为双箭头，此时拖动鼠标可以改变占位符大小，将鼠标移至占位符虚线框边缘，鼠标变为十字箭头，此时拖动鼠标可以移动占位符位置。

方法二：执行【格式】命令。

① 单击占位符内文本；

② 执行【格式】→【占位符】命令；

③ 选择【尺寸】标签，可以通过【高度】、【宽度】等选项来调整占位符尺寸大小，选择【位置】标签，通过选项的改变可以移动占位符位置；

④ 单击【确定】按钮，完成操作。

⑷ 编辑文本框。

文本框的编辑主要是调整占位符中文本周围的空间和调整占位符中文本的位置，操作步骤如下：

① 单击占位符文本；

② 执行【格式】→【占位符】命令；

③ 选择【文本框】标签，在【文本所定点】的下拉菜单中选择占位符内文本的位置，或在【内部边距】之下，使用箭头更改【左】【右】【上】【下】框中的数字，以调整占位符中文本周围的空间；

④ 单击【确定】按钮，完成操作。

(5) 应用项目符号。

项目符号能使演示文稿内的文本更有条理性。

① 使用图形项目符号。

执行【格式】→【项目符号和编号…】命令，选择【项目符号】/【编号】，选中要选择的方案，然后调整符号的颜色和大小，单击确定。

也可以通过【图片】标签来选择新的图形符号。如点击【导入…】 按钮，从自己的电脑中选择合适的图形作为项目符号。

② 使用字符项目符号。

执行【格式】→【项目符号和编号…】→【自定义】命令。

选择【字体】下拉框选择一组字符，在下面的窗口中选中满意的符号，单击【确定】按钮，完成操作。

(6) 幻灯片的配色方案。

【幻灯片设计】→【配色方案】→【应用配色方案】/【编辑配色方案】。在编辑配色方案对话框中的自定义选项卡下可以更改配色方案中的颜色，如图 5-1-7 所示。

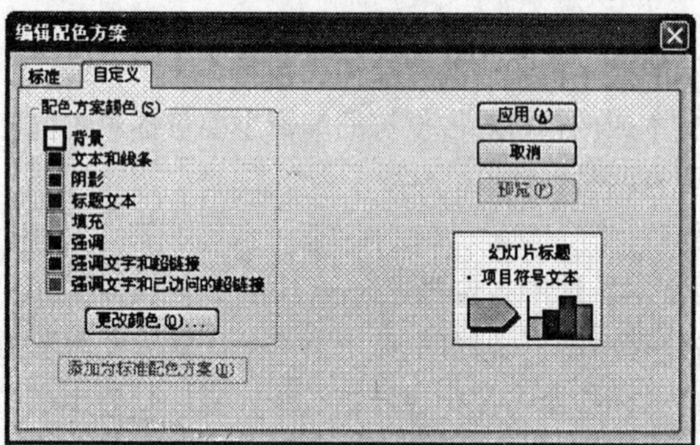

图 5-1-7　编辑配色方案对话框

5.2　演示文稿的高级使用

5.2.1　插入对象

在幻灯片里可以插入一些特殊的对象。包括：图片、表格、图表以及多媒体等内容。

1. 插入图片与图示

(1) 编辑艺术字。

使用艺术字可以将形状特异的文本或花样插入到一个演示文稿中，艺术字可以增强文字效果。艺术字提供一个选择库，可以在水平，垂直或者对角方向拉伸文本。

在幻灯片中插入艺术字，并对艺术字文本格式进行修改的步骤如下：

① 选中要插入艺术字的幻灯片；

② 执行【插入】→【图片】→【艺术字…】命令；

③ 选中需要插入的艺术字式样，单击【确定】，将出现【编辑“艺术字”文字】对话框；

④ 输入要添加的文字，单击【确定】，输入的文字和【艺术字】工具栏同时出现。

下面开始对艺术字格式进行修改。

① 用鼠标来改变艺术字的位置和尺寸。鼠标变成十字花，可以移动艺术字的位置，变成拉伸符号，可以改变艺术字的尺寸；

② 单击【艺术字】工具栏中的【艺术字形状】按钮，将出现艺术字形状符号，选中一个符号按钮，艺术字文本形状将进行相应的改变；

③ 单击【艺术字】工具栏中的【艺术字字符间距】按钮，可以对列表中的选项进行选择，对艺术字的字符间距做出相应的调整；

④ 单击【艺术字】工具栏中的【设置艺术字格式】按钮，在【设置艺术字格式】对话框中选中各个选项卡后，可以对艺术字的颜色、线条、尺寸、位置等格式进行详细的设置。

⑵ 编辑自选图形。

在演示文稿中绘制一个自选图形对象的具体操作步骤如下：

① 选中要插入艺术字的幻灯片；

② 执行【插入】→【图片】→【自选图形】命令，将弹出【自选图形】对话框，单击自选图形中的图形缩略图；

③ 在演示窗口中光标变为十字形状，按住 Shift 键拖动鼠标，用虚线框设置出自选图形的位置；

④ 释放鼠标，完成自选图形的插入操作。

插入一个自选图形以后，可以对这个图形进行选择，释放，调整大小和调整外观等操作，调整操作步骤如下：

① 按上面介绍的方法插入一个自选图形，该图形每条边都带有白色的圆圈，表示该对象目前是被选中的；

② 将光标置于白色圆圈上，光标变为双箭头，此次按住鼠标拖动，可以改变自选图形的大小；

③ 自选图形中还有一个黄色的菱形，可以改变对象的外观，但不改变大小；

④ 自选图形顶部的绿色圆圈可以改变对象的角度；

⑤ 将光标置于自选图形上，此时拖动鼠标可以移动自选图形的位置；

⑥ 按住 Ctrl 键，将光标置于自选图形上，按住鼠标左键，光标变化为复制箭头。拖动鼠标，先是复制图形的移动位置，释放鼠标完成复制。

⑶ 编辑剪贴画和图形文件。

PowerPoint 提供了数以百计的专业化设计剪贴画，将剪贴画添加到幻灯片的方法：

① 选中要插入剪贴画的幻灯片；

② 执行【插入】→【图片】→【剪贴画 …】命令；

③ 单击你要插入的剪贴画，剪贴画就会出现在幻灯片中；

④ 用鼠标移动剪贴画并改变其大小。

⑤ 双击剪贴画可以出现【设置图片格式】对话框。可以对剪贴画进行高级设置。

把存在电脑中的其他图片插入到幻灯片中。方法如下：

① 选中要插入剪贴画的幻灯片；

② 执行【插入】→【图片】→【来自文件 ….】 命令；

③ 找到图片存放的具体路径，选中要插入的图片，点击插入即可；

④ 用鼠标改变图片的位置及大小。

还可以在幻灯片中插入一些组织结构等特殊图示。具体方法如下：

① 选中要插入剪贴画的幻灯片；

② 执行【插入】→【图示】命令；

③ 选中要插入的特殊图示，再通过对话框对图示进行编辑。

2. 插入表格与图表

⑴ 插入表格。

使用表格式是获得文本一致对齐的最佳方法。过去，用户只能从其他程序中导入表格，以在 PowerPoint 中使用表格。利用 PowerPoint 2003 自己新的表格创建支持，无需进行表格导入。

在 PowerPoint 中创建表格的方法如下:

① 选中要插入表格的幻灯片；

② 执行【插入】→【表格】命令，将出现【插入表格】对话框，单击【列数】和【行数】；

③ 微调按钮，进行表格行数和列数的选择。单击【确定】；

④ 单击表格，则出现【表格和边框】工具栏，来对表格进行编辑。如：边框颜色，填充颜色，线条，等等，如果没有出现【表格和边框】工具栏，执行【视图】→【工具栏】→【表格和边框】命令可以将其显示。

⑵ 插入图表。

在 PowerPoint 中，将 Excel 图表当作幻灯片中的一个嵌入对象插入演示文稿会简化插入过程。在演示文稿中插入 Excel 图表对象的步骤如下：

① 选中要插入图表的幻灯片；

② 执行【插入】→【对象…】命令，将出现【插入对象】对话框；

③ 单击【由文件创建】按钮，单击【浏览】按钮，将出现【浏览】对话框，打开目标 Excel 文件夹，选中，单击【确定】，如果选中【连接】复选框，则 Excel 图表将作为连接对象而不是嵌入对象插入演示文稿中；

④ 单击【确定】。

在 PowerPoint 中添加图表结构图的步骤如下：

① 选中要插入图表的幻灯片；

② 执行【插入】→【图表】命令，图表及图表结构图都将出现在幻灯片上；

③ 通过修改图表中的数据来修改图表结构。

3. 插入多媒体对象

在 PowerPoint 中，可以通过添加在演示时播放的声音和影像，使演示文稿更加有趣。将声音和影像插入到幻灯片中并且对之进行编辑的步骤如下。

① 选中要添加声音和影像的幻灯片；

② 执行【插入】→【影片和声音】→【剪辑管理器中的声音】/【剪辑管理器中的影片】命令，在【剪贴画】任务栏出现了可以选择的声音和影片；

③ 单击选中可用的声音。将出现一个消息框，如图 5-2-1 所示，询问是否在幻灯片放映时播放声音，单击【自动】按钮，则在幻灯片放映时自动播放，而单击【在单击时】，则在幻灯片放映过程中只有在单击时才播放所选择的声音；

④ 执行【插入】→【影片和声音】→【文件中的声音】/【文件中的影片】命令，将出现【插入影片】对话框，选中要插入的影片，单击【确定】，选择【自动】或者【在单击时】选项来选择影片声音播放的时间；

⑤ 对所添加的影片进行设置；

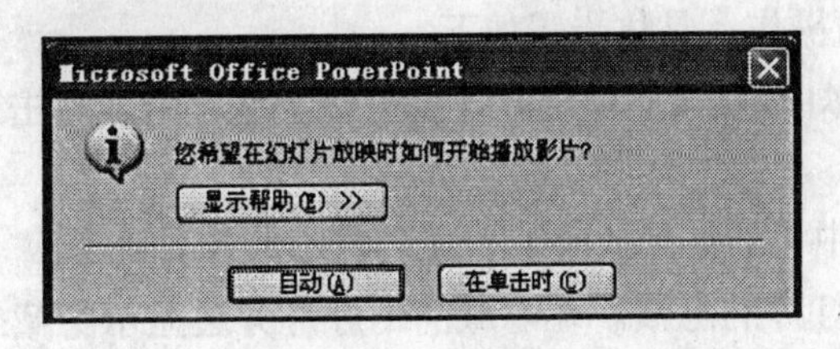

图 5-2-1 询问对话框

⑥ 鼠标右击影片，在弹出的快捷菜单中执行【编辑影片对象…】命令，然后在弹出的【影片选项】对话框中进行设置。

5.2.2 编辑幻灯片

1. 添加幻灯片

方法一：执行【插入】→【新幻灯片】命令。

方法二：单击工具栏中【新幻灯片】按钮。

使用上述两种方法中的任何一种， PowerPoint 都会立即在演示文稿中当前使用的幻灯片之后添加新的幻灯片。

2. 移动和复制粘贴幻灯片

打开一个演示文稿包含多个幻灯片。可以对幻灯片进行复制与移动，并安排一个更加合适的顺序。

(1) 复制幻灯片。

① 打开含有目标幻灯片的演示文稿；

② 在【大纲 / 幻灯片窗格】中选择【幻灯片】选项卡，单击选中需要复制的幻灯片；

③ 右击鼠标，选择【复制】命令，执行【编辑】→【复制】命令复制幻灯片，单击常用工具栏中的【复制】按钮。

⑵ 粘贴幻灯片。

① 打开要粘贴幻灯片的演示文稿；

② 在【大纲 / 幻灯片窗格】中选择【幻灯片】选项卡，选择要粘贴的具体位置；

③ 右击鼠标，选择【粘贴】命令，执行【编辑】→【粘贴】命令粘贴幻灯片，单击常用工具栏中的【粘贴】按钮。

⑶ 移动幻灯片。

方法一：在【大纲 / 幻灯片窗格】中选择【幻灯片】选项卡，单击选中需要移动的幻灯片，可以将其拖到合适的位置，一条浮动的水平直线可以让用户知道在将幻灯片放置之前的确切位置；

方法二： 在【幻灯片浏览】视图窗口中选中幻灯片，也可以将其拖动到合适的位置，此时表明移动位置的直线成为一条垂直直线。

3. 隐藏幻灯片

对于一个演示文稿中的许多幅幻灯片，如果有些幻灯片在放映时不想让它们出现，那么就可以对其进行隐藏操作，具体步骤如下：

① 在【大纲 / 幻灯片窗格】中选择【幻灯片】选项卡，单击选中需要进行隐藏的幻灯片；

② 在菜单执行栏中【幻灯片放映】→【隐藏幻灯片】命令；

③ 完成对所选幻灯片的隐藏。在隐藏的幻灯片旁边显示隐藏幻灯片的图标，图标中的数字为幻灯片编号。

若要重新显示隐藏的幻灯片，可以有以下两个方法。

方法一：重新设置隐藏的幻灯片可以在幻灯片放映中查看。

① 在【大纲 / 幻灯片窗格】中选择【幻灯片】选项卡，单击选中需要显示的隐藏幻灯片。

② 再次执行【幻灯片放映】→【隐藏幻灯片】命令。

方法二：在幻灯片放映时查看隐藏的幻灯片。

① 在幻灯片放映时右击任意幻灯片。

② 选中【定位到幻灯片】，括号“()”内数字表示隐藏幻灯片的编号。

③ 单击要查看的幻灯片即可。

4. 删除幻灯片

当需要删除一张幻灯片时，【大纲/幻灯片窗格】中若处于【幻灯片】状态下，单击幻灯片将其选中，或在大纲状态下选中该幻灯片的编号图标，然后按 Delete 键即可将该幻灯片删除。或者右击鼠标选择【删除幻灯片】选项，也可以。

5. 超级链接

在放映幻灯片的时候，可能会出现跳转到某一张幻灯片的时候，这样就需要做一些链接，使演示文稿能从这张幻灯片直接跳转到那张幻灯片。

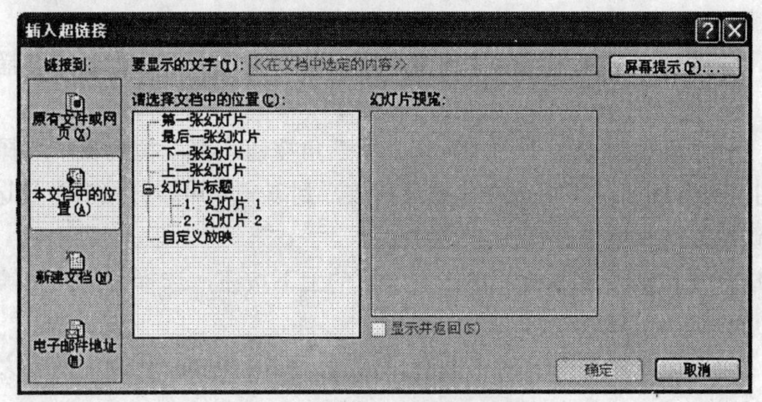

图 5-2-2 插入超链接对话框

超级链接的具体方法如下。

① 在幻灯片窗格中，选中要进行超级链接的图片或文字，右击鼠标，选择【超级链接】选项。

② 在【插入超链接】的对话框中选择【本文档中的位置（A)】，如图 5-2-2 所示。选中要链接到的幻灯片，单击确定即可。

5.2.3 幻灯片浏览与播放

1. 幻灯片排序

当演示文稿中的幻灯片完成编辑之后，可以给幻灯片进行排序。 在【幻灯片浏览视图】中，通过前面讲过的幻灯片移动来对幻灯片进行排序。

此外，在幻灯片浏览视图中，还可以在两个或多个打开的演示文稿间移动幻灯片。具体步骤：

① 打开每个演示文稿，并将每个演示文稿切换到幻灯片浏览视图；

② 执行【窗口】→【全部重排】命令，即可将一个演示文稿中的幻灯片拖到另一个演示文稿中。

2. 幻灯片切换效果

在幻灯片放映时，切换效果能通过改变幻灯片替换方式使演示文稿给人留下更深的印象。幻灯片切换效果是指幻灯片放映过程中，幻灯片在屏幕放映或离开屏幕时的视觉效果。

对一张幻灯片添加切换效果的操作步骤如下。

① 单击【幻灯片浏览视图】按钮，进入幻灯片浏览视图。

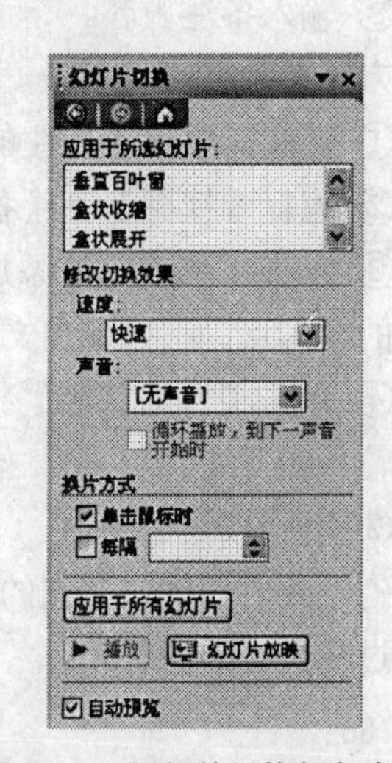

图 5-2-3 幻灯片切换任务窗格

② 执行【幻灯片放映】→【幻灯片切换】命令，将出现【幻灯片切换】任务窗格，如图 5-2-3 所示。其中包含有当前幻灯片的切换选项。

③ 在列表中选择相应的切换选项，单击选中。PowerPoint 则通过幻灯片的缩略图预览切换效果。

④ 单击【修改切换效果】下的【速度】下三角按钮，在下拉列表中选择合适的切换速度。

⑤ 单击【修改切换效果】下的【声音】下三角按钮，在下拉列表中选择合适的切换声音，在有切换声音的情况下可选中【循环播放，到下一个声音开始时】复选框。

⑥ 在【切换方式】下进行切换方式的设置。

⑦ 如果选择【每隔】文本框，单击文本框的上下按钮，选择时间。则被选中的幻灯片以该时间为间隔进行自动切换。

⑧ 如果【单击鼠标时】和计时器同时设置时，PowerPoint 自动在两者之间选择一个较短时间进行切换。

⑨ 如果单击【应用于所有幻灯片】按钮，则可将当前幻灯片的切换选项设置应用于演示文稿的所有幻灯片。

⑩ 设置完成后，单击【播放】按钮，则可以对所设幻灯片的切换效果进行预览。单击【幻灯片】放映，幻灯片放映视图以相应切换效果显示幻灯片。

3. 放映演示文稿

⑴ 添加演讲者备注。

在创建演示文稿的幻灯片时，可以同时输入与幻灯片内容相关的演讲者备注，从而在演示过程中可以使用演讲者备注。

演讲者备注的添加方法有两种。

方法一：

① 选中需要添加备注的幻灯片；

② 单击【备注】窗格中的【单击此处添加备注】文本占位符，出现一个闪烁的插入点；

③ 输入备注内容。

方法二：

① 选中需要添加备注的幻灯片；

② 执行【视图】→【备注页】命令；

③ 单击【单击此处添加备注】文本占位符，出现一个闪烁的插入点，进行备注文本输入；

④ 单击【普通视图】按钮，返回普通视图，此时可以显示输入的备注。

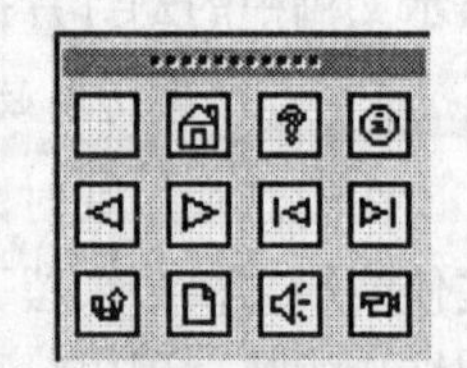

图 5-2-4 动作按钮级联菜单

⑵ 动作按钮的使用。

幻灯片内的动作按钮的使用可以使幻灯片放映时加入许多比较方便的链接与效果，使放映过程更好地进行。

执行【幻灯片放映】→【动作按钮】命令，出现如图 5-2-4 所示的动作按钮级联菜单。

在一张幻灯片中插入动作按钮可以按以下操作步骤进行：

① 选择要放置按钮的幻灯片；

② 执行【幻灯片放映】→【动作按钮】命令，再选择所需要的动作按钮；

③ 单击该幻灯片，出现【动作设置】对话框；

④ 确保【超级链接】选项已被选中；

⑤ 单击箭头选择所需要的链接；

⑥ 单击【确定】按钮完成动作设置。

4. *在幻灯片放映中加入动画效果*

可以通过给幻灯片中的文本和图片添加动画效果，使幻灯片在放映时更加富有激情和活力。PowerPoint 不仅可以在演示中使文字和图片对象都具有动画效果，还可以设置幻灯片对象的自定义动画效果。

应用动画效果最简单的步骤如下：

① 执行【幻灯片放映】→【动画方案 …】命令，打开【幻灯片设计】任务窗格的【动画方案】栏；

② 【动画方案】栏中的【应用于所选幻灯片】选项下提供了 3 个类别的专业化设计动画效果：【细微型】【温和型】【华丽型】选项，单击具体的动画效果，选择动画效果之后，该幻灯片左下角会出现一个动画符号；

③ 单击【应用于所有幻灯片】按钮，将对此幻灯片设计的动画方案运用于演示文稿中的所有幻灯片。

如果愿意创建自己的动画方案，可以按照以下的操作步骤来进行。

① 选中要插入自定义动画效果的幻灯片。

② 执行【幻灯片放映】→【自定义动画…】命令，出现如图 5-2-5 所示的自定义动画任务窗格。

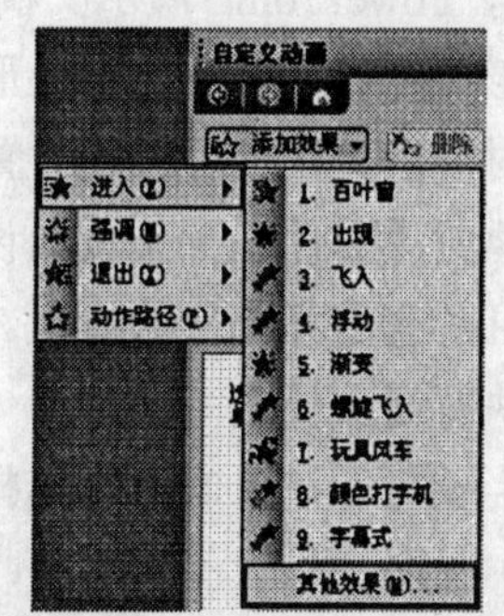

图 5-2-5 自定义动画任务窗格

③ 单击选中幻灯片中的标题文本占位符。

④ 单击任务窗格中【添加效果】按钮，弹出【添加效果】子菜单，该子菜单包含四个动画效果命令：【进入】【强调】【退出】和【基本路径】命令。

⑤ 为幻灯片中的标题文本设置动画效果，以选择【进入】→【飞入】为例，在该幻灯片中立刻演示这个动作效果。在【自定义动画】任务窗格中，标题文本和对动画效果的描述出现在【动画顺序】列表中。

⑥ 单击【动画顺序】列表中的第一个动画项将其选中，该动画旁边出现一个下三角按钮。单击次下三角按钮，弹出子菜单。

⑦ 在子菜单中单击【效果选项】命令，在效果选项卡下，可以为文本飞入时设置飞入方向以及声音和具体的动画文本，在【计时】选项卡下，可以为文本飞入设置飞入速度和重复次数。

⑧ 单击【确定】按钮。

⑨ 在【自定义动画】任务窗格中单击【播放】按钮，可以预览以砂锅内对标题文本所做的自定义动画效果设置。

5. *幻灯片放映导航工具*

在播放演示文稿期间，【幻灯片放映】工具栏令用户可方便地使用墨迹注释工具、笔和荧光笔选项以及【幻灯片放映】菜单，但是工具栏在放映时决不会引起观众的注意。

6. *在无人管理的情况下自动运行*

PowerPoint 2003 为用户设置了自动放映功能。设置步骤如下：

① 打开希望设置自动运行的演示文稿；

② 执行【幻灯片放映】→【设置放映方式…】命令，打开【设置放映方式】对话框；

③ 选中【在展台浏览（全屏幕）】单选按钮；

④ 在【放映幻灯片】部分，指定希望运行演示文稿的哪一部分；

⑤ 在【换片方式】部分，选择演示文稿是手工换片，还是按预设时间运行；

⑥ 单击【确定】按钮。

注意：如果演示文稿被设为手工换片，那么在空闲时间超过 5 分钟以后，演示文稿将返回开始一页。

5.2.4 演示文稿的打印和打包

1. *打 印*

对 PowerPoint 演示文稿进行打印有很多种方法：以幻灯片形式进行打印；以演讲者备注形式打印；以听众讲义形式打印和大纲形式打印。

对演示文稿进行打印设置的步骤是：

执行【文件】→【页面设置…】命令，将出现页面设置对话框，如图 5-2-6 所示，进行幻灯片大小和方向的设置。

执行【文件】→【打印…】命令，将出现如图 5-2-7 所示的打印对话框，进行相应设置。当要打印讲义时可以选择每页打印幻灯片数。

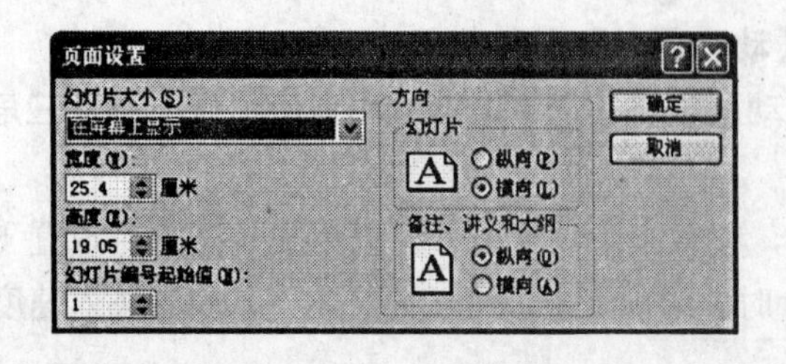

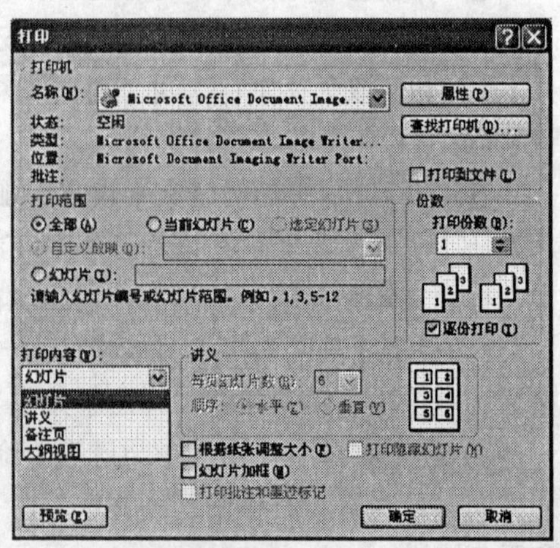

图 5-2-6 页面设置对话框　　图 5-2-7 打印对话框

2. 打 包

打包演示文稿可以使演示文稿在异地播放。

PowerPoint 2003 新增了一个把 PPT 演示文稿打包成 CD 的功能，可打包演示文稿和所有支持文件，包括链接文件，并从 CD 自动运行演示文稿。

① 打开打包的演示文稿。如果正在处理以前未保存的新的演示文稿，建议先进行保存；

② 将空白的可写入 CD 插入到刻录机的 CD 驱动器中；

③ 在“文件”菜单上，单击【打包成 CD】，如图 5-2-8 所示；

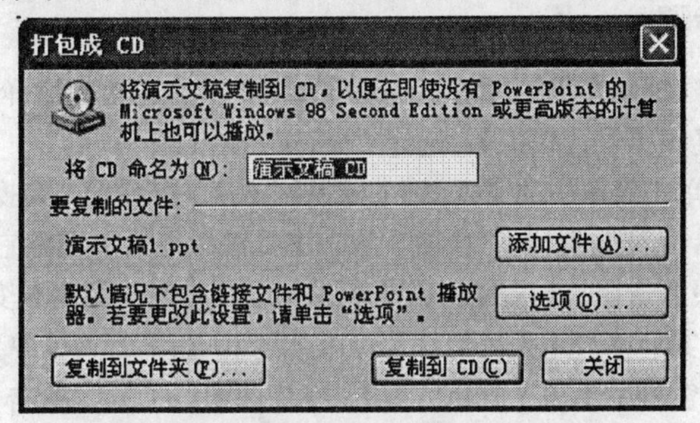

图 5-2-8 打包成 CD 对话框

④ 在【将 CD 命名为】框中，为 CD 键入名称；

⑤ 若要添加其他演示文稿或其他不能自动包括的文件，单击【添加文件】，选择要添加的文件，然后单击“添加”，默认情况下，演示文稿被设置为按照【要复制的文件】列表中排列的顺序进行自动运行，若要更改播放顺序，请选择一个演示文稿，然后单击向上键或向下键，将其移动到列表中的新位置；若要删除演示文稿，请选中它，然后单击【删除】；

⑥ 若要更改默认设置，请单击【选项】，然后执行下列操作之一；

⑦ 单击【复制到 CD】。

若电脑上并没有安装刻录机，可使用以上方法将一个或多个演示文稿打包到计算机或某个网络位置上的文件夹中，而不是在 CD 上。方法是，不单击【复制到 CD】，而单击【复制到文件夹】，然后提供文件夹信息。

如果是将演示文稿打包成 CD，则该 CD 能够自动播放。如果将 CD 盘插入光驱时，没有自动播放，或者是将演示文稿打包到了文件夹中，要播放打包的演示文稿时，可以在 Windows 资源管理器窗口中，转到 CD 或文件夹，双击 play.bat 文件进行自动播放，或者也可以双击 PowerPoint 播放器文件 Pptview.exe，然后选择要播放的演示文稿，单击【打开】。

5.3 样品——校园生活

5.3.1 知识点

- 根据模板创建演示文稿；
- 编辑母版；
- 插入表格、图表、声音和影片；
- 编辑自定义动画；
- 幻灯片放映、打印、保存。

5.3.2 设计步骤

⑴ 根据模板新建演示文稿。启动 PowerPoint 2003，在菜单中选择【新建】，在右侧的任务窗格中，单击【根据设计模板】，选择“beam”模板。

⑵ 编辑母版。单击菜单中的【视图】【母版】【幻灯片母版】，切换到母版视图。在幻灯片母版中插入图片“校徽”。对“校徽”这个图片进行编辑。调整它的大小和位置，并将这个图片的背景设为透明。设置幻灯片母版的标题自定义动画为渐变式回旋。

⑶ 编辑配色方案。单击【关闭幻灯片母版视图】。在单击菜单中【格式】【幻灯片设计】，在右侧的任务窗格中单击【配色方案】。在任务窗格下方，单击【编辑配色方案】。在弹出的对话框中，修改文本颜色为黄色，标题的颜色为金色。

⑷ 编辑标题幻灯片。插入“校徽”图片，将校徽图片的背景色设置为透明。调整大小和位置，如效果图所示。在主标题占位符中输入“辽宁省交通高等专科学校”，字体华文彩云，48 号，倾斜。在副标题占位符中输入“高等职业人才的摇篮”，采用默认格式。在副标题下方插入横排文本框，内容为“www.lncc.edu.cn”，并设置该网址的超链接。插入来自文件中的声音“校园导游”，将声音设为自动播放，在自定义动画中将【效果选项】中声音开始播放设为“从头开始”，结束设为“到第 10 张幻灯片”。右键单击声音图标，在弹出的快捷菜单中选择【编辑声音对象】。在弹出的对话框中，设置为。循环播放和放映时隐藏声音图标。

⑸ 插入新的幻灯片，标题为“你想要了解辽宁交专的哪个方面”。插入效果图上所示的自选图形，并进行颜色填充红色以及线条颜色金色的修改。分别插入文本框“厚德笃学”和“实践创新”，颜色为黄色，字体为楷体，加粗，40 号。在绘制圆形和圆角矩形，进行双色渐变填充，并添加入图所示的文本。在对每个圆角矩形设置超链接，链接的位置为本文当中对应内容的幻灯片。圆角矩形置为底层，圆形置为顶层。将圆形和圆角矩形进行组合。设置自定义动画，每个项目设为进入——从底部飞入。

⑹ 插入新的幻灯片，选择标题，文本与内容版式，标题为“悠久历史积淀 造就辉煌今天”在文本占位符中输入“辽宁省交通高等专科学校的前身是创建于 1951 年的东北交通学校，1991 年经原国家教委批准，定名为辽宁省交通高等专科学校。2006 年学校被教育部、财政部确定为首批 28 所国家示范性高职建设院校之一，是当年辽宁省唯一入选院

校。”采用默认格式。设置文本占位符的自定义动画。选中文本占位符，在菜单中单击【幻灯片放映】【自定义动画】，在右侧的任务窗格中，单击【添加效果】【进入】【其他效果】【颜色打字机】。动画开始设为“之前”，速度设为“非常快”。在内容版式中插入自选图形椭圆，用图片“校景 1”填充。椭圆的自定义动画设置为“向内溶解”。再插入艺术字“厚德笃学实践创新”，并修饰艺术字，颜色为红色，线条为金色，阴影为黄色，调整大小和位置。插入动作返回和下一页动作按钮。这是返回按钮的动作是链接到第 2 张幻灯片。下一页的动作为默认动作。

(7) 插入新幻灯片，版式为只有标题。在标题占位符中加入“美丽的校园风光”。插入图片“校景 2”到“校景 6”。调整图片的大小和位置，以及层次关系。设置图片的自定义动画为出现，飞入，飞入的方向各自不同。动作按钮同上一张幻灯片。

(8) 插入新幻灯片，版式为只有标题。在标题占位符中加入“强大的师资品质的保证”。在幻灯片中绘制如表 5-3-1 所示的师资表表格。表格边框设置为黄色的。表格的自定义动画设置为单击时擦除。动作按钮同上一张幻灯片。

(9) 插入新幻灯片，版式为只有标题。在标题占位符中加入“完善教学设备良好学习环境”。插入图片“教学环境 1”到“教学环境 6”，将这些图片的大小设置为高 5.85 厘米，宽 7.8 厘米。将图片排列整齐，设置图片的自定义动画为溶解。动作按钮同上一张幻灯片。

表 5-3-1　　　　师资表

<table>
<tr><td>专任师资数</td><td>333</td><td>高级职称教师数</td><td>156</td><td colspan="2">高级职称教师比例</td><td>46.8%</td></tr>
<tr><td>专业教师数</td><td>248</td><td>双师教师数</td><td>174</td><td colspan="2">双师教师比例</td><td>70.2%</td></tr>
<tr><td rowspan="2">校内实验实训基地</td><td rowspan="2">数量</td><td rowspan="2">41</td><td colspan="2">占地面积（亩）</td><td colspan="2">66.87</td></tr>
<tr><td colspan="2">建筑面积（平方米）</td><td colspan="2">50587</td></tr>
<tr><td colspan="2">仪器设备总值（万元）</td><td>5303</td><td colspan="2">单价 5 万元以上
仪器设备总值（万元）</td><td colspan="2">2479.5</td></tr>
<tr><td colspan="2">校外实习实训基地数量</td><td>112</td><td colspan="2">实验实训开出率</td><td colspan="2">100%</td></tr>
</table>

(10) 插入新幻灯片，版式为只有标题。在标题占位符中加入“特色专业设置，广阔就业前景”。插入图示，组织结构图，样式为“原色”，一级和二级之间版式为两边悬挂，二级和三级之间版式为标准。设置组织结构图的自定义动画为“轮子”。动作按钮同上一张幻灯片。

(11) 插入新幻灯片，版式为只有标题。在标题占位符中加入“生源好，就业好”。在 Excel 中制作如表 5-3- 2 所示的招生就业表，并生成图表。对图表的图表区，绘图区等进行颜色的修饰。将图表复制粘贴到本幻灯片中。动作按钮同上一张幻灯片。

(12) 插入新幻灯片，版式为只有标题。在标题占位符中加入“恰同学少年 展时代风貌”。插入自选图形“棱台”。再插入 7 个相同的圆角矩形。在圆角矩形中分别填充“活动 1”到活动 7 图片。在“棱台”上插入影片“口语大赛”。设置自定义动画。将 7 个圆角矩形按顺序设置为盒状进入。将影片的动作设置为上一动作“之后”播放。动作按钮同上一张幻灯片。

表 5-3-2　　招生就业表

相关数据	2003年	2004年	2005年
第一志愿上线人数	84.90%	84%	92%
报到率	71.90%	85.80%	93.20%
一次就业率	93.01%	93.06%	93.69%

⒀ 插入新幻灯片，版式为只有标题。在标题占位符中加入“在校学习流程”。插入剪辑管理器中的影片“j0234687.gif”。插入剪贴画“j0299125.wmf”。调整大小和位置。插入自选图形流程图和连接符，达到如图所示的流程图，设置各个自选图形的自定义动画。按照流程的顺序设置为进入，出现。动作按钮同上一张幻灯片。

⒁ 设置幻灯片的放映方式和幻灯片的切换方式。【幻灯片放映】【幻灯片切换】，在右侧的任务窗格选择“新闻快报”，单击【应用到所有幻灯片】。设置幻灯片的放映方式为“演讲者放映”。

⒂ 演示文稿的保存。【文件】【保存】，将演示文稿保存成“辽宁交专.ppt”。【文件】【另存为】将演示文稿保存为“辽宁交专.pps”,保存类型为“PowerPoint 放映”。

⒃ 演示文稿的打印。【文件】【打印】，在打印对话框中，将打印内容设置为“讲义”，每页打印 4 张幻灯片。

⒄ 演示文稿的打包。【文件】【打包成 CD】，在弹出的对话框中单击【复制到文件夹】按钮，在复制到文件夹对话框中指定文件夹名称“辽宁交专”和位置“D:\”，单击【确定】按钮。

⒅ 演示文稿输出。【文件】【另存为】，选择保存类型为“JPEG 文件交换格式”，位置 D:\，文件名称“辽宁交专”，单击【保存】，在弹出的对话框中，单击【每张幻灯片】按钮。在 D 盘下，则会有文件夹“辽宁交专”，在此文件夹中，有 10 张图片，就是本演示文稿的每张幻灯片的图片。

另附：“辽宁交专.ppt”十张幻灯片的效果图，如图 5-3-1 至图 5-3-10 所示。

图 5-3-1　幻灯片 1 效果图

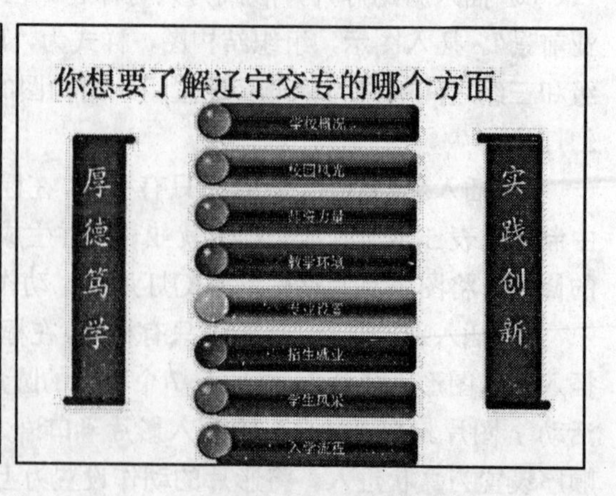

图 5-3-2　幻灯片 2 效果图

美丽的校园风光

图 5-3-3　幻灯片 3 效果图

悠久历史积淀 造就辉煌今天

■ 学校的前身是创建于1951年的东北交通学校，1991年经原国家教委批准，定名为辽宁省交通高等专科学校。2006年学校被教育部、财政部确定为首批28所国家示范性高职建设院校之一，是当年辽宁省唯一入选院校。

厚德笃学实践创新

图 5-3-4　幻灯片 4 效果图

强大的师资 品质的保证

专任师资数	333	高级职称教师数	156	高级职称教师比例	46.8%
专业教师数	248	双师教师数	174	双师教师比例	70.2%
校内实验实训基地	数量	41	占地面积（亩）		66.87
			建筑面积（平方米）		50587
仪器设备总值（万元）		5303	单价5万元以上仪器设备总值（万元）		2479.5
校外实习实训基地数量		112	实验实训开出率		100%

图 5-3-5　幻灯片 4 效果图

完善教学设备 良好学习环境

图 5-3-6　幻灯片 5 效果图

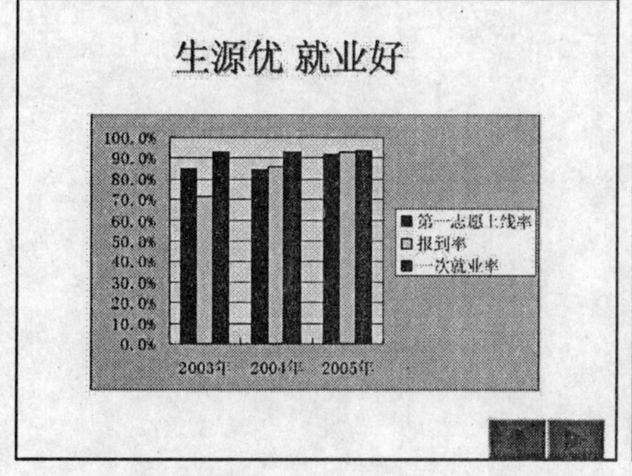

图 5-3-7　幻灯片 7 效果图

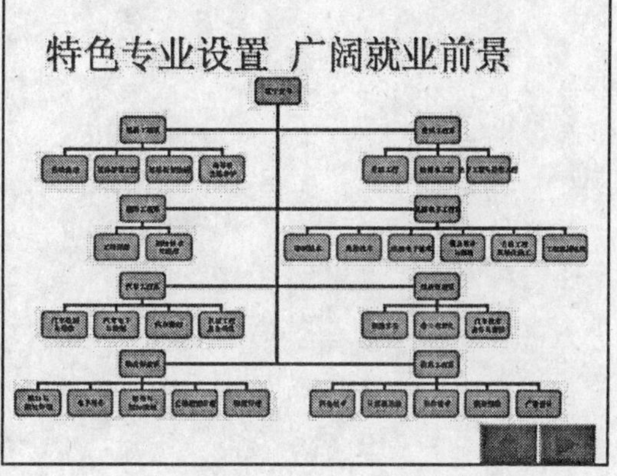

图 5-3-8　幻灯片 8 效果图

图 5-3-9 幻灯片 9 效

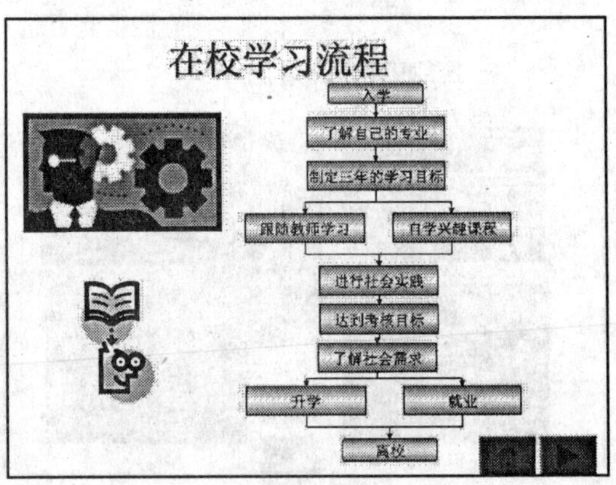

图 5-3-10 幻灯片 10 效果图

辽宁省交通高等专科学校

Liaoning Provincial College Of Communications

目录

Contents

样品 1

学校的前身是创建于 1951 年的东北交通学校，1991 年经原国家教委批准，定名为辽宁省交通高等专科学校。2006 年学校被教育部、财政部确定为首批 28 所国家示范性高职建设院校之一，是当年辽宁省唯一入选院校。学校先后被命名为“辽宁省依法治校示范校”“教育部依法治校示范校”“辽宁省职业教育先进单位”，“交通部职业教育先进单位”，“辽宁省文明单位”称号，连续多年被省教育厅评为“就业先进单位”。

建校 57 年来，学校为全国的交通建设和经济社会发展提供了强有力的一线人才支持。学校坐落于沈阳市沈北新区，学校占地 58 万平方米，建筑面积 19 万平方米，教学仪器设备总值 5019 万元；馆藏图书 58 万册；计算机 1749 台（学生用 1235 台，办公用 514 台）；校园网出口 12 兆，主干 1000 兆，100 兆到桌面。

学校设置 9 系 3 部 1 中心。8 个校内实训中心，5 个应用技术研究所。开设了 35 个专业。现有在职教职工 632 人，教师 330 人，其中：教授 45 人，副教授 123 人，高级工程师 64 人，博士 7 人，硕士学位 134 人。拥有全国模范教师 1 名，辽宁省教学名师 1 名，全国交通高等职业教育专业带头人 4 名，辽宁省优秀青年骨干教师 11 名，省交通厅青年技术拔尖人才 1 名，沈阳市劳动模范 2 名。

目前，学校面向全国 29 个省市自治区招生，全日制在校生 6339 人，继续教育学员 2000 人，年平均培训人员 6000 人。建校 57 年来，我校培养的 3 万余名毕业生遍布全国所有省、市、自治区，全省交通一线技术人员和管理骨干 60%是我校毕业生，他们为辽宁交通建设做出了重要贡献。

辽宁交专人正以坚定的高职办学信念和“**脚踏实地，追求卓越**”的精神,在“**服务为宗旨，就业为导向，产学研结合**”方针的指导下，以“融入市场（交通产业链、地方支柱产业），扎牢根基（学生就业、社会培训、技术服务），强壮主干（专业建设与课程建设，师资队伍与实训条件，运行机制与校园文化）,追求成果（社会声誉、示范成果、辐射成果、研发成果），打造品牌（质量第一，规模适度，做强做优）”为理念，积极探索具有中国特色的高等职业教育办学的健康发展之路。

样品 3

道路桥梁工程系

概况

道桥系是我校的重点系之一，已有55年的历史，为省内外培养了大批交通建设人才。广泛分布在施工一线、交通管理部门和科研院所，在省内外享有很高的知名度和良好的信誉。道桥系现有4个专业：道路桥梁工程技术专业（国家级教学改革试点专业）、高等级公路维护与管理专业、道路桥梁工程检测技术专业及公路监理专业。在校生 1045人。

专业介绍

道路桥梁工程技术专业

精施工、懂设计、会管理。熟练运用规范组织道桥工程施工能力，从事公路与城市道路及桥梁工程的施工技术、施工管理和施工监理等工作。

高等级公路维护与管理专业

懂管理、会养护、精维修，熟练运用规范组织公路养护管理能力，从事公路与城市道路及桥梁的养护与维修、企业管理与技术管理等工作。

道桥工程检测技术专业

面向国内公路、城市道路建设的质检部门和施工企业，通晓施工工艺，精于道桥工程材料试验与工程检测技术，具有实践能力和创造能力。

公 路 监 理 专 业

掌握路桥施工工艺，熟练运用工程施工监理知识与技能。毕业后从事路桥施工监理工作、检测检验中心工作及路桥施工及路桥养护等工作。

就业率

05 年为 93.09%
06 年为 94.88%
07 年为 97.85%

办学思想

以适应施工一线的需求为目标，以学生能力培养为核心，服务为宗旨，就业为导向，走产学研结合的道路，培养高技能人才。

教师队伍现状

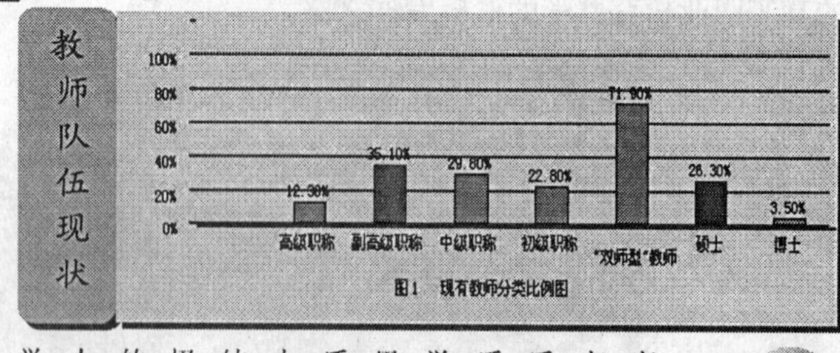

图1 现有教师分类比例图

学生综合素质培养

加强学生的思想品格教育和综合素质培养，打造具有专业特色的大学生品格素质品牌，提升本系人才培养质量，更好地服务于社会。学校以学生素质培养规格从思想道德素质、科学文化素质、身心健康素质和基本能力等四个方面入手的思想，结合道桥系自身的特色，积极开展丰富多采、行之有效的教育活动，使学生学会做人、学会处事、学会合作、学会交流，达到综合素质要求。

科研成果

道桥系现有国家级教研成果 1 项、省级教研成果 1 项、校级 5 项。2006 年科研立项经费 120 万元，占全校科研立项经费的 90%。为高职教育培养应用型专业技术人才奠定了坚实的基础。

样品 2

交专风采

领导关怀>>

中央及辽宁省、交通厅领导高度关注和充分肯定交专的发展事业，各级领导到学校的每一次视察，都给学校师生员工极大的鼓舞。

教学创新>>

为培养高素质、高技能的高职人才，学校不断加大教学改革力度，积极开展专业建设和精品课程建设，实施“教学模块化”“学练一体化”等教学模式。

教学建设成果统计表

分类	级别	数量
教改试点专业	国家级	2
	省级	4
示范专业	省级	5
精品课程	国家级	3
	省级	16
教学成果	省级一等奖	2
	省级二等奖	4
	省级三等奖	3

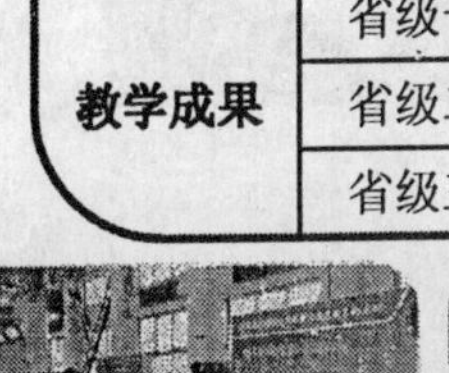

对外交流>>

学校紧跟信息技术发展方向，积极与国外高校进行合作交流，注重引进国外优质职业教育资源、先进的办学理念

依托行业>>

学校坚持以就业为导向，以创业为目标，积极与行业或企业合作，先后与**辽宁省交通科学研究所、辽宁省交通勘测设计院、一汽丰田汽车销售有限公司、德国巴斯夫公司**等 58 家企业合作，同时聘请企业工程技术人员做兼职教师，突出实践和创新能力的培养，积极引进国内外先进办学模式和优质教育资源，努力使学生具有更强的就业能力和竞争发展能力，为辽宁交通事业培养更多高素质技能型人才。

交专风采

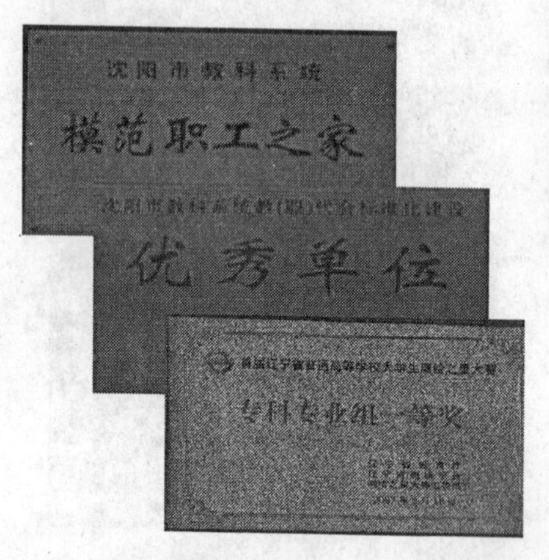

面向未来，辽宁交专将迎来全盛的发展时期。学校将坚持内涵提升、对外开放发展战略，力争在办学规模、师资队伍、教学条件、教学改革、教学管理、科研工作、招生就业、校风建设等诸方面有全新的突破。

辽宁省交通高等专科学校
LNCC·1951

liǎo níng jiāo zhuān
辽宁交专
地址：沈阳市沈北新区虎石台
建设南一路5号
邮编：110122
电话：024-89708710
传真：024-89872497
网址：http://www.lncc.edu.cn

主要参考文献

[1] 张翼. 案例学 Excel 2003[M]. 中文版. 北京：人民邮电出版社，2004
[2] 黄旭明. Microsoft Office PowerPoint 2003[M]. 北京：高等教育出版社，2006
[3] 吴功宜.计算机网络[M]. 北京：清华大学出版社，2004
[4] 岳经伟.计算机应用基础[M]. 北京：中国铁道出版社，2006
[5] 王志伟.Word 2003 教程[M]. 北京：科学电子出版社，2006
[6] 张发凌.Word 2003 实例入门[M]. 北京：人民邮电出版社，2005
[7] 郝艳芬.Word 2003 办公应用[M]. 北京：人民邮电出版社，2006
[8] 蔡翠平.信息技术应用基础[M]. 北京：中国铁道出版社，2004